岩土变形数字照相量测方法与应用

李元海 著

国家自然科学基金项目(51174197)
国家重点基础研究发展计划(973 计划)项目(2014CB046905)

科学出版社
北 京

内 容 简 介

本书是作者在数字照相量测技术多年研发与应用成果的基础上撰写而成。全书共分 10 章，包括数字照相变形量测的基本概念与分类体系、数字照相变形量测的基本原理与方法、数字照相变形量测实用软件系统、岩体与混凝土材料破裂变形的高精度分析法、基于岩土材料非均匀与渐进变形特征的快速分析法、岩土材料变形量测的 DSCM 基本应用方法、岩土材料剪切带的识别方法与应用、隧道围岩破裂带的识别方法与应用、岩体内部变形观测的透明模型试验方法以及隧道围岩松动圈数字照相测试方法与应用等。

本书可供土木、水利、交通、矿山等领域从事科研、设计与监测等工作的研究人员与工程师参考，也可作为高等院校岩土工程等相关专业研究生的教学参考用书。

图书在版编目（CIP）数据

岩土变形数字照相量测方法与应用/李元海著. —北京：科学出版社，2017.12

ISBN 978-7-03-056343-9

Ⅰ. ①岩… Ⅱ. ①李… Ⅲ. ①岩土工程–数字摄影测量 Ⅳ. ①TU4

中国版本图书馆 CIP 数据核字（2018）第 010607 号

责任编辑：李涪汁　曾佳佳/责任校对：彭　涛
责任印制：张克忠/封面设计：许　瑞

科 学 出 版 社 出版
北京东黄城根北街 16 号
邮政编码：100717
http://www.sciencep.com

艺堂印刷（天津）有限公司 印刷

科学出版社发行　各地新华书店经销
*
2017 年 12 月第 一 版　开本：787×1092　1/16
2017 年 12 月第一次印刷　印张：16 3/4　插页：4
字数：400 000
定价：99.00 元
（如有印装质量问题，我社负责调换）

前　言

本书是作者在数字照相量测技术多年研发与应用成果的基础上撰写而成。希望借此机会向我国相关科研和技术人员介绍这一具有广阔应用空间和良好发展潜力的先进变形量测技术，并期望能够获得同行专家学者的批评和指点。

本书起源于我的中日联合培养博士论文研究。基于本人隧道研究工作经历与计算机编程特长，我的导师同济大学朱合华教授最初将论文选题拟定为"隧道工程三维 GIS 系统研究"，也是当时导师亟待开展研究的一个新领域，而那时恰遇日本平和中岛财团提供推荐在读博士生申请留学奖学金的一个机会，我被朱合华教授在他急需人手的时候推荐并成功获得留学机会后，2001 年 5 月去了日本德岛大学，师从日方导师望月秋利教授而改变博士论文选题，从此开始了我的数字照相量测研究与难忘的日本留学生活。回想起来，我能够涉足该研究领域并取得一定成果，是与朱合华教授的远见卓识和宽厚胸怀分不开的。

基于数字散斑相关方法(DSCM)的数字照相变形量测的前提是，目标序列图像必须满足数字图像相关这一基本要求。众所周知，岩土材料变形的局部化特征十分显著，而形变前后的岩土图像相关性都会发生不同程度的改变，因此，我起初对这一技术的可靠性半信半疑，而留学期间看到望月秋利教授研究室的上野胜利博士展示了他的研究成果后，心中的疑虑才逐渐打消。当时，上野先生使用 Fortran 语言编制了一个图像分析程序，清晰地显示了砂土地基在基础下沉过程中的位移矢量分布图。但在随后试用上野先生编的程序过程中，发现程序没有图形用户界面(GUI)，而需要手工填写参数表单并输入计算机，使用起来比较复杂，一时难以上手。于是，就萌生了自编一套简单易用程序的强烈想法。当望月教授得知我有这种想法时起初并不赞同，他说花费大量时间即使程序编制出来也谈不上什么创新，因为上野博士已经有了类似程序，我当时感到巨大的压力，因为创新是博士论文研究中特别强调的要求，但还是给自己找了一个理由——编制出一套当前还没有的友好 GUI 程序本身，也不失为一种创"新"吧。同时我想如果没有研制出属于自己的程序，而只是使用他人的工具，就不能真正掌握这项核心技术，这次日本留学之行的收获恐怕要大打折扣，也就没有我回国以后多年来的持续方法研究与推广应用。而且，对于一项以实验为主的博士论文研究来说，本人坚信前期因编程多花的时间，可通过后续大量的实验图像分析使用自主把控的程序系统节省大量时间而弥补回来。基于这一想法，我开始了辛苦但却充满乐趣的数字照相量测软件开发与试验应用研究。

在德岛大学望月秋利教授研究室，我经过了半年多的日夜努力与拼搏，终于成功编制出了两个应用程序，当时分别命名为 Geodog 和 PostViewer，实现了图像分析和结果后处理的基本功能。由于程序带有用户菜单，界面友好，易于使用，望月教授高兴地称之为"李君方法"。随后，针对一组量测精度的校准试验图像，上野先生用他编的程序，我用我编的程序，各自进行了完全独立的分析，最后获得的计算结果几乎相同，也进一步验证了我编制程序的可靠性。特别出乎意料的是，当时望月教授研究室的一个柬埔寨留学生竟然用 PostViewer 绘制出了一个基于四边形单元的三维井筒，用来作为他研究中有限元网格的显示工具；此外，日本东北大学的一位学者有次来访德岛大学，看到这套程序功能演示后，当时就建议做成产品进行市场化推广……无论如何，艰辛的研究工作终于有了可喜的成果，这让我有一种努力追寻过后的成就感。

2003 年 9 月，我在日本留学期满回到同济大学。博士毕业后在上海市城市建设设计研究总院工作近一年时间，期间幸遇中国矿业大学原建筑工程学院副院长靖洪文教授，他对我的博士论文研究成果产生了浓厚的兴趣，希望我能够到矿大开展合作研究，我也想高校环境中应该更能发挥博士专长，于是在靖洪文教授的引荐下，2004 年 12 月，通过工作调动我成为一名高校教学科研人员。在课题组开始研究几年期间，我承担了靖洪文教授主持的大型隧道试验系统研制项目和若干项国家自然科学基金与教育部科技重点项目的研究工作，后来个人主持了国家自然科学基金面上项目、国家重点实验室自主课题、973 骨干专题以及若干校企合作科技开发项目等，这些很多都与数字照相量测的应用研究紧密相关。正是在持续不断的试验应用研究中，促进了数字照相量测方法与软件系统的改进和完善。多年来，我在该项研究中所取得的进步和成果，离不开靖洪文教授的鼎力支持。靖洪文教授海纳百川的胸襟和严谨治学的风范让我终生难忘。

数字照相变形量测软件系统包括 PhotoInfor 图像分析和 PostViewer 结果后处理两个程序，自 2002 年在日本德岛大学研制成功以来，随后历经多年修改与完善，功能强大且简单易用，兼具通用性与专业性。其专业功能主要体现在通过"一点五块法"和"动态搜索法"解决了岩土材料特征变形量测中的精度和速度两个关键问题。因此，特别适合岩土材料与工程结构的变形分析研究。目前，有同济大学、上海交通大学、上海海事大学、山东大学、山东建筑大学、山东农业大学、山东科技大学、东南大学、江南大学、淮阴工学院、武汉大学、中国地质大学(武汉)、河南理工大学、河南城建学院、北京交通大学、西南交通大学、福州大学、海南大学、宿州学院、太原理工大学、中国矿业大学、日本德岛大学以及中国建筑科学研究院地基基础研究所、中国科学院武汉岩土力学研究所、中国京冶工程技术有限公司、云南磷化集团、淮南矿业集团、日本西松建设株式会社等国内外多家高等院校与研究院所在使用，主要用于他们所承担的国家科技支撑计划、国家 973 和 863 项目、国家自然科学基金项目、校(院)企科技合作开发以及企业自主技术研发项目的试验研究。这里，衷心感谢上述用户单位和相关科研人员对数字照相变形量测软件系统的信赖和支持！

衷心感谢同济大学朱合华教授、日本德岛大学望月秋利教授与上野胜利副教授以及中国矿业大学靖洪文教授在本项研究中所给予的倾心指导和大力支持！感谢日本平和中岛财团提供的留学奖学金资助！感谢在实验研究中付出辛勤劳动的研究生们以及中国矿业大学深部岩土力学与地下工程国家重点实验室提供的研究条件！

本书由国家自然科学基金项目(51174197)和国家重点基础研究发展计划(973 计划)项目(2014CB046905)资助出版，在此谨表感谢！

最后，特别感谢夫人吴玲女士多年来的理解、默默付出与支持！

因作者水平有限，书中不足之处在所难免，恳请读者批评指正。

李元海

2017 年 11 月

目　录

第1章

绪 论

数字照相量测是一项通用方法与技术，在目标变形及其演变过程的全程观测以及材料细观力学特性研究等方面都具有突出的优越性，适用于基础材料、试验模型及工程结构变形的非接触量测与实时监测，技术应用涵盖岩土、结构、建筑、材料、机械、医学、生物、汽车、航空航天、林业以及测绘等多个学科与工程领域。本书主要以岩土工程研究与应用领域为背景，但其中的剪切带、松动圈以及破裂大变形的高精度量测等方法同样适用于其他工程领域。本章一方面通过提出数字照相量测的概念来系统阐述数字照相变形量测的方法体系与特点优势，一方面希望通过分析国内外研究与应用现状来把握这项技术方法的核心与关键及其发展趋势。

1.1 数字照相变形量测的基本概念

1.1.1 概念与方法

数字照相量测是一项采用数码相机、摄像机、CT 等图像采集手段，获得观测目标的数字图像后，再利用计算机数字图像处理与分析方法，对观测目标进行变形分析或特征识别的现代先进量测技术。

数字照相量测方法可分为"变形量测"和"特征识别"两大类。其中，"数字照相变形量测"主要以位移观测为目标，根据目标图像测点的坐标变化来计算位移，然后再进行应变计算，在此基础上来分析目标的变形特点；"数字照相特征识别"主要以分离特征物为目标，是将研究或技术人员感兴趣的特征从图像上分离出来，如电路板的裂隙图像检测、道路交通系统中的车牌号自动识别、岩土材料结构组成以及混凝土材料裂缝的识别等。这两种方法在计算机数字图像分析原理上有所差别，"变形量测"主要以数字图像或散斑相关分析为主，同时对于以标志点(如标靶)作为量测点的情形，一般是借助"特征识别方法"识别出标志点，然后再通过计算标志点的质心坐标及其变化来获得位移，最终目标还是计算观测对象的位移或变形。"特征识别"主要以计算机图像模式分析为基础，基于特征目标(如混合土石料中的石子)在图像上颜色和形状与背景图像的不同，通过应用图像算法将其从背景图像中提取出来，进而再做数量、长度、宽度或面积等特征参数的统计分析。

对于数字照相变形量测，从应用角度来说，根据观测目标上是否布置人工物理量测标志点，可简单划分为"标点法"和"无标点法"两大类(李元海等，2006a)。所谓"标点法",即在观测目标上设置人工标志点或描画网格,位移量测计算可采用质心法(标志点表面颜色单一)或数字图像相关法(标志点具有纹理特征)。其中,质心法对于图像之间的相关性、光照的变化和相机位置的固定没有严格的要求,当然,如光照稳定、相机固定不动,图像相关性较好,有利于自动连续的图像分析。一般来说,标点法更适合大范围与大变形的量测情形,例如,工程边坡变形和实验材料破碎的数字照相量测,但人工标点的安装数量通常有限。所谓"无标点法",即在观测目标上不使用任何人工标志点,而利用目标的自然或人工纹理在图像上形成的数字散斑来进行相关分析。显然,这种方法操作简单,利用图像上的像素点作为量测点,在数量上没有限制,便于进行精细变形分析,但对图像的采集环境和相关性要求较高。特别说明一下,"无标点法"和数字散斑相关方法(digital speckle correlation method,DSCM)、数字图像相关(digital image correlation,DIC)和粒子图像测速(particle image velocimetry,PIV)等方法的基本原理相同,都是基于数字散斑图像的相关性分析,另外,在一些情况下"无标点法"可以代替以图像质心算法为基础的"标点法"。

综上所述,数字照相量测方法的分类如图 1-1 所示。

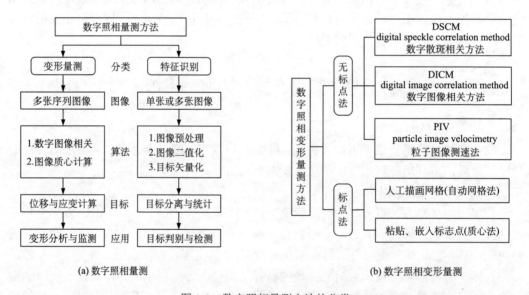

(a) 数字照相量测　　　　　　　　　　　　(b) 数字照相变形量测

图 1-1　数字照相量测方法的分类

由于数字照相量测包含的内容十分丰富,本书主要以变形量测或数字散斑相关方法的原理、算法与软件以及应用为侧重点,同时对特征识别的相关内容结合数字钻孔摄像围岩松动圈测试技术研究作一简要介绍。

1.1.2　特点与优势

数字照相量测与位移传感器、应变片以及水准仪、全站仪等传统变形量测方法的主要区别体现在贴应变片、因量测仪器或元器件安装空间的限制,测点布置数量极为有限,而在试验模型或观测目标上描画网格线,拍照后人工测量或借助于 AutoCAD 等非专业软件，手工操作，精度低，工作量大，测点密度低，都无法满足材料精细变形特性的定性与定量观测要求。在材料变形演变过程的全程观测与细观力学特性研究方面，数字照相量测具有突出的优越性，主要特点可归纳如下：

(1)非接触。对于 DSCM 方法来说，观测目标上不需要粘贴或嵌入人工标志点，不会对目标的物理性状产生干扰。

(2)多尺度。空间尺度上，配备不同分辨率的图像采集设备，可进行宏细观变形观测；时间尺度上，选择不同采集速率的数字照相设备，可进行普通静态和高速动态的变形观测。

(3)全场性。对于数字散斑相关分析，图像测点的设置类似有限单元分析中的单元节点划分，测点数量可以有成千上万个，能够进行变形场的精细分析。

(4)全程性。能够进行变形的全过程测量，特别是配合大变形材料的专用分析算法，对于变形从小到大的演变能够进行很好的过程追踪。

(5)再现性。通过图像与变形分析结果的回放，能够再现观测目标变形的演变过程。

(6)经济性。使用过程中采用非一次性消耗的照相采集设备和图像分析软件，每次应用几乎没有新增成本。

因此，数字照相量测技术在观测目标的宏细观与局部化变形、追踪变形破坏的演化过程，以及进行变形特征的定性定量研究等方面都具有显著优势。

1.2 国内外研究与应用现状的分析

据如图 1-2 所示文献的不完全统计，以数字散斑相关(DSC)或数字图像相关(DIC)为核心方法的数字照相量测技术在国际上大概起源于 20 世纪 70 年代初期(1973)，而相关岩土工程领域的研究则大约开始于 20 世纪 80 年代中期(1984)。进一步比较发现，中文文献的公开发表时间分别晚于国际 10 年左右，2000 年可以看作是数字照相量测技术发展的一个分水岭，此前以基础性方法研究为主，加之数字图像采集设备技术发展水平与高昂成本的限制，表现出来的相关应用研究文献数量较少，之后随着以数码相机为代表的数字图像采集设备的发展与普及，加之其技术优势逐渐得到广大科研人员的关注，使得其应用范围逐渐扩大并迅速发展，2002~2003 年在各学科领域的研究与应用便开始显露出快速发展之势，尤其是 2008 年以来发展快速，至今不仅未有停滞迹象且仍呈急速发展态势，由此显示出数字照相量测技术在各学科领域研究中的强大作用和持续延展的生命力。

1.2.1 数字照相变形量测方法研究

数字照相变形量测方法研究主要包括图像采集、数字散斑相关基础方法、目标测点设置方法、位移量测精度提高、图像分析速度优化算法以及室内实验与工程现场应用中的相关方法等几个方面。

更早一些时期，虽然并非真正的数字照相，但却与其一脉相承的传统照相开始应用于变形量测研究，可认为是现代数字照相量测技术的起源。传统照相用于岩土力学实验中

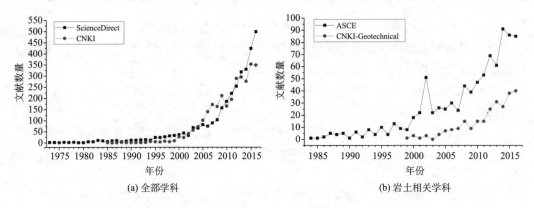

图 1-2　数字散斑相关量测期刊论文发表数量与时间关系曲线

文献检索方法说明：1.Elsevier ScienceDirect，所有 Journals 的所有学科中的 "Abstract, Title, Keywords"中检索关键词"digital image correlation" 或 "digital speckle correlation"；2.CNKI，所有学科的期刊与学位论文等文献中检索主题为 "数字图像相关" 或 "数字散斑相关" 或 "粒子图像测速" 或 "数字照相量测"；3.ASCE，所有出版物中的所有字段（Anywhere）中检索关键词 "digital image correlation" 或 "digital speckle correlation" 或 "particle image velocimetry" 或 "DSCM" 或 "DIC" 或 "PIV"；4. CNKI-Geotechnical，在 "CNKI" 检索结果中的二次检索主题为 "岩石" 或 "岩体" 或 "围岩" 或 "砂土" 或 "黏土" 或 "混凝土" 或 "土木工程" 或 "岩土工程" 或 "隧道工程"

的变形量测最早可以追溯到 1929 年 Gerber 首次使用 X 射线来量测土体模型的内部位移；1963 年，Roscoe 等在尺寸较大的砂土模型和剪切设备中，应用 X 射线检测了模型的增量应变模式，在大比例模型（2.0 m×0.5 m）可以获得 0.1%精度的剪应变和体积应变；1976年，Yamaguchi 等在研究地基渐进破坏问题时，在一系列考虑细致的离心场和重力场模型试验中，通过在模型上设置光学量测标点，利用电视摄像、影像记录仪和电视追踪设备采集图像，来观测标点位置变化和量测模型变形，并在模型内部布置铅珠，利用 X 射线装置观测到了最终滑动面的位置和形状。

真正的数字照相变形量测技术出现在 20 世纪 80 年代初，日本 Yamaguchi（1981）和美国南卡罗来纳大学的 Peters 和 Ranson（1982）同时独立提出了数字散斑相关方法。Yamaguchi 采用双光束照明，并在照明点法线方向放置图像传感器，推导了物体变形与在衍射场中散斑位移的关系，对加载前后的衍射光场进行互相关运算，导出位移场并利用这个关系得到了表面应变。Peters 和 Ranson 则采用电视摄像机记录被测物体加载前后的激光散斑图，经模数转换得到数字灰度场继而进行数字散斑相关分析。

在数字照相中，观测目标的 "测点" 设置通常有两种方法：一种是在观测目标上人工布设一定形状和颜色的物理量测标志点（标点法），一种是在白光或激光照射下利用目标表面的自然纹理或人工散斑形成的 "散斑块或像素块" 作为测点（无标点法）。

1984 年，望月秋利等在边坡地基离心机模型试验中，利用专门设计的标点坐标照相读取装置来量测模型上标点的位移，并且考虑了标点空间坐标的校正。1987 年，有一些研究者开始将激光辅助层析照相技术（LAT）用于研究土样内部土粒子的运动特点，如 Allersma（1994）开发了一种使用激光的光弹性技术，用于观测由玻璃粒子做成的试样内部结构，Konagai 等（1992）将 LAT 技术用到了动态边坡稳定和地基承载力等小比例模型实验中。此后，基于全息摄影和散斑方法的干涉成像技术也开始在岩土实验中得以应用，如 Pierre 和 Mauro(1997)在文献中介绍了全息摄影干涉技术在实验室的一些应用，如量测砂质土微小变形、混凝土收缩、建筑材料泊松比和弹性模量等；上野胜利等(2000)则针对砂土变形量测开发了一种称为"CCIP"的照相量测方法，那时，由于数码相机还没有广泛应用，其图像采集采用传统 135 胶卷相机，然后将底片通过扫描获得数字化图像供后续图像分析。

2000 年以来，数码相机的发展和计算机硬件性能的提高，使得用数码相机直接进行数字图像采集成为可能。因此，基于图像相关分析的"无标点法"开始大量应用在岩土力学与工程实验中，如 White 等(2001)将流体力学中测量流体速度的粒子图像速度(PIV)技术引用到岩土变形量测中，上野胜利等(2002)利用数码相机对砂土地基模型试验变形场量测进行了一些研究，Gutberlet 等(2013)利用 PIV 方法对被动土压力下的非均匀土的剪切带进行了观测分析，Vitone 等(2013)利用二维数字图像相关对意大利圣克罗切迪马利亚诺天然黏土的局部化变形进行了研究；桩土相互作用下结构与土的变形观测也是数字照相量测的广泛实验应用之一，如 Houda 等(2016)利用 DSCM 研究了循环荷载下软土地基刚性桩的沉降特点，Boonsiri 和 Takemura(2015)则用离心机实验和 PIV 方法研究了隧道在开挖穿越既有群桩过程中的土层与桩体位移。

基于数字散斑相关的数字照相变形量测方法自提出以来，国内外学者围绕其基本原理，在基础方法方面的研究主要集中在图像分析的速度和变形量测的精度两个方面。在速度方面主要研究的是以变逐点搜索为疏点搜索为核心的数字散斑相关快速分析优化方法，在精度方面主要是图像校准(包含控制点设置与校准算法)、相关性计算公式、亚像素、散斑质量与人工制斑以及大变形分析算法等，此外，还包括超高温等特殊条件下的目标数字图像采集方法。

国内有不少学者在方法方面做了大量卓有成效的研究工作，如芮嘉白等(1994)通过研究大量的数字散斑相关计算规律，提出了一种十字搜索方法代替已有的逐点搜索法，但孙一翎等(2001)后来研究发现，这种方法的使用在一定条件下会出现误判，为此提出了一种改进算法；高建新(1996，1997)从数字散斑相关与弹性力学变分相关性将力学测量问题转化为单纯数值计算，并在水流绕圆柱漩涡流场、悬臂梁离面变形与扫描电镜照片方面进行了一些应用研究；洪宝宁和赵维炳(1999)则从理论角度对 DSCM 建立了比较系统的数学模型，并对变形测量过程的描述和几何意义作了讨论；潘一山和杨小彬(2001)、马少鹏(2002)、赵永红(2002)等利用 DSCM 对岩石局部化变形与破裂损伤进行了较为系统的研究；著者(李元海，2004)研究提出了基于粗细搜索和亚像素分析的三步搜索法，同时，为分析含有旋转位移的变形，提出了旋转搜索方法，特别适合含有旋转位移的大角度变形观测，如岩土材料大变形与转动机构(张晓川等，2016)等类似情形；邵龙潭和王助贫(2002，2006)对砂土在三轴压缩条件下局部化变形的数字图像测量方法及其剪切带进行了观测分析；潘兵等(2005，2007)通过对数字散斑相关中的曲面拟合、迭代法和基于梯度的亚像素位移算法等进行对比分析，推荐了计算精度最高和稳定性最佳的 N-R 迭代法，但这种方法的计算效率最低，体现出精度与速度的矛盾关系；金观昌等(2006)对数字散斑相关技术的相关公式、搜索技术、亚像素搜索、散斑图、减噪、补偿技术、位移场至应变场转换和三维位移场测量八个关键问题进行了系统的阐述，通过三种橡胶材料泊松比测量、铜丝力学性能、墙式基础界面应力分布、现场测量钢桥接头应力集中、小型陶瓷电容器(毫米大小)的裂纹无损检测和测量猪软骨力学性能六个应用实例表明，DSCM 是一种十分有发展潜力的实验力学工具。近年来，随着人工智能技术的发展与应用，遗传算法作为一种高度并行、随机、自适应的全局优化概率搜索法，在数字散斑相关算法研究中得到一些学者的青睐(葛宇龙和李晓星，2013)，此外，一些根据材料变形特点的分析方法简单而有效，如著者(李元海等，2015)针对岩土材料的渐进变形特征，提出了一种局部定向搜索方法，通过缩小限定搜索范围减少相关分析测点，从而达到提高分析速度的效果。当然，还有很多其他学者在数字散斑相关分析算法优化方面进行了一些富有成效的研究。

针对数字图像相关分析速度的提高及其相关(搜索)算法的优化问题，著者认为，除了借助计算机硬件(如 GPU+CUDA)性能或并行计算之外(黄磊等，2015)，一个最基本的方法应该是设法减少像素点相关搜索的数量，一种最常用的思路是在相关搜索中变全局大范围逐点搜索为局部小范围疏点搜索(王昊和马志峰，2013；李元海等，2015)。同时，针对变形量测精度问题，特别是对于一些具有破裂大变形特征的材料或观测目标，精度的提高依赖于图像采集的质量和图像分析算法的优化，图像采集的质量主要取决于相机和光照，为了避免普通成像镜头在实验过程中的相机自热和镜头畸变等不利因素带来的小应变测量误差，有研究人员(俞立平等，2013)采用高质量的双远心镜头，但其缺点是工作距离、测量区域以及放大倍数都固定不可调节；为了考察光照对测量精度的影响，于之靖和陶洪伟(2014)研究了数字散斑相关技术应用中的最优光照条件，得出光照强度为 8000 lx 时的 DSCM 测量精度最高；Réthoré 等(2008)将扩展有限元解决不连续问题的思想引入 DSCM 中，使得其可直接测试裂纹区域变形场；李元海等(2012)提出的"一点五块法"有效解决了如类似岩石与混凝土材料破裂的高精度数字散斑相关量测分析问题；此外，高温条件下的材料变形测量(潘兵等，2010；王伟，2014；胡育佳等，2016)近年来也成为数字散斑相关应用的一个热点或难点，其技术关键在于高温下如何通过人工制斑与特殊照相采集到满足数字图像相关分析要求的散斑图像。此外，令人感兴趣的是，三维位移的数字散斑相关量测通常基于双目视觉原理，需要至少两部相机和图像采集控制系统，操作和图像分析都比较复杂，但数字散斑相关结合一种投影散斑法，在一定条件下可实现单相机对于三维位移的量测(赵倩，2010)，比如，可用来量测岩土试样单轴压缩下的离面位移，方法比较简单。

近几年，数字照相量测技术在岩土工程实验中的应用发展非常迅速，已逐渐成为现代实验力学研究领域中一项重要的标配技术，同时，在工程现场的应用研究也将呈现出不断被需求和不断发展之势。

1.2.2 数字照相变形量测技术应用

根据数字照相量测技术应用的光照环境、目标位移观测的几何维度、目标变形大小程度以及目标通常或超常状态等不同，可将数字照相变形量测技术的应用情形分类如图 1-3 所示，其中，工程现场、微小与超大变形、超高温与超低温、运动目标以及目标内部变形观测等是数字照相变形量测技术应用的难点，首先是满足数字图像分析要求的图像采集问题，其次是满足量测精度要求的图像分析问题，都值得进一步深入研究。

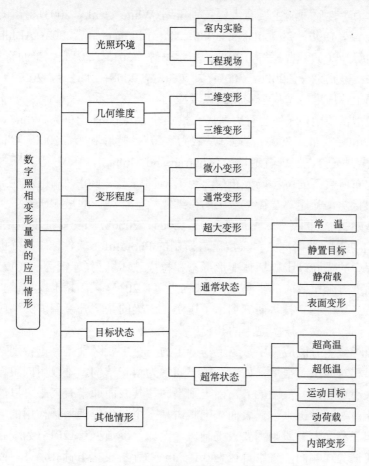

图 1-3 数字照相变形量测的应用分类

摄影是用光的艺术，光照环境是数字照相或数字摄影量测中最主要的影响因素，因此，以下按室内实验和工程现场两种不同的光照环境分别进行应用研究现状说明。

1.2.2.1 室内实验应用研究

数字照相量测在实验力学领域应用日渐广泛，除了诸如土样单轴与三轴压缩、试样剪切、岩石试件的静动荷载特性等基本力学实验外，还包括地基基础、工程结构、隧道、矿山采场、边坡、基坑等岩土工程物理模型试验。下面主要按所使用的实验材料进行应用分类，分别介绍数字照相变形量测在实验室中的应用情况。

1) 砂土与黏土

砂土与黏土同属于土体，其中砂土属于黏聚力低的离散体，在压力的缓慢作用下，其变形具有一定的连续性和渐进性，因此比较适合图像相关性分析。同时，相关研究在国内外也相对较多，主要包括土体基本力学性质试验和以工程为对象用来研究各种作用条件下土体变形特征的物理模型试验。

土体基本力学性质试验主要有土样三轴压缩(White et al.，2003)、土的平面应变压缩(Drescher et al.，1990；Vardoulakis，1985；Matsushima et al.，2002；Alshibli and Sture，1998；刘文白等，2009；曹亮等，2012；王学滨等，2013，2014)、平面直接剪切(上野胜利等，2000；李元海等，2006，2007；刘文白等，2008；孔亮等，2013)，目的是量测砂土或黏土的土体压缩、剪切变形模式以及应力与应变关系。

在物理模型试验中，国外的有大坝离心机实验(Allersma，1997；White et al.，2003)、贯入桩实验(White et al.，2003)、地基承载力实验(上野胜利等，2002；Charrier et al.，1997)、桩基模型试验、浅埋隧道试验(Charrier and Moliard，1997)等。国内相关研究主要有砂土受均布荷载下的位移场分布(孔宪宾和何卫忠，2000)、利用常规土工三轴实验仪和 CCD 摄像头加长距离显微镜对土的微细颗粒位移进行的量测研究(刘敬辉，2003)以及砂土地基的变形规律(李元海等，2003，2004，2006b)和受荷桩模型试验(周健等，2007)等。近年来，有关研究人员采用著者研制的 PhotoInfor 软件，研究分析了扩体锚杆拉拔模型过程中的锚固砂土破坏体变形形态和拉拔破坏机制(郭钢等，2013)以及地下水对盾构开挖面上方土拱效应的影响规律(宋锦虎等，2014)。在黏土模型试验研究方面，凌道盛等(2015)采用 PIV 技术研究揭示了压实黏土梁的张拉开裂裂纹尖端应变局部化现象，获得了不同含水率下压实黏土的开裂应变。

在数字照相量测方法应用中，黏土与砂土的一个主要区别是黏土特别是密实黏土的表面纹理效果相对砂土差很多，如粉质黏土通常为絮状结构，难以用肉眼直接判别出颗粒的形状和大小(徐金明等，2009)，砂土则不同，其表面通常有肉眼可以清晰分辨的纹理特征。因此，对于砂土来说，表面人工制斑是一个起到纹理增强作用的但并非必须的要求，而黏土观测面上一般则需要人工制斑，例如，凌道盛等(2015)为增强黏土表面的纹理特征，在试验观测面，采用直径为 0.1 mm 钢针密集扎下针孔，并以此作为黏土的表面纹理，另外一种更为有效的方法是在黏土表面喷涂混合颜料或敷设一层染色细沙。

2) 天然岩石

相对于砂土或黏土，岩石的脆性特征比较明显，其局部化破裂大变形的出现往往具有突发性，发生时间短暂。因此，在照相量测图像采集时，要注意在破坏前后采集到尽可能多的照片，而数码相机图片一般尺寸较大，存储需要一定时间，相对而言，CCD 摄像机或高速摄像机虽然拍摄的图片分辨率较低，但是在相同时间内能够采集并存储更多的图片，适合岩石变形破坏过程的快速捕捉。

国内学者在岩石变形的数字照相量测研究中开展了比较多的研究，如潘一山和杨小彬(2001)利用 CCD 摄像机对 5 cm×5 cm×10 cm 煤岩试件的变形局部化做了定量观测研究，为增强试件表面的纹理特征，将粒度为 20~30 μm 的玻璃微珠漆喷涂在岩石试件的表面，形成人工散斑场，此外，马少鹏等(2002)对岩石材料基于天然散斑场的变形观测方法也进行了一系列的研究；赵永红和梁晓峰(2004)利用扫描电镜作为图像采集装置，研究了预制裂纹的平板状砂岩试件中微破裂的萌生、扩展、集结和连通以及宏观破裂的形成过程；陈俊达等(2005)对雁列断层结构的破坏过程进行了实验研究，对变形破坏过程中的变形场进行统计分析发现，一种描述变形局部化特征的统计参数 Cv 值可作为一个雁列断层破坏的前兆指标；朱珍德等(2005)基于裂纹有效长度和表面裂损度等理论计算公式结合 DSCM，定量评价了含水状态下红砂岩预制细观裂纹动态渐进扩展损伤特性；宋义敏等(2012)采用白光 DSCM 和高速相机对单轴压缩条件下岩石变形场和能量场进行实验研究，获得了试件加载过程中局部化带内变形量值及试件表面裂纹扩展的平均速度等定量参数；郭文婧等(2011)基于 DSCM 在测试图像上设定两个测点，通过测试两点之间的位移来测量位移场计算裂纹的张开量和错动量，并将这一方法命名为一种虚拟引伸计测量方法。代树红等(2012)提出一种通过 DSCM 测定岩石 I 型裂纹尖端位置和应力强度因子的试验方法，采用该方法可准确测定岩石 I 型应力强度因子、裂尖位置及裂纹扩展长度等，解决了以往研究中因不能准确测定裂纹尖端位置，而无法计算岩石断裂参数的难题。

　　冲击荷载作用下岩石变形断裂的数字照相量测分析和普通静载试验的一个主要区别是，岩石破裂瞬间形成，需要高速图像采集，此外，由于高速摄影单位时间图像采集数量巨大而存储空间有限，何时触发或启动照相也是一个关键问题。如曹彦彦等(2012)基于高速图像采集设备和 DSCM，建立了一套岩石破坏动态变形场观测实验系统，研究了光源选择、采集速率设置和图像采集触发等关键技术，指出普通照明灯 50 Hz 的频闪会严重影响高速图像的质量，系统选用光线均匀无频闪的高亮度冷光源(金属镝灯)进行照明，设计特殊电路，将小型麦克风采集到的超过一定阈值的声音信号转换为 TTL 信号用以触发高速相机，触发模式设为后触发，试件完全断裂时，会发出大的声响，声音产生的 TTL 信号触发高速相机停止图像采集，相机内存保存数据为触发之前采集到的图像，如一个实验中，高速相机采集时间 77.048 s，采集有效图像 19 262 幅；宋义敏等(2015)在可调速落锤冲击试验机进行的岩石断裂观测试验中，高速相机的图像采集速度为 1×10^5 帧/s，通过落锤下落阻挡激光照射到光敏电阻而触发相机的图像采集动作，试验发现，预制岩石裂纹平均扩展速度约为 1300 m/s；夏开文等(2017)在静态预应力条件作用下花岗岩板动态破坏行为试验研究中，采用黑白两色漆先后喷溅方法在试件表面制作散斑点，利用超高速摄影系统进行拍摄，系统的触发及同步通过入射杆上的应变信号来控制，需根据入射波的波速精确计算出相机拍摄的延迟时间，相机图像采集的幅间隔为 20 μs，总时间为 480 μs，获取了 24 幅图像。

　　文献刊载数量表明，天然岩石方面的数字照相观测试验研究近年来在静、动荷载试验中都有较多的增长。

　　3) 混凝土

　　混凝土是岩土结构中一种常用的工程材料，它的特点是容易发生脆性断裂，而这种断裂往往要经历微裂纹的萌生、扩展、交汇成宏观裂纹，直到断裂的过程。因此，探索其微细观裂纹及其附近区域的变形演变特点具有比较重要的理论意义和工程价值。

　　刘宁等(2004)通过对碳纤维布加固混凝土梁的数字照相观测实验，研究了碳布加固混凝土梁的承载力及变形行为，所用试件尺寸为 200 mm×450 mm×2400 mm，实际照相观测范围为梁中央局部区域；王怀文等(2006)将 DSCM 与扫描电子显微镜(SEM)结合起来，对混凝土试件在 SEM 下的断裂行为进行了研究，得到了混凝土试件表面的细观变形场，为了细致研究混凝土中裂纹的起裂、扩展以及最终失效的过程，设计了带 V 形切口的三点弯曲试件，试件外形尺寸定为 25 mm×10 mm×5 mm；刘宝会等(2006)利用数字散斑错位术对混凝土结构纤维增强塑料(CFRP)加固界面的黏结质量进行了无损检测研究，结果表明，该技术可以迅速地进行现场检测和评价；赵燕茹等(2010)采用 DSCM 和单纤维拉拔试验相结合的试验方法，直接测量钢纤维从混凝土基体拔出过程中界面的应变分布及变化规律，并实时观测了界面黏结、脱黏和滑移全过程；雷冬和乔丕忠(2011)采用 DSCM 对尺寸为 100 mm ×75 mm ×200 mm 的混凝土试样进行压载试验，分析了混凝土压缩破坏前垂直荷载方向的拉应变场的分布规律，研究表明，DSCM 可以提前预测出混凝土破坏的位置，适用混凝土的结构破坏监测。Mamand 等(2017)介绍了一种扩展数字图像相关技术(X-DIC)在混凝土梁模型的损伤变形研究中的应用情况，试件选用 100 mm×100 mm×500 mm 和 100 mm×100 mm×250 mm 两种规格的混凝土梁，使用二维数字图像相关系统获取试件的位移场、应力场以及最大主应力，并确定了试件的可能破坏区。

数字照相的量测精度对于环境振动的影响比较敏感，李湛等(2015)利用数字图像相关法测试两座模型桥梁的位移时程曲线时发现，环境激励下的位移时程曲线测试精确度不足，无法识别结构的自振频率，而人工激励下的位移时程曲线测试比较准确，识别的结构自振频率与传统接触式速度传感器测试结果一致。

4) 相似材料

在隧道及地下硐室工程相似物理模拟试验中，一般采用砂子、石膏、水泥、水、石蜡、硼砂、云母粉等作为岩体及其岩层间软弱面的相似模拟材料。这些材料的脆性特征介于砂土与天然岩石之间。为进行数字照相观测，在模型上描画网格的"标点法"是早期乃至当前的一种常用方法，如白义如(2000)使用网格法对金山店铁矿地下采矿引起的地表沉降问题进行了相似模拟，研究了地下不同开采水平引起的地表变形和围岩移动过程，分析了该矿地表变形在开采过程中的变化规律、围岩的破坏特征以及破坏机理；方新秋等(2000)通过在模型上布置较大密度的网格标志点，对采场多裂隙直接顶破坏过程中的位移和变形进行了量测分析。"无标点法"随后逐渐大量用于以相似材料制作的试验模型变形观测中，如王怀文等(2006)在煤层开采的相似模拟试验中，利用 DSCM 对深部开采下上覆岩层移动与沉陷规律进行了研究，得到了不同推进速度下的上覆岩层下沉量的等高线分布图；郭彪等(2015)采用 PhotoInfor 软件系统对路基边坡支挡结构物的位移变形规律进行了大型物模型试验研究；著者(李元海等，2016a)利用自行研制的二维隧道物理模型试验系统，对沿空巷道围岩的变形规律和破裂模式进行了较为细致的数字照相观测与研究分析。

如果相似材料模型试验的观测目标范围较大，可将"标点法"与"无标点法"结合起来使用，因为，标点法能够适应模型宏观大变形甚至断裂破坏的过程观测，而无标点法由于基于图像相关性分析，不能很好地适应材料断裂破碎区域变形的准确观测。但对于相关性较好的区域，由于测点密度可以很大，因此适合精细应变场的量测分析，将两种方法结合起来，能够更好地对相似材料模型进行宏、细观变形的全面观测。例如，张乾兵等(2010)为解决地下水电硐室周边墙关键点微小位移的试验量测问题，通过在硐周表面布置人工量测标志点，采用 PhotoInfor 进行图像分析，获得了硐室加载与开挖过程中拱顶与收敛位移变化的规律曲线；张定邦(2013)则采用 PhotoInfor 系统配合百分表测量，试验研究了地下开采过程中超高陆地边坡的稳定状态及其变形机理；孙晓明等(2017)为了试验研究倾斜地层中巷道底板的隆起规律，采用红外热成像技术和数码摄像机对巷道断面的热响应和散斑位移进行了综合测量分析。

以上相似材料物理试验模型的数字照相变形观测都是基于肉眼可见的模型表面，而实现模型内部变形的直接观测是研究人员一个多年来梦寐以求的愿望。结合数字照相量测方法，为了观测岩土模型的内部变形，国外学者最早研究了透明土实验方法(Iskander et al.，1994，2002；Sadek et al.，2003；Liu et al.，2003；Ni et al.，2010；Ezzein et al.，2011)；近年来，这一方法在国内得到了进一步研究与发展(孔纲强等，2013；宫全美等，2016)，主要用于砂土或黏土地层中盾构隧道(孙吉主和肖文辉，2011；李文涛，2015)、沉桩(曹兆虎等，2014)、化学注浆(高岳，2015)、桩基(齐昌广等，2015)、锚杆(夏元友，2017)、钻井(王文国，2016)以及加筋地基(陈建峰等，2017)等的试验研究中；同时，作为透明土方法的拓展，针对岩体的内部变形观测问题，著者等通过探索研究，初步建立了新的透明岩体实验方法(秦先林，2013；李元海等，2015a)，并进行了隧道模型试验应用研究(林志斌，2014；任超，2015；高文艺，2015；李元海等，2016a)。

5) 金属材料

金属材料，如型钢和钢筋等也是岩土工程中常用的建筑材料，数字照相量测在金属材料的变形量测中也有不少应用。数字照相量测作为一种光测分析方法，常用于金属材料受拉伸或压载条件下位移变形的无损测量，此外，由于传统的接触式量测方法在高温环境下已不再适用，关于超高温环境下金属材料表面位移的数字照相量测问题，近年来也成为一个研究的热点。

通常温度下金属材料的相关试验研究主要有材料的弹塑性、板材变形与结构位移等，例如，潘兵等(2005)针对低碳钢试件(A3 钢)弹塑性边界的白光相关无损检测方法，提出了一种用白光作为照明光源来检测低碳钢试件弹塑性边界的无损检测方法，定义了一种光强相关系数作为判断试件各点是否进入塑性屈服的依据，该方法将数字图像相关和金属表面弹塑性变形前后对光强的反射特性结合起来，以判断试件各点是否进入塑性变形；陈思颖等(2004)在霍普金森拉伸加载装置上利用数字化高速摄影系统，实现了硬铝材料位移和变形场的光学测量；王言磊和欧进萍(2006)利用图像相关数字技术对以钢结构为主的海洋平台结构模型振动位移进行了测量；张德海和刘吉彬(2012)以深冲和非深冲 VCM 钢板及其组分材料作为研究对象，进行了钢板单向拉伸的 DSCM 变形观测，获得了材料沿 x 向和 y 向两个方向的应变量。

高温或超高温度下金属材料的相关试验研究中的主要难点问题是热量对流造成空气流动、试件表面氧化、试件升温(500℃以上)产生的热辐射或肉眼可见红光等特定因素对图像采集质量的影响，而消除或减少这些影响的方法主要有：①若材料置于高温容器中，可将容器抽真空以消除空气流动影响(胡育佳等，2016)；②为消除高温下热辐射对成像质量的影响，可采用带通光学滤波成像系统(潘兵等，2011)，比如在镜头前加装蓝色带通滤镜来消除高温产生的红外干扰，同时为弥补光照不足，增加蓝光LED灯进行补光(宝剑光等，2017)；③在试件的数字照相观测表面喷涂一层可耐受2600℃高温的钨粉(赵丽娜等，2014)或采用耐高温阻燃涂料(陈凡秀等，2015)或使用光纤激光刻蚀散斑(胡育佳等，2016)等方法来进行人工制斑，以避免材料或试件原始表面的高温烧蚀对图像采集与分析的影响。

6) 木材与竹材

木材或竹材可以说是土木工程或岩土工程最早使用的原始建筑材料，现在依然广泛使用。传统木材力学测试采用电阻应变测试法，这种电测法虽然很成熟，但是该方法以点测量为基础，不能获得全场的变形信息，在木材力学测试领域中具有一定的局限性，而数字照相量测可突破传统量测的局限性，它在木材压缩、拉伸、弯曲等常规力学测试、木材裂纹演化与增长等断裂测试、木材微观力学测试以及木质复合材料的力学特性研究中，都具有广阔的应用前景(江泽慧等，2003；孙艳玲等，2009)。破坏是竹材作为建筑材料在安全设计中必须要考虑的一个重要因素，特别是竹材在载荷作用下发生的一系列变形，利用DSCM可实时拍摄竹材拉伸和压缩过程中的位移变化，得出竹材在破坏过程中的应变场，如李霞镇等(2012)利用DSCM测定了5个竹龄的竹材顺纹抗拉弹性模量，并实时拍摄竹材拉伸和压缩过程中的位移变化，得到了竹材抗拉和抗压试样的应变场。

7) 复合材料

复合材料由于其强度高、抗疲劳性良好以及耐高温等特性，被广泛应用于航空航天、建筑及化工纺织等领域。目前对复合材料的试验研究主要集中在断裂、拉伸及压载条件下应力应变场的演化问题。数字照相量测方法由于其光学量测的非接触特性，在改性高分子材料的断裂行为(王冬梅等，1999)、高聚物断裂、共混、结晶和无损检测(马世虎等，2003)、合金试件拉伸变形(刘颢文等，2007)、形状记忆合金裂纹尖端应变场(王强等，2007)、耐热合金试件缺口弹塑性变形(余进等，2009)、有机玻璃梁试件弯曲挠度(张怀清等，2009)以及炭/炭复合材料超高温变形(赵丽娜等，2014)等测试方面都有着很好的应用。

8) 编织物

织物的拉伸、撕裂、剪切、弯曲等是织物材料力学性能的重要内容，是决定其材料特性及用途的重要因素。编织物由于连接、安装、结构等方面的因素，常常需要在材料表面开孔，造成使用过程中强度的降低和疲劳破坏往往容易产生在开孔处，借助DSCM能够有效地量测拉伸条件下编织物的全场位移以及开孔处的应变情况。例如，王戈等(2010)研究了含孔天然苎麻纤维织物/异氰酸酯复合板在双轴向拉伸载荷下的力学行为，对0.5 mm、1.0 mm、2.0 mm、4.0 mm 4种孔径板进行了单向和双轴向载荷拉伸试验，同时采用 DSCM 对全场位移及孔径大小对应变的影响进行了表征；李龙姣(2010)利用 DSCM 对机织物在 3D 复合材料力学分析系统上进行了双向拉伸试验，从组织和密度两方面分析了不同结构参数对机织物单向和双向拉伸力学性能的影响。

当然，上述列举的应用是数字照相量测在岩土工程及其相关领域室内试验中的几个常用方面，实际研究与应用范围可能更广，而其从室内走向室外，从实验室到工程现场，应用范围将进一步扩大，实用价值将得到进一步体现。

1.2.2.2 工程现场应用研究

在工程现场数字照相中(下文中的"摄影"与"照相"可视为同一概念)，常用摄影或图像采集设备可分为两大类——量测相机与非量测相机，以摄影经纬仪和专用量测摄影机为代表的量测相机带有框标和定向设备，而以数码相机和数码摄像机为代表的非量测相机则没有框标和定向设备，在实际应用中大多需要全站仪辅助控制点的坐标测量。然而，不论采用哪种类型的摄影机，大都是根据目标点(控制点和待定点)在像空间坐标系的坐标和物空间坐标之间的关系，建立目标点、像点和投影中心的共线方程，然后进行解算，求得目标点的坐标与位移。由于非量测相机具有使用经济、操作简单和工作效率高等优点，因此，现在基于非量测数码相机的工程建(构)筑物变形安全监测技术研究、开发与应用日渐受到关注，并得到了较快的发展。

目前，工程现场数字照相测量应用研究主要有隧道围岩与基坑结构的变形、隧道塌方、桥梁裂缝及结构位移、土坝与坝基变形、矿山地表沉陷、边坡变形以及建(构)筑物变形监测等的一些工程试验研究。下面按工程类别进行简要说明。

1) 隧道及地下工程

数字照相量测主要应用于隧道及地下工程施工中的超欠挖以及围岩与结构的变形监测中，对于信息化施工与工程质量检测都具有重要意义。国内外研究人员在这一方面进行了卓有成效的试验研究，如西南交通大学(仇文革等，1996)结合地下工程的现场量测和模型试验，利用地面摄影经纬仪和立体坐标量测仪对隧道位移、既有隧道衬砌变形及新建隧道轮廓超欠挖等进行了现场量测试验，取得了较好效果；有研究表明(吴世棋等，1994)，隧道工程中采用专业仪器的近景摄影测量，在 50 m 摄距内，物方标志点的量测精度可达到 1 mm。

变形状况是隧道及地下工程中围岩与结构整体力学性态变化和稳定状态最直接和最可靠的反映，在施工与运营安全监测中始终是一项必测内容。常用机械式收敛计、水准仪、全站仪等位移观测方法虽能取得较高量测精度，但因测点较少，不能反映整个监测断面的位移情况，且大多与施工存在着相互干扰的问题，于是，基于数字照相量测技术，秋本圭一等(2001)研究开发了精密变形量测法，并在日本某一铁路隧道的内空形状量测中进行了现场试验。其基本原理是对同一个观测点从不同方向拍摄多幅照片，然后，根据实际量测点、相机镜头中心和图像测点共线条件建立方程式，另外，考虑相机位置和旋转角度以及相机本身的校正参数，建立联立方程式，再利用最小二乘法求解。针对隧道固定测站摄影量测中存在的外业工作复杂和对施工影响较大等问题，马莉和朱永全

(1997)和王国辉等(2001)研究探讨了无固定测站式近景摄影监测隧道变形的方法,通过在隧道监测断面悬挂标尺和设置多个人工标志点,分别利用手持式普通相机先后进行了两次现场应用试验,此后又继续进行了隧道变形监测方法的探索研究(陈运贵,2014)并编写了目标标志点的亚像素定位方法(重心法和拟合法)程序;王秀美和曾卓乔(2001)开发了一种数字化近景摄影测量系统,不设固定测站,不要求事先记录和输入任何外方位元素的近似值,且保证计算收敛,在模拟试验中,站点距离观测面约 10 m,设置了一根基准标尺和两根辅助标尺,并分析认为对于隧道断面位移观测,用二维测量更为适合;田胜利等(2006)在小湾电站引水发电系统地下主厂房,使用非量测数码相机,不在现场布设像控点,完全自由设站,采用反光标志测点和分区拍摄方式,通过在 MATLAB 编制的程序先后解算像点局部坐标和总体坐标,最后对总体模型坐标进行整体光束法平差并得到了最终结果,同时指出,由于现场环境影响,量测精度与全站仪尚有差距;刘大刚和王明年(2007)利用两台数码相机,提出了前后交替摄像法和标定摄像法两种围岩变形测量理论与方法,并在福厦高速公路大坪山隧道进行了现场试验研究;桑中顺(2008)在隧道现场图像采集中,使用了红外摄影方法,获得了清晰度较高的图像,并提出了一种简明同名点匹配方法,研究了采用无固定控制点进行物方坐标和变形量的精确计算方法,在江西武吉高速九岭山隧道进行了现场试验获得了较高精度。以上基于非量测数码相机的隧道变形监测大都是利用单台或两台数码相机进行图像采集,为对大范围多个区域进行监测,周奇才等(2014)采用由多个 CCD 摄像机组成的网络图像传感器技术,根据沉降变形监测原理,建立了地铁隧道沉降变形监测系统的数学模型,提出了沉降变形监测系统的误差累积计算模型,给出了图像传感器应满足的精度要求。

近年来,数字照相量测在城市地铁工程施工与运营中也开始得到了一些试验研究,如冯琦和王佳(2015)在天津地铁 9 号线大王庄—天津站联络通道两侧各 21 环管片范围,利用摄像机对隧道管片水平位移与道床竖向位移进行了实时监测,上、下行隧道各设置一个监测断面,在每个断面的隧道侧壁线架与道床上安装 3 台摄像机,采用 45 个 60 mm×60 mm 的人工标识牌作为测点,标识面正对摄像机,对区间无灯光照明区域利用红外灯补光照明,实际监测到 2014 年 7~11 月间沉降位移在 2 mm 以内,隧道结构水平位移在±0.4 mm 以内,通过对比自动化与人工监测数据发现,因光照影响导致实测曲线起伏波动较大,另外,振动对监测数据的影响在±0.5 mm 以内;此外,孟丽媛(2015)提出了一种利用相关系数的改进光束法平差来检校传统相机,通过实验研究了最佳控制点大小与网型布设方案,并在合肥轨道交通二号线天柱路站基坑(冠梁)变形监测中进行了半个月的两次测量试验,并指出沉降位移与电子水准仪的测试结果最大相差约 0.7 mm。

深基坑作为地下工程一种常见形式,它在开挖过程中的稳定性对相邻建(构)筑物、地下管网与地面设施等会造成不同程度的影响,因此,对稳定性控制的主要结构——基坑支护进行变形监测往往必不可少。王国辉等(2001)利用普通相机,不设固定摄站、不设控制点(在坑内或坑边放置基准杆和定长杆),开发了深基坑支护结构位移的近景摄影测量技术,三维位移监测误差据称达到±3 mm,该技术曾先后在石家庄两个基坑局部支护结构的位移监测中进行了应用;李晓军等(2013)利用数字图像技术对工程施工状态进行了监控量测,通过确定三维空间点与二维图像点之间的对应关系,将已知的处于真实世界坐标系下的基坑支撑的坐标直接映射到二维图像中并形成图像区域，然后针对不同类型、颜色的支撑，利用颜色信息区分支撑与非支撑区域，进而判断支撑是否已施工完毕，提出并实现了一种基于设计信息的基坑支撑位置图像识别方法。

2) 边坡工程

边坡的失稳破坏，通常有一个从渐变发展到突变的过程，通过边坡表面位移的监测有望掌握边坡的稳定状态与滑坡前兆信息。针对边坡变形的数字照相监测方法研究与应用，周海平(2010)采用基于非量测数码相机的多基线数字近景摄影测量系统，研究给出了适合露天边坡位移增量测定的非接触技术方案；同济大学依托江西省石吉线 B8 标李家寨高边坡(刘学增等，2011)和某在建隧道洞口边坡(罗仁立等，2011)，利用改进的有标点中心定位法——亚像素圆心检测法，采用单部数码相机和外方(200 mm×200 mm)内圆(Φ100 mm)的黑底白圆标志板进行了现场量测试验，研究发现，该方法对拍摄距离较为敏感，在 40 m 拍摄距离内，识别误差与理论精度相差不大，在 25 m 范围内，误差可控制在 0.5 mm 范围内，同时指出阴雨、大风等恶劣天气以及施工过程中的车辆振动等因素对量测精度有较大影响，完全适应具体工程还需要进一步研究；宋诚(2014)针对边坡变形数字照相监测问题，分析了几何畸变、大气抖动、图像模糊的误差影响，在某公路高边坡(坡高 10 m，坡度约为 70°~80°)进行了工程应用，采用经标定的数码相机，在边坡坡脚处安装固定不动标定点，摄像机则安装在离坡脚一定距离的固定点，历时 6 个月监测到边坡水平与竖向最大位移分别为 12 mm 和 11 mm；赵文峰等(2014)探讨了利用多基线近景摄影测量分析方法，通过深圳市二线公路边坡的现场试验，在边坡外稳定的场地浇筑 4 个基准点，采用摄距为 45 m 左右的旋转多基线摄影方式，摄站位置、拍摄基线并不要求严格一致，然后利用数码相机旋转或平行摄影方式获取了被研究区域的影像数据，再通过拼接、定向与分析，验证了数字摄影测量在边坡位移监测中应用的可行性。

3) 道路工程

高速铁(公)路、重载铁路为保证行车安全，对路基沉降及变形的要求很高，通常需要对线路路基的沉降与变形进行长期监测，传统沉降监测常用的方法有监测桩、沉降杯、沉降板、磁环沉降仪和 PVC 管沉降仪等。近年来，数字摄影测量作为一种新的路基沉降监测技术开始了应用研究，如徐实(2012)针对乌鞘岭隧道的路基沉降，利用多个 CMOS 图像传感器及相关设备，采用二维测量方法，利用激光准直特性，提出了路基沉降监测系统的整体方案，通过工程现场试验测量了两个断面之间监测目标的相对位移，通过坐标变换及基准传递，得到了监测点的绝对位移，激光光源采用 30 mW、660 nm 波长的红色半导体准直激光光源，发散角为 0.02 rad，摄像头采用 500 万像素的 CMOS 传感器，靶面为 15 cm×15 cm 毛玻璃板；史磊(2013)提出一种运用 CCD 图像分析技术来实现对路基沉降的实时监测系统，系统以路基沉降区以外一个基本不发生沉降的地点作为沉降测量的基准点，以 CCD 作为探测器进行平面扫描测量，实现了路基表面沉降自动实时的高精度测量与自动报警，在路基施工范围内，均匀设置了 10~20 个具有独立光源(高亮LED)的"靶标"，在远离施工区域(20 m 以上)设置一台 1100 万像素的高精度工业级照相机，对多个靶标在整个施工期内进行了 24 小时定时自动拍照，采用多补偿图像解析软件进行分析计算，测量出了各个靶标的位移，精度为 1.5 mm，测量数据通过工业无线网传输至远程控制中心。

4) 桥梁工程

数字照相测量主要用于桥梁承载挠度、结构位移与自振特性方面的变形观测，如西南交大李华文等(1989)选用了国产摄影经纬仪和光电测距仪对成昆线漫水湾大桥 80 m 跨度范围内在静载与动载状态下的桥梁上下弦边缘位移进行了监测，采用人工量测标志点，控制点设置在桥墩稳固处，在摄影比例尺为 1∶200~1∶700 的条件下取得了比较满意的结果，测得的位移为 20~66 mm；梁菲(2010)采用数码相机在桥梁承载挠度的监测研究中，利用建模与测量软件 PhotoModeler Pro 5.0 进行了图像处理与分析，获得了一座试验桥梁特征点的三维坐标，测量结果与全站仪测量数据对比表明，人工标志点的坐标精度为 10 mm；桥梁的自振频率是桥梁自振特性和评价桥梁整体刚度的主要参数，李湛等(2015)利用数字图像相关法测试了模型桥梁的位移时程曲线；张国建和于承新(2016)采用数字近景摄影测量对动态行人桥梁进行了瞬间实时变形监测，首先布设人工标志的参考点和变形点(直径 30 cm)，采用 4 台经过直接线性变换法检定的数码相机，对动态桥梁进行了瞬间抓拍，获取了承载变形信息的照片，最后根据空间时间基线视差法对采集的数据进行处理，精度达到 3‰。

5) 建筑工程

如何进行测点的三维坐标计算是建筑结构变形观测中的关键点。在近景数字摄影测量中，直接线性变换(DLT)解法是一种常用方法，它通过建立观测点像方空间坐标和同名点物方空间坐标之间直接线性关系进行解算，如于承新等(2002)在钢结构变形实验中使用数码相机进行监测，测量数据利用 DLT 法处理，有效地减弱了数码相机内、外方位元素的不稳定以及外界环境条件的影响，分析精度达到 2‰；张建霞等(2004)基于非量测数字相机，通过 DLT 解算出观测点的空间三维坐标，并结合应用于建筑物变形观测的实例进行了分析；赵卿和尹晖(2006)通过使用普通数码相机，并应用二维 DLT 进行了建筑物变形监测的试验研究，结果表明，使用普通数码相机代替常规测量方法，能够满足变形监测的三等精度要求；崔晓荣和郑炳旭(2007)以某一爆破拆除工程为例，采用非量测摄影机，根据航空摄影测量系统原理，对于二维平面图片，给定 5 个参考点的空间坐标，准确测量了建筑物爆破拆除的倒塌过程，获得建筑倒塌运动过程中的位移、转角、平动速度和转动角速度等参数；牛鹏(2010)采用圆形非编码标志点及环形人工编码标志点，以某实际桁架为实验对象，通过跟踪粘贴在桁架结构表面的众多人工标志点，通过计算标志点在不同时刻的位移信息来分析桁架结构的整体变形情况。

6) 水利工程

利用数字照相技术对水工建筑物的结构进行变形量测，可实时获取位移变形量，在灾害监测、防治方面有着良好的应用前景。国内外一些研究人员在拦水土坝和水电大坝等工程中进行了一些研究，如，Allersma(1997)通过标记点对一个易受洪水影响的 30 m 长土坝边坡进行了变形量测试验，照相机在距测点 30 m 以外拍照，每 3 秒在计算机硬盘上存储一幅图像，利用图像相减算法处理，可以实时显示 5 mm 的位移变形，观测结果发现土坝破坏从表面开始，与传统的始于深部剪切带的认识有所不同；魏永华和赵全麟(1997)在三峡船闸高边坡变形监测中通过改进摄影机安置方法，新建"位移视差"法平差模型，获得了测定目标的位移精度(5~9 mm)；中国地震局地壳应力研究所(王建军，2004)研制了以 CCD 为核心部件的光电型自动化观测仪器，可对地震前兆、地质灾害及断层活动进行监测，系统在小湾水电站、湖南东江水电站和五强溪水电站的跨断层形变监测中进行了一些应用；河海大学(杨彪和李浩，2003)研发了基于普通数码相机的 DTM 数据快速采集系统，在建设项目水土保持监测中，利用该系统可监测弃土弃渣体积、坡面侵蚀量等指标；赵新华等(2016)采用航空摄影测量技术获得了 2001~2011 年间新安江水库摄影水位以上的地形数据，通过构建 DEM 计算了新安江水库水域面积和库容；黄青松等(2016)基于固定数码相机，在干滩和水面上垂直尾矿坝顶放置若干个泡沫标志物，并改进分水岭算法，解决了干滩水线点坐标值的取得和干滩长度计算问题，经浙江建德铜矿尾矿坝实地测量，该方法的长度测量误差小于 2.6%。

7) 矿山工程

地表塌陷是矿山工程中一个重要的环境问题，往往塌陷区内不仅地形复杂，有的可能还处于岩体移动活跃期，摄影量测可以克服常规大地测量法测量这些危险区域形状和体积的困难。寇新建和宋计棉(2001)采用摄影仪对铜陵市的狮子山铜矿大型塌陷区进行了现场摄影观测，在塌陷区外围共布设控制点 17 个，将相片数字化处理后，量测及解算在计算机上进行；盛业华等(2003)则利用非量测照相机+CCD 数码后背，对矿山地表塌陷区进行了摄影测量，其在塌陷区周边布置 7 个红白块相间的标志牌作为控制基准点，用以解算像点二维坐标与地面点三维坐标的解析关系式，方形标志牌长、宽为 0.5~1.0 m，控制点坐标由全站仪测定，量测结果使用 ArcView GIS 软件处理分析；杨化超和邓喀中(2008)为解决矿山地表沉陷传统监测方法存在的劳动强度大、不能实时观测、难以获得瞬时三维移动变形信息等缺陷，提出了一种基于非量测相机的塌陷区沉陷数字近景摄影监测方法，该方法首先利用标定过的高分辨率数码相机获取塌陷区的数字立体影像对，然后采用相对定向、影像匹配等摄影测量解析处理方法来提取塌陷区地表的数字高程模型，最后通过与该区域开采前数字高程模型对比分析来完成塌陷区沉陷范围、深度、体积等沉陷参数的计算；李天子和郭辉(2013)为解决常规近景摄影测量方法用于平面地表变形监测时由于影像倾角过大造成匹配困难的问题，以非量测标定数码相机和多基线极限倾角的数字近景摄影测量为基础，设计出一种用于监测平面地表变形的可靠方法。

数字照相量测技术在工程方面的应用研究除前文介绍之外还有很多，如桥梁结构裂缝(王静等，2003)、道路路面(查旭东和王文强，2007)与隧道衬砌(刘学增和叶康，2012)的数字照相检测以及钢结构挠度监测(李妍和于承新，2002)等，这里不再一一列举。尽管数字照相量测在实验力学与工程监测和检测中应用发展十分迅速，但仍然存在一些问题，如复杂条件下的高清图像采集、超大与超小变形分析、工程现场的控制基准点设置以及位移与变形量测精度的进一步提高等，都需进一步研究和改进。

1.3　数字照相变形量测技术的发展

数字照相变形量测精度的大小是否满足应用要求是大多数使用者首先会提出的一个核心问题，随着应用范围的越来越广，一些应用(比如材料与结构的极小变形量测)对精细变形观测会有更高的要求，此外，伴随着高分辨率数码相机采集的大尺寸图像和大量图片的集中分析处理，对图像分析的速度也提出了较高要求。因此，衡量数字照相变形量测技术应用效果两个最重要的指标可以归结为量测精度和分析速度。其中，量测精度主要与图像采集质量、图像畸变校正、图像校准、相关搜索方法、变形解释算法等有关，而分析速度，撇开计算机硬件性能不谈，主要与图像分析算法有关，其中相关搜索算法是影响分析速度最重要的因素。数字照相量测在工程现场的应用技术目前还不能说是已经成熟，还有图像采集与图像分析等许多难题没有很好的解决。以图像特征与变形参数作为指标的材料变形特性判别与精细分区刻画方法或许可以作为数字照相量测方法的延伸应用进行深入研究。

1.3.1　复杂条件下的高质量图像采集方法

高清晰和满足相关性分析要求的数字图像是决定 DSCM 图像分析成败与精度高低的最重要因素。无论图像处理与分析算法如何改进，图像采集质量若不能从根本上予以保证，量测精度都无从谈起。在应用中尤其要注意相机位置的固定、光照变化的影响、控制基准点的布置和控制坐标的准确量取、模型或目标观测面必要的人工制斑处理，这些对于图像采集与图像分析都有重要影响。在室内或室外应用中，超高温、超低温、冲击、爆炸、振动、光线变化等复杂条件下的高质量图像采集需要从图像采集设备、光源设置与人工制斑等方面进行进一步探索和研究。

1.3.2　超大与微小变形的高精度图像分析

超大变形对于数字照相变形量测的难度主要在于其可能引起数字图像相关性的显著降低，而微小变形则对应于数字照相量测的高精度要求。超大变形如材料的大应变或开裂与破断等非连续大变形，主要是如何在数字散斑相关的基本原理基础上，根据变形特征进行归纳简化，从而提出相应算法，例如著者对于裂隙问题的算法研究解决了含有裂隙的材料变形的有效识别问题(李元海，2015b)，一种称为 X-DIC(扩展数字图像相关法)的方法实际上是针对获得基本位移后的变形进行的解析方法的改变(Réthoré et al.，2008)，并没有从根本图像分析上来解决非连续变形引起的位移相关分析的误差或精度问题。对于微小变形的研究，主要方向应该有两个方面：一是如何提高图像的分辨率，一般可采用高分辨数码相机或显微照相设备，对于固定观测范围获得大比例图像；二是从图像分析算法方面来提高，目前相对稳定成熟的方法是采用亚像素方法，其在具体条件下的精度校验值得进一步细致研究。

1.3.3　基于软硬件的图像快速分析方法

DSCM 图像分析速度主要取决于计算机硬件性能与软件算法以及两者的结合。计算机硬件性能主要包括计算机 CPU 的性能和运行内存的大小,软件算法主要是对图像相关搜索基本算法的优化,软硬件结合的一个典型案例则是利用 CUDA 提供的编程工具来实现 GPU 高效的并行计算能力,从而大幅提高图像分析的速度(黄磊等,2015)。

如何减少 DSCM 中像素点的搜索数量是速度提升中的一个最关键因素。DSCM 数字图像相关搜索基本方法是在以测点为中心的周围进行全域逐点搜索,这是一个简单且无遗漏的地毯式搜索,但搜索点数最多,因此效率最低。实际上,可以根据目标变形的定向与大小特征缩小搜索方向与搜索范围,从而减少搜索的像素点数(李元海,2016)。著者在本书提出并实现了一种基于材料非均匀时空变形特征的优化搜索方法,最大限度地减少了 DSCM 的搜索测点数,提高了搜索速度,方法虽然未经严格的数学证明,但实验验证结果表明,不仅可以大幅提高图像分析的速度,而且有助于提高位移量测的精度。

除了测点搜索数量之外,相关计算公式的选择和相关分析中的像素块(有的文献称之为计算窗口或图像子区)的大小对图像分析速度有较大影响。实验研究发现,对于不同材料的 DSCM 分析相关像素块没有统一的最佳尺寸,不同的相关性公式(金观昌等,2006)在计算精度和分析速度上有一定差别,但不应该很大,否则不能作为相关公式来使用。

1.3.4　数字照相量测工程应用方法

工程现场从变形实时监测到结构质量检测,对数字照相量测的应用需求都将越来越强烈,但工程现场条件比实验室要复杂得多,需要解决的关键问题主要有控制基准点的设置及其坐标的精确测量、天气或光线变化对图像清晰度的影响、现场测点的布设与维护、施工机械或运营设备等引起的环境振动影响以及大范围图像的变形校正等问题。特别是在现场工程结构大范围位移或应变监测方面,目前,由于工程现场多数光照条件的变化无常,数字图像散斑相关法的应用存在困难,因此,一般多使用人工标志点,但对于小范围的应变量测,则可以尝试数字散斑相关方法。当前针对现场的数字照相量测技术研究与应用,大多是在比较理想的状态下,如在天气晴好的短时段进行的试验研究,再如由于固定控制基准点的定位困难而只能测量两点之间的相对位移等。因此,数字照相量测随着工程应用相关问题的进一步研究与解决,相信将具有广阔的发展空间。

1.4　本 章 小 结

(1)提出了数字照相量测的基本概念与方法分类体系,说明了数字照相变形量测的特点与优势。

(2)阐述了数字照相变形量测方法的研究与应用现状,分析了数字照相变形量测技术发展趋势。

第2章

数字照相变形量测的基本原理与方法

数字照相变形量测以计算机数字图像处理与分析为基础，因此，需要对数字图像的基本概念首先有个基本交代，此外，在图像校准或坐标变换以及应变计算中需要用到一些数学方法，了解这些方法有助于加深对数字照相量测技术的理解。根据在观测目标上采用或不采用标志点，"标点法"和"无标点法"这两种基于不同图像分析原理的量测方法各有特点。本章主要介绍数字照相变形量测的相关概念、基本原理以及两种方法。

2.1 数字照相变形量测的基础方法

数字照相量测是以数字图像处理与分析为基础，由于目前数字图像的采集多采用光学方法，而光学镜头的成像特点使得数字图像会产生或大或小的几何畸变，如直线段在图像上变成曲线、矩形变成梯形，因此，图像畸变校准成为提高变形量测精度必须考虑的一个重要因素。数字图像分析的最终目的是获得变形数据，位移及位移场的计算通过坐标的差值可以直接获得，而描述变形的应变场计算则需借助一些相对复杂一点的方法，如有限元方法。下面从数字图像处理基础开始，对相关内容进行详细说明。

2.1.1 数字图像的基本概念

数字图像处理涉及光学、电子学、摄影技术、计算机技术和数学，主要概念及其内涵十分丰富，以下仅介绍数字照相变形量测方法中经常用到的基本概念。

2.1.1.1 几个基本概念

众所周知，计算机不能直接处理分析一张照片，因为计算机只能处理数字，照片在计算机处理前须转化为数字形式，一幅物理图像通常用一个数字阵列来表示。物理图像可划分为像素(pixel)区域，用矩形采样网格将图像分割成由相邻像素组成的许多水平线和垂直线，并赋予每个像素位置一个反映物理图像上对应点亮度的数值，这种图像转化过程称为数字化。如图 2-1 所示，在每个像素位置，图像的亮度被采样和量化，从而得到图像对应点上表示其亮暗程度的一个整数值，所有像素都完成上述转化后，图像就被表示成一个由像素组成的整数矩阵，每个像素具有位置和灰度两个属性，位置由扫描线内采样点的行列坐标决定，表示该像素位置上亮暗程度的整数称为灰度，这个数字矩阵就是计算机可以直接进行处理的对象。

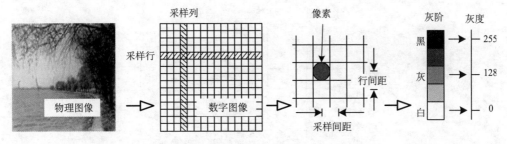

图 2-1　物理图像的数字化矩阵与灰度值

一个完整的图像处理系统由数字化仪(如数码相机)产生的数字图像先进入一个存储器(如存储卡)，然后，根据操作员指令，计算机调用并执行程序库中的图像处理程序。在执行过程中，输入图像被逐行读入计算机，对图像处理后，计算机逐像素生成一幅输出图像，并逐行送入缓存。

以下简要说明几个在数字图像处理中常用的基本概念。

"数字图像" 指的是一个被采样和量化后的二维函数。采用等距离矩形网格采样，对幅度进行等间隔量化，一幅数字图像是一个被量化的采样数值二维矩阵。数字图像处理本来是指将一幅图像变为另一幅经过修改的图像，是一个由图像到图像的过程。数字图像分析则指将一幅图像转化为一种非图像的表示，如一幅数字图像包含几个物体，用图像分析来抽取这些物体的特征及尺度。

"数字化" 是将一幅图像从原来的形式转换为数字形式的处理过程。

"扫描" 是指对一幅图像内给定位置的寻址。在扫描过程中，被寻址的最小单元是像素，对摄影图像的数字化就是对胶片上一个个小斑点的顺序扫描。

"采样" 是指在一幅图像的每个像素位置上测量灰度值，通常是由图像传感元件完成，它将每个像素处的亮度转换为与其成正比的电压值。

"量化" 是将测量的灰度值用一个整数来表示。由于数字计算机只能处理数字，因此，必须将连续的测量值转化为离散的整数。在图像传感器后面，经常跟随一个电子线路的模拟转换器(ADC)，将电压值转化为一个整数。

"数字化过程" 由扫描、采样和量化 3 个步骤组成，经过数字化，得到一幅图像的数字表示，即数字图像。

数码相机图像数字化过程如图 2-2 所示。它的工作原理与普通胶卷相机的工作方式有所区别，事实上，它更像是一台扫描仪、复印机或传真机。数码相机通常用一种特殊的半导体材料来记录图片，这类特殊的半导体叫做电荷耦合器(CCD)。CCD 由数千个独立的光敏元件组成，这些光敏元件通常排列成与取景器相对应的矩阵，外界景象所反射的光透过镜头照射在 CCD 上，被转换成电荷，每个元件上的电荷量取决于其所接受的光照强度。CCD 将各个元件的信息传送到数模转换器上，数模转换器则将数据编码后送到缓存中，然后，通过 DSP(数字信号处理器)读取这些数字编码，并将这些编码中所包含的影像信息存放到存储器中，就可得到一张完整的数码图片。

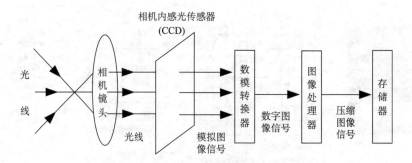

图 2-2　数码相机采集图像的数字化原理

当一个处理过程将一幅输入图像变为另一幅输出图像时，必须保持两幅图像之间点的对应，输出图像的某个像素对应输入图像的一个像素。所以当对输入图像的某个点，或对以该点为中心的一个邻域施加运算时，运算产生的灰度值被存储在输出图像的对应点上。

数字图像的运算可分为三类：第一类是全局运算，即对整幅图像进行相同处理；第二类是点运算，其输出图像上的每个像素灰度值只依赖于输入图像对应点的灰度值，点运算有时又称为对比度操作或对比度拉伸；第三类是局部运算，它的输出图像上每个像素的灰度值是由输入图像中以对应像素为中心的邻域中多个像素的灰度值计算出来的。

"对比度"是指一幅图像中灰度反差的大小。

"噪声"通常可以定义为图像上可见的由 CCD/CMOS 或者数字信号系统造成的错误信息。

"灰度分辨率"是指单位幅度上包含的灰度级数，若用 8 比特(bit)来存储一幅数字图像，其灰度级为 256，灰度值范围为 0~255。

"采样密度"是指在图像上单位长度包含的采样点，采样密度的倒数是像素间距。

"灰度直方图"是灰度级的函数，描述的是图像中具有该灰度级的像素个数，其横坐标是灰度级，纵坐标是该灰度出现的频率(像素的个数)。灰度直方图具有一幅图像灰度分布的总体统计性质，是图像处理中最简单而又最常用的工具之一。

"三基色"是指红(R)、绿(G)、蓝(B)三种基本颜色。自然界中常见的绝大多数彩色都可用适当比例的这三种基色混合组成的等效色来模拟，以 RGB 表示的彩色图像上任一点像素的颜色也是由 R、G、B 三个灰度分量组成，每个分量的灰度范围为 0~255。彩色图像任意一点颜色灰度 $f(x,y)$ 可用式(2-1)转换为对应的灰度值 $g(x,y)$，式中，$f_r(x,y)$、$f_g(x,y)$、$f_b(x,y)$ 分别表示 $f(x,y)$ 的三基色分量 R、G、B。这样，利用式(2-1)可将一幅彩色图像转化为灰度图像。

$$g(x,y) = 0.299 \times f_r(x,y) + 0.587 \times f_g(x,y) + 0.114 \times f_b(x,y) \tag{2-1}$$

2.1.1.2　图像二值化

图像二值化，即运用全局运算对数字图像进行处理，使其转变为仅包含两个灰度级的数字图像，黑白图像就是典型的二值化图像。一般实用图像系统要求处理速度快、成本低，多采用二值化处理，如文字、图形的识别和几何形状的某些应用等。

设图像上任一点 (x,y) 的原始图像灰度为 $f(x,y)$，那么，其对应的二值化处理后的图像灰度 $g(x,y)$ 由公式 (2-2) 求得

$$g(x,y) = \begin{cases} 1, & f(x,y) \geqslant T \\ 0, & f(x,y) < T \end{cases} \tag{2-2}$$

式中，T 为阈值，凡是超过或等于这个阈值灰度的像素，使其灰度值映射为 1，低于 T 的像素映射为 0，关于 T 值的选择可根据不同的图像特点和应用目的来确定。

2.1.1.3　数字图像匹配

图像匹配是在图像中理解(即寻找)有无所关心的目标物，在计算机图像处理中常用两种匹配方法：全局匹配和特征匹配。其中，全局匹配是把目标的每一像素对图像的每一离散像素都作相关匹配以寻找图像中有无该目标；特征匹配则仅仅对该目标的某些特征如幅度、直方图、频率系数以及点、线的几何特征等作匹配和相关运算。

1) 全局样板匹配

为了从图像中确定是否存在某一目标物，可把某目标物从标准图像中预先分割出来做全局描述的样板，然后去搜索在另一幅图像中有无这种样板目标物。设图像 $f(x,y)$ 大小为 $M \times N$，若目标样板是 $J \times K$ 大小的 $\omega(x,y)$，这里，$J<M$，$K<N$，常用相关度 $R(x,y)$ 来表示它们之间的相关性，如图 2-3 所示，$f(x,y)$ 和 $\omega(x,y)$ 两幅图像的规格化相关定义为

$$R(x,y) = \frac{\sum\limits_{j=1}^{J}\sum\limits_{k=1}^{K} f_1(x,y)\omega(j-m,k-n)}{\left[\sum\limits_{j=1}^{J}\sum\limits_{k=1}^{K} f_1^2(j,k)\right]^{\frac{1}{2}} \left[\sum\limits_{j=1}^{J}\sum\limits_{k=1}^{K} \omega^2(j-m,k-n)\right]^{\frac{1}{2}}} \tag{2-3}$$

在上式中，设样板范围 j，k 从 1 到 J，K 计算，而 (m,n) 则为 $f(x,y)$ 的 $M \times N$ 小区域中任意一点，$f_1(x,y)$ 是 $f(x,y)$ 在 (m,n) 点框出 $J \times K$ 大小的 $f(x,y)$ 区。当 m，n 改变时，可搜索到一个 $R(m,n)$ 最大值对应的点，即为样板匹配的位置。

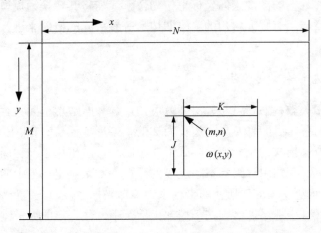

图 2-3　图像匹配中在点 (m, n) 处的全局样本相关

2)样板向量匹配

若用向量描述样板，则相关匹配可用求向量差的方法，如用相似度作为样板与图像中某子区的匹配量度，把图像被 $J \times K$ 框出部分用向量表示，样板也用向量表示。这时，两个向量的相似度可用两个向量的向量差为度量，差值 $D(m,n)$ 由下式表示：

$$D(m,n) = \sum_{J}\sum_{K}\left[f(j,k) - \omega(j-m,k-n)\right]^2 \tag{2-4}$$

式中，$D(m,n)$ 是被搜索到的图像场 $f(j,k)$ 和样板 $\omega(j-m,k-n)$ 的差值，规定一个最小向量差的阈值 T，若 $D(m,n)<T$，则说明图像场 $f(j,k)$ 和样板 $\omega(j-m,k-n)$ 在 (m,n) 位置上匹配。

2.1.1.4 图像变形及校正

数码相机获得的数字图像通常会发生变形，原因主要有两个方面：一是照相机本身成像系统(如镜头)引起的几何畸变，包括径向畸变、切向畸变、偏心畸变和仿射畸变；二是相机镜头轴线与拍摄目标平面不垂直引起的。

图像变形可划分为两种：一种是形状不变仅发生平移和旋转；另一种是形状发生歪斜即几何畸变，图像校正通常需以某一幅图像为基准，去校正发生几何畸变的图像。例如，从卫星上或飞机侧视雷达上得到的图像都有相当严重的几何变形，这些图像需要先经过几何校正，然后才能对其内容做出正确解释。通常使用控制基准点来校正，因此，控制点的数量和分布及其坐标的精确测量都直接影响校正结果。在岩土实验模型拍摄图片时，只要可以保证量测精度，一般尽可能采用简单的校正方法。对于几何畸变的校正，要求在观测面全域尽可能均匀布置控制基准点；但对岩土实验模型，控制点布置在模型中间，会直接影响图像分析，比如基于图像相关分析的非接触量测法，一般将控制点布置在观测面周围，除非图像发生较大的几何变形，一般都可用简单的校正方法。

2.1.2 坐标变换与图像校准

图像分析涉及两种坐标系，一种是图像空间坐标系，另一种是模型空间坐标系。在图像分析中，位移数据的图像空间坐标单位为像素，需将其转换为模型空间坐标，单位一般为 mm。本章借用有限元常用的二维四边形等参单元的概念来进行坐标变换或图像校准。

2.1.2.1 二维四边形等参变换法

根据有限元相关教科书(张德兴，1989)可知，等参四边形单元具有以下特点：①任一四边形单元(在整体坐标系中)与一边长为 2 的正方形单元(在自然坐标系中)通过插值公式相关联；②位移模式和坐标变换模式形式相同。自然坐标是一种局部坐标，只限于某一单元内才有定义，它用一组都不超过 1 的无量纲数来确定单元中的一点坐标位置。如图 2-4 所示，四边形 $ABCD$ 所在的坐标系为整体坐标系，而正方形 $abcd$ 所在的坐标系则是局部(或自然)坐标系，区别在于局部坐标系中，任意点的无量纲数或坐标的绝对值不超过 1。

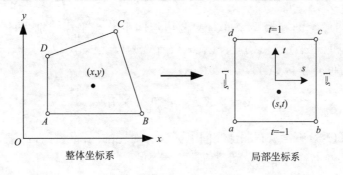

图 2-4　四边形等参变换中的整体坐标系与局部坐标系

已知四边形单元 $ABCD$ 四个节点的坐标为 (x_1,y_1)、(x_2,y_2)、(x_3,y_3)、(x_4,y_4)，x、y 两个方向的位移分别为 (u_1,v_1)、(u_2,v_2)、(u_3,v_3)、(u_4,v_4)，四边形 $ABCD$ 中任一点的坐标 (x,y) 和正方形 $abcd$ 中对应点 (s,t) 的关系可用插值公式表示：

$$x = \sum_{i=1}^{4} x_i N_i, \qquad y = \sum_{i=1}^{4} y_i N_i \tag{2-5}$$

式中，$N_i = 0.25 \times (1 + s_i s) \times (1 + t_i t)$，$i = 1 \sim 4$，$(s_i, t_i)$ 为 $abcd$ 四个点的局部坐标值，(s,t) 是 (x,y) 在自然坐标系中对应的坐标值，本章下文公式中的 N_i 与此处的 N_i 意义相同。

四边形 $ABCD$ 中任意一点 (x,y) 的位移 (u,v) 与正方形 $abcd$ 中对应点 (s,t) 的关系可以用插值公式表示：

$$u = \sum_{i=1}^{4} u_i N_i, \qquad v = \sum_{i=1}^{4} v_i N_i \tag{2-6}$$

2.1.2.2　坐标变换与图像校准

空间坐标转换的方法有多种，在简便可行和满足精度要求的前提下，可利用四边形单元等参变换的方法进行，如图 2-5 所示，即在实验模型观测面周围布置至少 4 个控制点，可将图像上任一点坐标转换为对应模型空间中的真实坐标，原理同上述整体坐标 (x,y) 和自然坐标 (s,t) 变换方法一样，不同之处在于要进行图像空间到自然坐标空间，再到模型空间坐标两次转换。

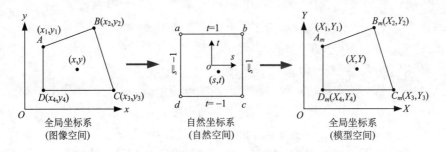

图 2-5　基于四边形等参变换的图像校准和坐标变换

假设已知图像空间和模型空间对应四边形四个节点坐标分别为(x_1,y_1)、(x_2,y_2)、(x_3,y_3)、(x_4,y_4)和(X_1,Y_1)、(X_2,Y_2)、(X_3,Y_3)、(X_4,Y_4)，已知图像上任一点(x,y)，下面给出其对应模型空间点坐标(X,Y)求解表达式：

$$X = \sum_{i=1}^{4} X_i N_i, \qquad Y = \sum_{i=1}^{4} Y_i N_i \qquad (2\text{-}7)$$

式(2-5)~式(2-7)中，求解图像空间坐标(x,y)对应的局部坐标(s,t)是关键，(s,t)的求解有两种方法，本书称为公式法和数值法。

1）公式法

参考有限元教科书（张德兴，1989），可以推导出(s,t)的计算公式(2-8)和式(2-9)：

$$s = \begin{cases} -C_3 / C_2 , & C_1 = 0 \\ \dfrac{-C_2 \pm \sqrt{C_2^2 - 4C_1 C_3}}{2C_1}, & C_1 \neq 0 \end{cases} \qquad (2\text{-}8)$$

$$t = \frac{4Y - B_1 - B_3 s}{B_2 s + B_4} \qquad (2\text{-}9)$$

公式中相关参数推导如下，引入变量A_1、A_2、A_3、A_4和B_1、B_2、B_3、B_4：

$$\begin{cases} A_1 = X_1 + X_2 + X_3 + X_4 \\ A_2 = X_1 - X_2 + X_3 - X_4 \\ A_3 = -X_1 + X_2 + X_3 - X_4 \\ A_4 = -X_1 - X_2 + X_3 + X_4 \end{cases} \qquad (2\text{-}10)$$

$$\begin{cases} B_1 = Y_1 + Y_2 + Y_3 + Y_4 \\ B_2 = Y_1 - Y_2 + Y_3 - Y_4 \\ B_3 = -Y_1 + Y_2 + Y_3 - Y_4 \\ B_4 = -Y_1 - Y_2 + Y_3 + Y_4 \end{cases} \qquad (2\text{-}11)$$

式(2-8)中C_1、C_2和C_3为

$$\begin{cases} C_1 = B_2 A_3 - A_2 B_3 \\ C_2 = B_2 (A_1 - 4X) + A_3 B_4 - A_2 (B_1 - 4Y) - B_3 A_4 \\ C_3 = B_4 (A_1 - 4X) - A_4 (B_1 - 4Y) \end{cases} \qquad (2\text{-}12)$$

由(x,y)到(s,t)是图像空间坐标到自然坐标系的转换，求出(s,t)后，则图像空间坐标(x,y)对应模型空间坐标(X,Y)由式(2-7)求得。

无论图像如何平移和旋转，只要模型上控制点的坐标系确定，图像上控制点对应于模型空间的坐标是一定的，所以，这一转换同时可校正因相机与模型的相对平面移动和旋转等原因产生的变形。坐标转换有时也称为图像校准，它是校正图像变形和保证分析精度的一个必要过程。校准方法一般有线性和非线性两种，其中线性方法比较简单，实验控制基准点少，后面的精度检验实验证明，在近距离、小范围拍摄以及相机镜头中心轴线尽量与观测面保持垂直的条件下，可以获得理想的变形量测精度。

2）数值法

在有序线性表中，二分搜索法是寻找给定项位置的一种快速近似搜索方法。二分搜索法可以看作是适用一维空间的一种搜索法，可以将其扩展到二维空间，这里称之为四分搜索法。在等参四边形单元坐标变换中，根据整体坐标(x,y)来搜索其对应的自然坐标(s,t)，原理如图 2-6 所示。

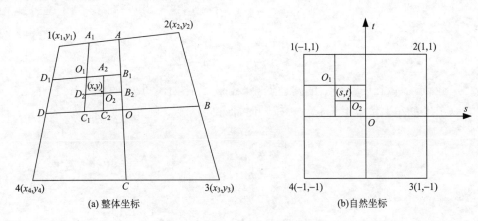

(a) 整体坐标　　　　　　(b) 自然坐标

图 2-6　二维空间四分法的搜索原理

四分法搜索的具体步骤如下：

（1）假设图 2-6 整体坐标系中四边形对应的自然坐标系中的正方形称为母单元，有 4 对自然坐标(s_1,t_1)、(s_2,t_2)、(s_3,t_3)、(s_4,t_4)分别对应于母单元 4 个节点，一对自然坐标(s_0,t_0)对应于母单元的中心 O，通过逐步缩小母单元或 $s_i,t_i(i=1,2,3,4)$，可以逐步逼近整体坐标(x,y)对应的自然坐标(s,t)，令初始值：

$$\begin{cases} s_1=-1, & t_1=1 \\ s_2=1, & t_2=1 \\ s_3=1, & t_3=-1 \\ s_4=-1, & t_4=-1 \\ s_0=0, & t_0=0 \end{cases} \tag{2-13}$$

（2）根据式（2-13），计算(s_0,t_0)对应的整体坐标(x_0,y_0)，初始条件下，(x_0,y_0)显然是四边形单元 1234 的中心点。

（3）设定极小值 d（如 $d=10^{-10}$），如果同时有$|x-x_0|\leqslant d$ 和$|y-y_0|\leqslant d$，那么，(x,y)对应的自然坐标(s,t)等于(s_0,t_0)或$(0,0)$，搜索结束，否则，进行下一步。

（4）将四边形 1234 四等分，即连接四边形对边中点 A、C 和 D、B，O 是线段 AC 和 DB 的交点，将四边形划分为 $1AOD$、$A2BO$、$OB3C$ 和 $DOC4$ 四部分，显然 A、B、C、D 四点和 O 点坐标对应的自然坐标(s_A,t_A)、(s_B,t_B)、(s_C,t_C)、(s_D,t_D)分别为

$$
\begin{cases}
s_A = \dfrac{1}{2}(s_1 + s_2), t_A = t_1 \\[2mm]
s_B = s_2, t_B = \dfrac{1}{2}(t_2 + t_3) \\[2mm]
s_C = \dfrac{1}{2}(s_3 + s_4), t_C = t_3 \\[2mm]
s_D = s_4, t_D = \dfrac{1}{2}(t_4 + t_1) \\[2mm]
s_O = \dfrac{1}{4}\sum_{i=1}^{4} s_i, t_O = \dfrac{1}{4}\sum_{i=1}^{4} t_i
\end{cases}
\tag{2-14}
$$

(5) 判断点 (x,y) 在四等分后的四边形哪一部分，比如，图 2-6 中点 (x,y) 在 $1AOD$ 中，那么，以 $1AOD$ 左上角节点为起点，按顺时针方向，改变 (s_i,t_i) 和 (s_0,t_0) 为

$$
\begin{cases}
s_1 = s_1, t_1 = t_1 \\
s_2 = s_A, t_2 = t_A \\
s_3 = s_O, t_3 = t_O \\
s_4 = s_D, t_4 = t_D \\
s_O = \dfrac{1}{4}\sum_{i=1}^{4} s_i \\[2mm]
t_O = \dfrac{1}{4}\sum_{i=1}^{4} t_i
\end{cases}
\tag{2-15}
$$

若 (x,y) 在其他三个四边形中任何一个的内部或边界上，处理方法类似。这一步骤，要用到如何判断点在多边形内的几何算法，算法基本思想很简单，由该点作一条射线，与四边形有且仅有一个交点，则该点在四边形内或边上。

(6) 新的 (s_i,t_i) 形成的母单元是原来母单元的 1/4，然后重复 (2)~(5)，直到满足 $|x{-}x_0|$ $\leqslant d$ 和 $|y{-}y_0|\leqslant d$，此时对应的 (s_0,t_0) 就是 (x,y) 对应的自然坐标 (s,t)。

四分搜索法思想简单，搜索速度快，不需要对式 (2-8) 和式 (2-9) 分母为零时对应的四边形情形进行多重判断，程序编写思路清晰，精度可以通过 d 的取值来控制。

2.1.2.3　应用方法

图像校准是将测点的图像空间坐标变换到对应的模型空间坐标，它是校正图像变形和保证精度的必要过程。这里引用 FEM 常用的四边形等参单元变换法来实现图像空间坐标向模型空间坐标的转换。实验中，在观测面的周围需要设置至少 4 个控制点用于图像校准。假定图像空间任意一点坐标 (x,y) 和模型空间相应点坐标 (X,Y) 对应于自然坐标系中的同一点 (s,t)，利用 4 个控制点，可以将图像上任一点坐标转换为对应模型空间中的真实坐标，原理与 FEM 中的整体坐标和局部自然坐标变换方法一样，不同之处在于要进行图像空间到自然坐标空间，再从自然坐标空间到模型空间坐标的两次转换。这一转换同时可以校正因相机与模型的相对平面移动和旋转等原因产生的刚体变形。

2.1.3　应变计算

由式(2-6)可得应变的表达式:

$$\begin{cases} \varepsilon_x = \dfrac{\partial u}{\partial X} = \sum_{i=1}^{4} \dfrac{\partial N_i}{\partial X} u_i \\[3mm] \varepsilon_y = \dfrac{\partial v}{\partial Y} = \sum_{i=1}^{4} \dfrac{\partial N_i}{\partial Y} v_i \\[3mm] \gamma_{xy} = \dfrac{\partial u}{\partial Y} + \dfrac{\partial v}{\partial X} = \sum_{i=1}^{4} \dfrac{\partial N_i}{\partial Y} u_i + \sum_{i=1}^{4} \dfrac{\partial N_i}{\partial X} v_i \end{cases} \tag{2-16}$$

引入:

$$\begin{cases} \dfrac{\partial N_i}{\partial s} = \dfrac{\partial N_i}{\partial x} \cdot \dfrac{\partial x}{\partial s} + \dfrac{\partial N_i}{\partial y} \cdot \dfrac{\partial y}{\partial s} \\[3mm] \dfrac{\partial N_i}{\partial t} = \dfrac{\partial N_i}{\partial x} \cdot \dfrac{\partial x}{\partial t} + \dfrac{\partial N_i}{\partial y} \cdot \dfrac{\partial y}{\partial t} \end{cases} \tag{2-17}$$

将上式写成矩阵形式:

$$\begin{bmatrix} \dfrac{\partial N_i}{\partial s} \\[3mm] \dfrac{\partial N_i}{\partial t} \end{bmatrix} = \begin{bmatrix} \dfrac{\partial x}{\partial s} & \dfrac{\partial y}{\partial s} \\[3mm] \dfrac{\partial x}{\partial t} & \dfrac{\partial y}{\partial t} \end{bmatrix} \begin{bmatrix} \dfrac{\partial N_i}{\partial x} \\[3mm] \dfrac{\partial N_i}{\partial y} \end{bmatrix} = \boldsymbol{J} \begin{bmatrix} \dfrac{\partial N_i}{\partial x} \\[3mm] \dfrac{\partial N_i}{\partial y} \end{bmatrix} \tag{2-18}$$

式中, $\boldsymbol{J} = \begin{bmatrix} \dfrac{\partial x}{\partial s} & \dfrac{\partial y}{\partial s} \\[3mm] \dfrac{\partial x}{\partial t} & \dfrac{\partial y}{\partial t} \end{bmatrix}$ 称为雅可比矩阵。

那么,

$$\begin{bmatrix} \dfrac{\partial N_i}{\partial x} \\[3mm] \dfrac{\partial N_i}{\partial y} \end{bmatrix} = \boldsymbol{J}^{-1} \begin{bmatrix} \dfrac{\partial N_i}{\partial s} \\[3mm] \dfrac{\partial N_i}{\partial t} \end{bmatrix}$$

雅可比矩阵由坐标变换式(2-7)可以求得

$$\boldsymbol{J} = \begin{bmatrix} \sum_{i=1}^{4} \dfrac{\partial N_i}{\partial s} x_i & \sum_{i=1}^{4} \dfrac{\partial N_i}{\partial s} y_i \\[3mm] \sum_{i=1}^{4} \dfrac{\partial N_i}{\partial t} x_i & \sum_{i=1}^{4} \dfrac{\partial N_i}{\partial t} y_i \end{bmatrix} = \frac{1}{4} \begin{bmatrix} -(1-t) & (1-t) & (1+t) & -(1+t) \\ -(1-s) & -(1+s) & (1+s) & (1-s) \end{bmatrix} \begin{bmatrix} x_1 & y_1 \\ x_2 & y_2 \\ x_3 & y_3 \\ x_4 & y_4 \end{bmatrix} \tag{2-19}$$

$\boldsymbol{J}$ 的行列式为

$$|J| = \frac{1}{8}\left[(x_{13}y_{24} - x_{24}y_{13}) + s(x_{34}y_{12} - x_{12}y_{34}) + t(x_{23}y_{14} - x_{14}y_{23})\right]$$

式中，$x_{ij}=x_i-x_j$，$y_{ij}=y_i-y_j$。

J 的逆矩阵为

$$J^{-1} = \frac{1}{4|J|} \times \begin{bmatrix} (-y_1 - y_2 + y_3 + y_4) + (y_1 - y_2 + y_3 - y_4)s & (y_1 - y_2 - y_3 + y_4) - (y_1 - y_2 + y_3 - y_4)t \\ (x_1 + x_2 - x_3 - x_4) - (x_1 - x_2 + x_3 - x_4)s & (-x_1 + x_2 + x_3 - x_4) - (x_1 - x_2 + x_3 - x_4)t \end{bmatrix}$$

求得 ε_x、ε_y、γ_{xy} 后，按照图 2-7 所示的莫尔应变圆的定义，可求出主应变 ε_1、ε_3，主应变方向 α，最大剪应变 γ_{max} 和平面应变条件下（$\varepsilon_z=0$）的体积应变 ε_V。

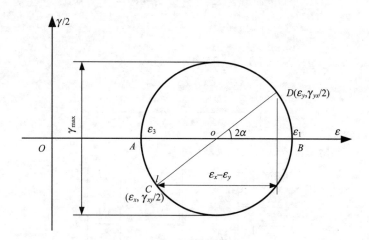

图 2-7　应变计算方法

$$\begin{cases} \varepsilon_1 = \frac{1}{2}\left[\varepsilon_x + \varepsilon_y + \sqrt{(\varepsilon_x - \varepsilon_y)^2 + \gamma_{xy}{}^2}\right] \\ \varepsilon_3 = \frac{1}{2}\left[\varepsilon_x + \varepsilon_y - \sqrt{(\varepsilon_x - \varepsilon_y)^2 + \gamma_{xy}{}^2}\right] \\ \alpha = \frac{1}{2}\arctan\frac{-\gamma_{xy}}{\varepsilon_x - \varepsilon_y} \\ \gamma_{max} = \sqrt{(\varepsilon_x - \varepsilon_y)^2 + \gamma_{xy}{}^2} \\ \varepsilon_V = \varepsilon_x + \varepsilon_y \end{cases} \qquad (2\text{-}20)$$

编程计算应变的步骤为：

(1) 已知 (x,y)，计算 (s,t)；

(2) 计算 J 和 J^{-1}；

(3) 计算 $\frac{\partial N_i}{\partial s}$，$\frac{\partial N_i}{\partial t}$ 和 $\frac{\partial N_i}{\partial x}$，$\frac{\partial N_i}{\partial y}$；

(4) 计算应变 ε_x、ε_y、ε_1、ε_3、ε_V、γ_{max} 和 α。

上面介绍的数字图像相关基本概念、图像校准、应变场计算等相关方法是深入了解数字照相量测原理和技术的必要知识。下面对数字照相量测两种典型的方法——数字散斑相关方法和图像标点质心法进行说明。

2.2　数字散斑相关方法

一般来说，数字散斑相关方法(digital speckle correlation method，DSCM)由于不需要在观测模型上专门布置量测标点，因此，著者又将其称为"无标点法"。事实上，绝大多数的应用都是这样，不需要人工量测标志点即可进行位移或变形观测，但并不等于说不可以布置标志点，在观测目标发生局部化变形比较明显的情况下，布置一些标志点，结合"无标点法"分析，能够更为有效地进行位移或变形的全域与全时观测。

2.2.1　基本原理

2.2.1.1　位移量测基本原理

数字图像的基本组成元素是像素(pixel)，R、G、B 通常用来表示一个像素颜色的红、绿、蓝 3 个颜色分量，像素的颜色和坐标是图像分析的两个要素。在连续拍摄的实验模型照片序列中，识别出与初始照片上设定的量测点的对应点是关键。实验模型上点的位移由像素块的追踪算法完成，应变计算则借用 FEM 四边形等参单元的概念进行。通过实验数字照片序列上点的相关性判别，追踪模型变形前后测点的坐标位置是实现非接触变形测量无标点法的关键。

图像匹配的基本原理是在两幅相关图像上，通过比较以两个点为中心的大小相同的像素块中所有像素 RGB 颜色灰度的相关性，来判别它们是否为相同点，它以相关系数来度量。当相关系数为最大值时即为对应像点，反之，则不是。影像相关的类型主要有三种：电子相关、光学相关和数字相关。电子相关和光学相关是直接利用相片进行影像处理，数字相关是利用数字影像进行处理，本章主要应用数字相关技术。这里，假设图像上任一像素块中的像素点颜色灰度的分布是随机的。

如图 2-8 所示，P_i 是变形前图像上任一点，在变形后的图像上匹配 P_i 点的过程如下：

(1)在变形前图像上，以 P_i 点为中心作一长、宽均为 $2k+1$ 像素的参考像素块(RPB)，$u(x,y)$ 是 RPB 上的点 (x,y) 处的灰度值，其中，$1 \leqslant x, y \leqslant (2k+1)$；

(2)在变形图像上指定的匹配搜索范围内，为检查点 P_d 是否是 P_i 的对应点，同样地，以 P_d 点为中心作一长、宽均为 $2k+1$ 个像素的目标像素块(TPB)，$v(x,y)$ 是 TPB 上的点 (x,y) 处的灰度值，其中，$1 \leqslant x, y \leqslant (2k+1)$；

(3)利用相关系数计算公式，计算 TPB 和 RPB 的相关系数 R_{12}；

(4)在变形图像搜索范围内，改变 P_d 点的位置，重复(2)、(3)过程，直到对搜索范围内的所有点检查完毕，在上述 R_{12} 值中，最大 R_{12} 对应的 P_d 点即是 P_i 在变形图像上的对应点。

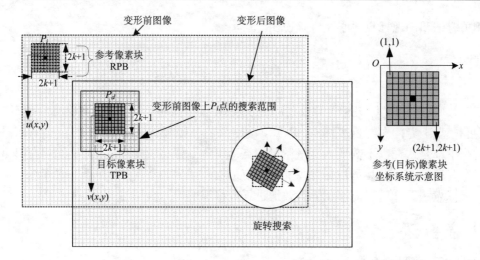

图 2-8   数字散斑相关位移量测原理图

2.2.1.2   图像相关系数计算公式

图像相关系数的选择主要考虑两个问题，一是分析结果的稳定性，二是运算量的大小或计算速度。在图像相关分析中，公式(2-21)被广泛应用(芮嘉白等，1994；上野胜利等，2000)，著者通过对比最小距离法等几种公式的分析结果发现，这一公式的计算结果最为稳定可靠。

$$R_{12} = \frac{\sum\limits_{x=1}^{2k+1}\sum\limits_{y=1}^{2k+1} v(x,y) \times u(x,y)}{\sqrt{\sum\limits_{x=1}^{2k+1}\sum\limits_{y=1}^{2k+1} v(x,y)^2 \times \sum\limits_{x=1}^{2k+1}\sum\limits_{y=1}^{2k+1} u(x,y)^2}} \tag{2-21}$$

式中，$v_i(x,y)$ 为追踪点的像素 RGB 灰度值；$u_i(x,y)$ 为基准测点的像素 RGB 灰度值；$2k+1$ 为像素块的长或宽，单位为像素，i 取 1,2,3，代表 RGB 的 3 个颜色分量(注：最终相关系数是对 R、G、B 三个颜色分量分别计算出各自的相关系数后再求平均值)。

2.2.1.3   亚像素识别算法

微小变形的精确识别一般有两条途径，一是提高数字照片的分辨率，例如，达到0.001 mm/像素，那么 1 个像素的量测精度即 1μm，完全可以满足一般岩土实验模型的量测精度要求，但是，这一条通常受制于当前数码相机的分辨率水平，所以，通常使用插值方法或者提高图像分辨率与插值相结合的方法。

理想图像是均匀分布在二维平面直角坐标系中的，任意给出一对坐标，就能够得到一个对应的灰度值，然而，实际图像是用离散点阵信息来表示的，以像素为单位的数字图像只在整数坐标处具有灰度值，以 1 个像素为识别单位(以下简称步长)进行相关匹配，得到的点的坐标同样为整数，也就是说，不能识别出 1 个像素以下的位移。

要获得非整数坐标处的灰度值可使用插值技术。双线性插值是一种简单有效且相对快速的插值方法，如图 2-9 所示，已知一非整数坐标 (x,y)，这里 $0 \leqslant x,\ y \leqslant 1$，可以根据其相邻的 4 个整数坐标 $(0,0)$、$(1,0)$、$(1,1)$ 和 $(0,1)$ 处的灰度值 $f(0,0)$、$f(1,0)$、$f(1,1)$ 和 $f(0,1)$，利用双线性插值公式 (2-22) 得到 (x,y) 处的灰度值 $f(x,y)$。这样，一个像素就可以被细分为更小的像素单元进行分析，比如，如果均匀划分为 100 块或 10 000 块，理论上，就可以对 0.1 或 0.01 个像素的位移进行识别，能够提高实验模型微小变形的量测和识别精度：

$$f(x,y) = f(x,0) + y[f(x,1) - f(x,0)] \tag{2-22}$$

式中，$\begin{cases} f(x,0) = f(0,0) + x[f(1,0) - f(0,0)] \\ f(x,1) = f(0,1) + x[f(1,1) - f(0,1)] \end{cases}$。

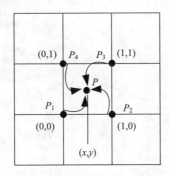

图 2-9　亚像素灰度的双线性插值法原理

利用图像插值算法进行一个像素以下的位移识别，通常又被称为亚像素识别。

2.2.1.4　大变形旋转搜索法

通过砂土地基变形的数字照相观测发现，砂土在加载过程中，由于局部化变形的广泛存在，实际变形形式非常复杂，有局部范围刚体位移，也有砂土颗粒相对错动滑移等非均匀变形。图 2-10 是砂土地基模型两个实验阶段的实际照片（局部），左图为变形前的

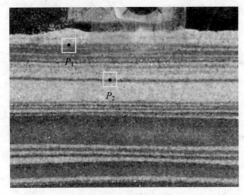

(a) 变形前图像

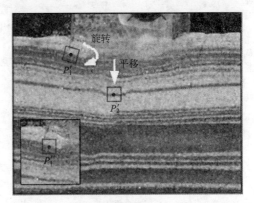

(b) 变形后图像

图 2-10　岩土材料复杂局部变形的简化形式：平移与旋转

模型形态，右图为基础下沉 8 mm 时地基变形形态。可以看出，在模型上局部小区域内，为了简化问题，模型变形可以简单地分为两种形态，即刚体平移(如 P_2 和 P'_2 两点)和旋转变形(如 P_1 和 P'_1 两点)。所以，在搜索方向上，在通常沿水平和垂直方向的基础上增加一个旋转搜索方向，即在计算目标像素块和参考像素块相关系数时，在一定角度范围内，将目标像素块中各像素点围绕块中心旋转后，再与参考像素块对应像素点进行相关分析。

旋转搜索过程如图 2-11 所示。

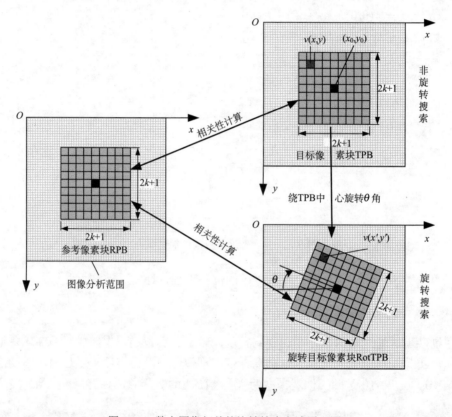

图 2-11　数字图像相关的旋转搜索方法原理图

(1) 在参考图像上，给定以参考测点为中心的长宽均为 $2k+1$ 像素的参考像素块 RPB；

(2) 在目标图像上，以某一目标测点为中心作长宽均为 $2k+1$ 像素的目标参考像素块 TPB；

(3) 对于非旋转搜索，直接计算 RPB 和 TPB 的相关系数；

(4) 对于旋转搜索，指定起止角 θ_s、θ_e(顺时针方向，$\theta_e > \theta_s$)和搜索步长 $\Delta\theta$，设旋转角 $\theta = \theta_s$；

(5) 将 TPB 围绕其中心 (x_0, y_0) 旋转 θ 角后得到旋转目标像素块 RotTPB，设 (x,y) 是 TPB 中的任意一点，在 RotTPB 中的对应点为 (x', y')，那么有

$$\begin{cases} x' = (y - y_0)\sin\theta + (x - x_0)\cos\theta + x_0 \\ y' = (y - y_0)\cos\theta - (x - x_0)\sin\theta + y_0 \end{cases} \tag{2-23}$$

(6) (x', y') 一般为非整数，根据双线性插值公式，计算出 (x', y') 位置处的像素点的灰度值（RGB）；

(7) 计算 RotTPB 和 RPB 的相关系数；

(8) 将旋转角 θ 增加 $\Delta\theta$，然后重复过程 (5)~(7)；

(9) 重复过程 (5)~(8)，直到 $\theta \geqslant \theta_e$；

(10) 上述不同旋转角度对应的相关系数中的最大值作为参考点和目标点的相关系数；

(11) 在目标图像搜索范围内，对所有目标测点重复步骤 (2)~(10)，分别计算出它们与参考点的相关系数，找出相关系数最大的目标测点作为参考测点在目标图像上的对应点。

2.2.2　粗细三步搜索法

(1) 粗搜索 1 步，以一个像素为步长，在整个设定搜索范围内匹配到相关系数最大的一点 P_1，理论上，P_1 与实际点 X、Y 方向上误差为 ±0.5 个像素。

(2) 细搜索 2 步，以 P_1 为中心获得一个小的像素块（如 1 像素×1 像素），然后按一个像素均匀划分为 100 个单元将其细分，每一单元相当于一个像素（只是坐标为非整数），利用双线性插值计算出单元的灰度值，在这些单元中，匹配到与 P 点相关系数最大的一点 P_2。

(3) 细搜索 3 步，仍以 P_1 为中心获得一个小的像素块，用上一步相同的方法将其细分，应用旋转搜索法匹配到相关系数最大的一点 P_3。最后，在 P_1、P_2 和 P_3 中，取相关系数最大的一点作为 P 点的对应点。

2.2.3　位移与应变计算

2.2.3.1　位移计算

观测目标照片序列中任意两幅图像上，同一测点的对应点为 $P_i(x_i, y_i)$ 和 $P_j(x_j, y_j)$，那么 X、Y 方向上的位移 Δx、Δy 和总位移 Δs 计算公式如下：

$$\begin{cases} \Delta x = x_j - x_i \\ \Delta y = y_j - y_i \\ \Delta s = \sqrt{\Delta x^2 + \Delta y^2} \end{cases} \tag{2-24}$$

2.2.3.2　应变计算

对数字照片序列分析前，在每幅图像的分析范围内，类似有限元分析前处理，先进行测点布置或网格划分，4 个量测点（或称之为节点）形成一个矩形"单元"。已知"单元" 4 个节点位移，根据有限元中常用的四边形等参单元概念和基于位移模式的应变计算公式，可计算出所有"单元"中心点的应变值，从而得到观测区域的应变场分布。

2.2.4 量测精度的检验

2.2.4.1 实验检验

为检验数字散斑相关法的位移识别精度，利用大型直剪实验仪(图 2-12(a))，将染色的最大粒径为 1.1 mm 的 4 号硅砂放置于剪切仪的可移动部，外加玻璃挡板，4 个控制点粘贴在仪器的固定部位，将量测精度为 0.002 mm 的位移传感器安装在直剪实验仪的水平移动部一侧，由数据自动采集仪记录位移读数。使用日本美能达 DiMAGE 7 型数码相机，其 CCD 的分辨率为 524 万像素(2658 像素×1970 像素)和两盏照相专用灯进行图像采集。通过手动摇柄使剪切仪中的硅砂按 0.1 mm 的间隔从 0 水平移动至 1 mm，并相应地拍摄11 幅照片。图像比例为 7 像素/mm，图像分析区域位于实验模型的中心部位，如图 2-12(b)所示，初始图像上测点 200 个，分析范围 500 像素×250 像素，测点间距 25 像素，平移搜索步长 0.1 像素。

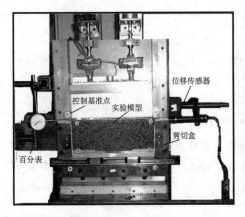

(a) 实验装置

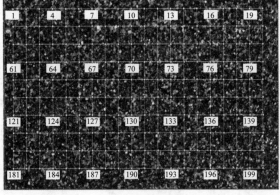

(b) 检验图像的测点网格

图 2-12　精度检验实验装置及检验图像

每幅图像的分析误差由标准方差公式(2-25)计算：

$$
\begin{cases}
\varepsilon_x = \sqrt{\dfrac{\sum\limits_{i=1}^{200}\left(s_{xi}-s_{x0}\right)^2}{200}} \\[4mm]
\varepsilon_y = \sqrt{\dfrac{\sum\limits_{i=1}^{200}\left(s_{yi}-s_{y0}\right)^2}{200}} \\[4mm]
\varepsilon_{xy} = \sqrt{\varepsilon_x^2+\varepsilon_y^2}
\end{cases}
\tag{2-25}
$$

式中，s_{xi}、s_{yi} 为 i 标点 x、y 方向 DSCM 实测位移；s_{x0}、s_{y0} 为 i 标点 x、y 方向传感器测得剪切盒位移，其中 $s_{y0}=0$。

图 2-13 是检验标准方差-位移曲线，步长分别取 1 个像素和 0.1 个像素。结果表明，以 1 个像素为步长，误差 ε_{xy} 分布波动范围较大，为 0.15~0.41 个像素，相当于 0.02~0.06 mm，以 0.1 个像素为步长，利用双线性插值方法，均方误差 ε_{xy} 范围为 0.11~0.19 个像素，相当于 0.02~0.03 mm，以毫米为单位表示的误差与图像分辨率有关，显然，提高图像分辨率有助于提高分析精度。

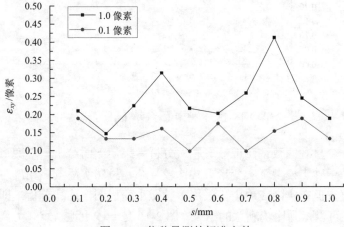

图 2-13　位移量测的标准方差

2.2.4.2　数值检验

对于 DSCM 旋转变形识别的精度检验，采用 Photoshop 图像处理软件取上述部分实验图像从 1°到 15°进行旋转变形，图 2-14(b) 为旋转 15°的变形图，旋转变形前 (图 2-14(a)) 图像大小为 301 像素×301 像素，分析范围位于图像中部区域，为 160 像素×160 像素，测点 81 个，间距 16 个像素，搜索范围系数 8，用 DSCM 分别就步长为 1 个像素、步长为 0.1 个像素+非旋转搜索和步长为 0.1 个像素+旋转搜索三种情况进行检验，结果表明，旋转 15° 刚体变形范围内，利用双线性插值技术，非旋转搜索和旋转搜索的最大均方误差分别为 0.49 个像素和 0.08 个像素 (图 2-15)。由此可见，DSCM 法可以适应一定旋转范围的位移识别，且旋转搜索方法可以保证很高的旋转变形识别精度。

(a) 旋转变形前　　　　　　　　　　　(b) 旋转变形 15°

图 2-14　旋转搜索精度检验用图像

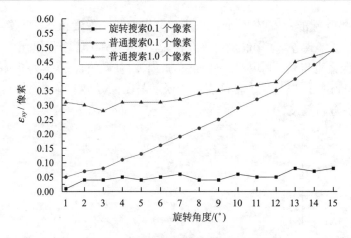

图 2-15 旋转搜索位移量测标准方差

　　为给读者一个直观的数字图像散斑相关分析效果，下面给出一个变形前后的两幅图像分析实例。由于砂土模型真实变形形式比较复杂，虽然实际量测精度可能要低于上述校验实验的精度，但在实际应用中，采用多帧微小变形图像连续分析，即使在较大的变形范围内，依然可以得到比较满意的结果。图 2-16 是一砂土地基承载力离心机实验基础下沉 $s=0$ 和 8 mm 对应的两幅图像（局部）分析结果。值得说明的是，实验阶段位于实验荷载–变形曲线的峰值（$s=4.2$ mm）以后，分析区域为模型变形最大的范围，从图上可以直观地看出，即使模型出现较大的剪切滑移和明显的不均匀变形，测点的相关匹配与追踪结果依然较好。

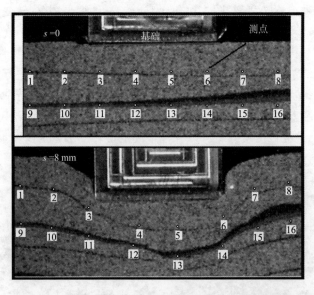

图 2-16 图像变形前后位移追踪的直观效果

2.3　图像标点质心法

相对于无标点量测法，标点法产生时间较早（Yamaguchi et al.，1976），应用也比较广泛（Shibuya et al.，1997；Yamamoto and Otani，2001；Alshibli et al.，2003），虽然它在量测分析细观或微观变形方面比较困难，但是，由于标点法一般不受观测对象变形大小的限制，图像处理运算量相对较小，分析速度快，对于大型试验模型和工程现场都具有明显的优越性。

2.3.1　基本原理

2.3.1.1　标点识别与质心计算

在数字图像中，像素的 RGB 颜色灰度和坐标是图像处理与分析的两个要素。标点识别的基本方法是首先根据标点灰度选择阈值，将图像二值化，然后，对图像进行扫描，根据标点尺寸搜寻标点并计算其质心坐标。

标点具体识别过程如下：标点在图像上是一块由许多像素点组成的区域，其颜色一般取组成标点的所有像素颜色平均值。假设某一颜色变量 C 的 3 个分量可用 C_R、C_G 和 C_B 表示，下文中的颜色变量表达形式与此类似。

（1）对标点颜色变量 C_t 的 3 个分量进行逻辑非（NOT）运算，结果用颜色变量 C_m 表示：

$$\begin{cases} C_{mR} = \text{NOT}(C_{tR}) \\ C_{mG} = \text{NOT}(C_{tG}) \\ C_{mB} = \text{NOT}(C_{tB}) \end{cases} \tag{2-26}$$

（2）任一像素点 (x,y) 的颜色变量 $C_p(x,y)$ 和 C_m 进行逻辑或（XOR）运算，结果用颜色变量 $C(x,y)$ 表示：

$$\begin{cases} C_R(x,y) = C_{mR}(x,y)\,\text{XOR}\,C_{pR}(x,y) \\ C_G(x,y) = C_{mG}(x,y)\,\text{XOR}\,C_{pG}(x,y) \\ C_B(x,y) = C_{mB}(x,y)\,\text{XOR}\,C_{pB}(x,y) \end{cases} \tag{2-27}$$

（3）利用下式将像素点 (x,y) 的颜色归一化，结果用 $V(x,y)$ 表示：

$$V(x,y) = C_R(x,y) \times C_G(x,y) \times C_B(x,y) / (255 \times 255 \times 255) \tag{2-28}$$

式中，值 255 表示最大灰度值。

变量 $V(x,y)$ 用来检查图像上某一像素点 (x,y) 的颜色和标点颜色对应的 V 值的异同，为进一步将其二值化，选择合适的阈值 V_0，如果 $V(x,y)$ 大于或等于 V_0，则 $V(x,y)$ 等于 1，否则等于 0。图 2-17 是一幅含有标点的原始图像及其二值化图像。

（4）判断某一区域是否存在量测标点。假设某一搜索区域为矩形（图 2-17(b)），坐标范围为 $(x_1 \leqslant x \leqslant x_2,\ y_1 \leqslant y \leqslant y_2)$，对该区域的每个像素分别计算出 $V(x,y)$ 值，并二值化，如式(2-29)所示，统计数值为 1 的像素点数占区域总像素数的比 r，设定一判定标准，当

r 大于该基准值，那么认为该区域存在标点，否则，不存在。

$$r = \frac{\sum\limits_{x=x_1}^{x_2}\sum\limits_{y=y_1}^{y_2}V(x,y)}{(x_2-x_1+1)(y_2-y_1+1)} \tag{2-29}$$

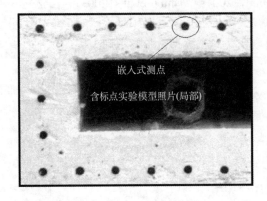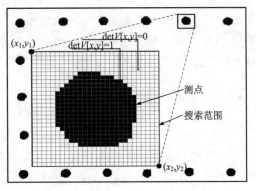

(a) 原始图像(局部)　　　　　　　　　　　(b) 二值化图像

图 2-17　含有标点图像的二值化

(5)计算标点的质心坐标。假设矩形搜索区域(图 2-17(b))内存在标点，用下式计算标点质心坐标(X,Y)：

$$X = \frac{\sum\limits_{x=x_1}^{x_2}\sum\limits_{y=y_1}^{y_2}V(x,y)\times x}{\sum\limits_{x=x_1}^{x_2}\sum\limits_{y=y_1}^{y_2}V(x,y)}, \quad Y = \frac{\sum\limits_{x=x_1}^{x_2}\sum\limits_{y=y_1}^{y_2}V(x,y)\times y}{\sum\limits_{x=x_1}^{x_2}\sum\limits_{y=y_1}^{y_2}V(x,y)} \tag{2-30}$$

2.3.1.2　变形计算

标点法的变形计算主要是测点的位移，如果测点足够密，且布设为四边形网格状，著者在软件开发时，增加了一项半自动化的测点提取功能，即通过鼠标在图像上按一定的规则点取测点，然后进行应变场计算，结果可用下面介绍的 PostViewer 软件来进行处理。

2.3.1.3　图像校准

标点法的图像校准或坐标转换方法与数字散斑相关法相同。

2.3.2　软件研制

软件系统的主要功能如下：①图像二值化；②标点识别参数的直接拾取；③质心坐标的识别；④标点的排序；⑤重复点的剔除；⑥图像校准；⑦位移计算；⑧应变计算用网格创建；⑨应变计算。

标点法图像分析软件(PhotoInfor for Target)主界面和参数设置窗口如图 2-18 和图

2-19 所示。理想条件下，图像上标点具有相同的尺寸和颜色，且与背景具有一致的对比度，可以实现一次全自动标点识别。但实际情况并非如此，所以程序设计在标点识别上采用全自动、半自动和手动识别等多种方式。由于图像分析以标点的形状和颜色灰度为依据，所以任何影响标点形状和颜色变化的因素，如实验中途拍摄光源的变化和测量标点表面的污染，都会直接影响分析的精度。比如，在黏土地基承载力实验中一个常见的问题是，由于模型放在模型箱中，模型观测面上的黏土与玻璃壁的相对滑移，致使少数测点表面易被黏土污染，如果采用程序自动识别，会产生较大误差，为此，程序设计时加入手动识别方式，可以保证一个像素的量测精度。

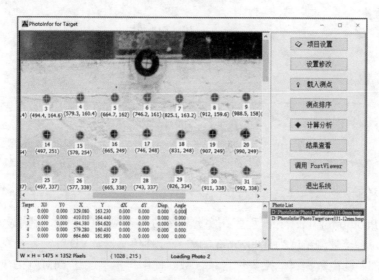

图 2-18　数字照相标点法程序 GUI

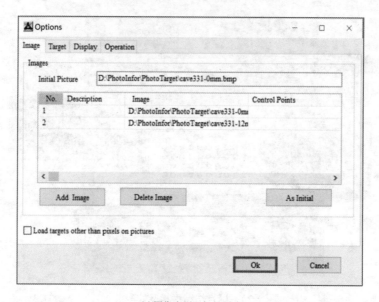

(a) 图像序列添加与删除

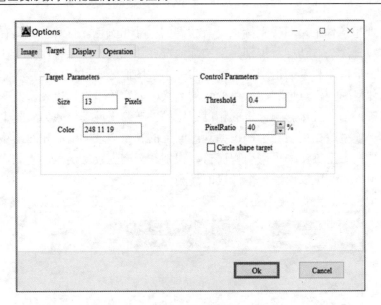

(b)标点识别参数设置

图 2-19　数字照相标点法程序的参数设置窗口

2.3.3　精度检验

为检验 PhotoInfor for Target 程序在实验模型位移量测中的精度,利用大型直剪实验仪(图 2-20),将一量测精度为 0.002 mm 的差分位移传感器(LVDT)安装在直剪实验仪的水平可移动部,并由数据自动采集仪记录读数。使用日本美能达 DiMAGE 7 型数码相机和两盏照相专用灯进行图像采集。

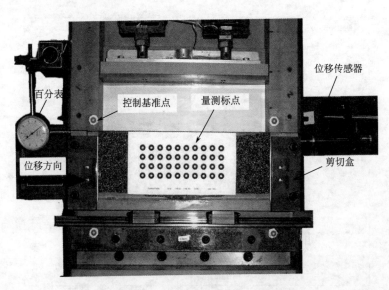

图 2-20　标点法精度检验实验装置

40 个黑色量测标点粘贴在直剪实验仪可移动部的中央部位玻璃板上，4 个控制基准点粘贴在剪切仪固定部。通过手动摇柄使剪切仪下部沿水平方向从 0 移动到 10 mm，间隔 1 mm 相应拍摄 11 张照片。然后利用标点图像分析程序处理分析，应用公式(2-31)算出 40 个量测标点位移的标准方差，结果表明，位移实测标准方差 ε_{xy} 为 0.19~0.75 个像素，按实际图像比例一个像素 0.12 mm 换算，相当于 0.02~0.09 mm，大约是模型横向观测范围(400 mm)的 5/100 000~2/10 000。1~10 mm 各阶段量测标点的均方误差如图 2-21 所示。

$$\begin{cases} \varepsilon_x = \sqrt{\dfrac{\sum\limits_{i=1}^{40}(s_{xi}-s_{x0})^2}{40}} \\[3mm] \varepsilon_y = \sqrt{\dfrac{\sum\limits_{i=1}^{40}(s_{yi}-s_{y0})^2}{40}} \\[3mm] \varepsilon_{xy} = \sqrt{\varepsilon_x^2 + \varepsilon_y^2} \end{cases} \tag{2-31}$$

式中，s_{xi}、s_{yi} 为 i 标点 x、y 方向程序实测位移；s_{x0}、s_{y0} 为 i 标点 x、y 方向传感器测得剪切盒位移，其中 $s_{y0}=0$。

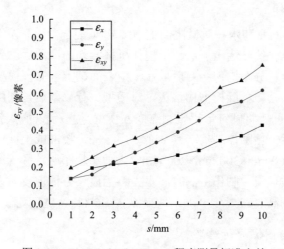

图 2-21　PhotoInfor for Target 程序测量标准方差

2.3.4　应用实例

地下空洞的存在常常会引起道路地面塌陷，为研究空洞的深度和尺寸与道路地基承载力和变形的关系，为地基修复与加固设计提供参考依据，日本德岛大学上野胜利等(2000)做了一组带有空洞的黏土地基承载力模型试验(图 2-22)，其地基变形采用数字照相进行观测，图像分析采用 PhotoInfor for Target 程序。

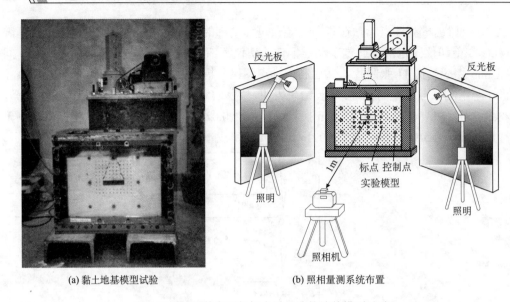

(a) 黏土地基模型试验　　　　　(b) 照相量测系统布置

图 2-22　基于数字照相标点质心法的地基模型试验

2.3.4.1　实验材料与模型制备

模型由高岭土、石膏和水按质量比例 1∶0.55∶1 混合做成，先将高岭土和石膏放入大的容器中充分混合，接着逐步加水，用搅拌机搅拌均匀；然后倒入模型槽中，并同时使用振动器使模型材料分布均匀；随后，在模型表面铺上湿布，模型槽开口部用塑料袋密封，养护 4 天；最后，拆除模型槽挡板，对模型进行修整后，利用专门制作的测点布置模板，按 15 mm 间距将圆锥形铝质测点嵌入模型，测点表面涂有彩色油漆，共计 89 个，在模型箱玻璃板上粘贴控制基准点 9 个，用于图像校准或坐标转换。做成后的模型尺寸长、宽、厚为 400 mm×300 mm×200 mm，为便于拍摄照片和观察模型变形，模型槽一侧使用强化透明玻璃板。制作空洞时，事先将铝质长方体埋设在设计位置，在修整模型前将其拔出，空洞高 3 cm、宽 9 cm，基础为铝质材料，宽度为 3 cm。

2.3.4.2　实验过程与图像分析结果

模型顶部载荷板位移从 0 到 12 mm。每隔 1 mm 拍摄 1 幅照片。这里给出其中基础位移 0 和 9 mm 对应的两幅照片(图 2-23)进行比较分析的结果。为计算应变，在 PhotoInfor for Target 程序中手工选取四边形网格，然后利用四边形等参单元法计算应变。为显示空洞边缘变形，在其周边人工补充一些测点，结果由 PostViewer 进行可视化处理，其中，位移及其矢量和最大剪应变 γ_{max} 分布见图 2-24，坐标轴单位为 mm。为提高应变分布的计算精度，在实验模型上可适当加密量测点。

数字照相变形量测标点法，由于其更加适应大变形和大范围位移量测的优点，目前，在岩土工程领域包括试验模型的变形观测和工程现场的变形监测有着广泛的应用。黏土地基承载力模型试验应用表明，在 10 mm 位移范围内，用 524 万像素的数码相机近距拍摄，实测标准方差为 0.19~0.75 个像素，精度基本满足实验要求；当然，量测精度与

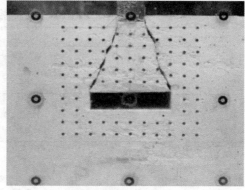

(a)地基变形前　　　　　　　　　　　　　(b)地基变形后

图 2-23　基于数字照相标点法的试验模型图像

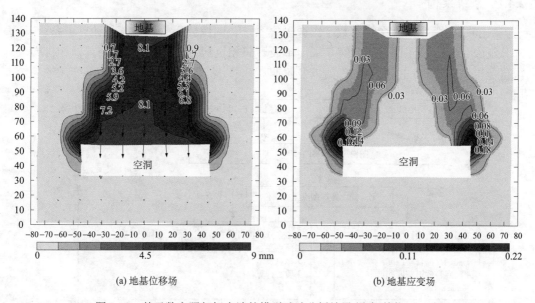

(a)地基位移场　　　　　　　　　　　　　(b)地基应变场

图 2-24　基于数字照相标点法的模型试验分析结果(坐标单位：mm)

图像比例、数码相机的分辨率和具体实验方法紧密相关，如何采集更高质量的实验数字照片、最大限度减少个别标点在实验过程中的表面污染和提高量测分析精度值得进一步研究。

标点质心法和数字散斑相关法各有一定的适用条件和范围，可根据实际需要进行选择或结合使用。两种方法的优缺点比较如表 2-1 所示。

在实际应用中，两种方法可以结合使用来适应一些采用单一方法很难获得满意量测结果的情形。例如，对于岩土相似材料试验，在局部化变形(如破裂)可能发生的区域同时布置一些人工标志点，在荷载较大时，材料会突然出现破裂或局部破碎，那么在破裂或破碎前，数字散斑相关法可以很好地进行全域变形场观测，而在破裂或破碎后，该区域的标志点则可以很好地进行位移量测，它受所在区域大变形或局部化变形的影响较小。

表 2-1　两种数字照相变形量测方法的比较

方法	优点	缺点	适用范围
数字散斑相关法	(1)无须物理量测标志点，操作简单； (2)测点数量与范围可灵活设置； (3)适用变形演变过程与局部化量测	(1)量测精度对观测区变形突变和环境光线变化敏感； (2)图像分析时间较长	(1)模型试验； (2)小范围观测； (3)现场局部量测
图像标点质心法	(1)不受观测区域变形限制； (2)适用大范围变形观测； (3)图像分析速度快	(1)物理测点布置操作有时复杂，对模型可能有影响； (2)测点数量受限	(1)模型试验； (2)现场观测

2.4　量测系统架构与分析流程

2.4.1　系统架构

数字照相变形量测系统由数字图像采集系统、图像分析软件系统和计算机系统三大部分组成。其中，图像采集系统多采用单反数码相机(带有 RAW 格式的其他相机亦可)或摄像机(要求附带电源)、三脚架以及照明灯(一般多采用白光)。

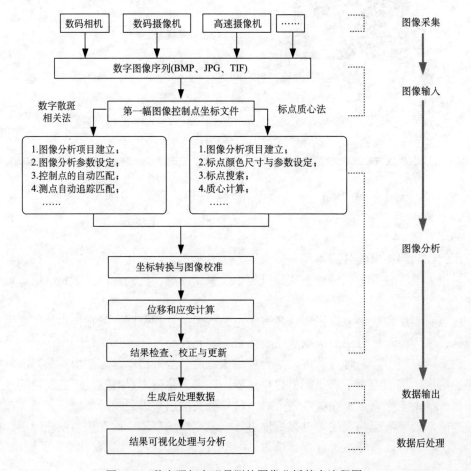

图 2-25　数字照相变形量测的图像分析基本流程图

对于常用图像采集系统，用户可以根据需要自行在市场选购，以 PhotoInfor 为软件支持的数字照相量测系统中，软件和硬件购置不需要进行捆绑，即用户可以根据自己的需要来单独购置照相设备与计算机系统，然后只需要将 PhotoInfor 注册软件安装在该计算机上。因此，实际应用中的数字照相量测系统的架构与组成简单灵活且经济。

2.4.2　分析流程

如图 2-25 所示，数字照相变形量测法的分析流程主要包括图像采集、图像输入、图像分析、数据输出和数据后处理 5 个部分。

2.5　本 章 小 结

(1)介绍了数字照相变形量测的数字图像处理的基本概念、图像二值化和图像相关分析方法。

(2)给出了基于有限元四边形等参单元变换的图像校准方法及应变计算公式或变形解释方法。

(3)阐述了数字散斑相关和标点质心计算两种数字照相变形量测方法的基本原理和精度分析。

(4)说明了基于 PhotoInfor 软件系统的数字照相变形量测软硬件系统架构以及图像分析流程。

第3章
数字照相变形量测实用软件系统

如前文所述，数字照相变形量测方法主要有标点法和无标点法两大类，这里的无标点法等同于数字散斑相关法（DSCM）。由于 DSCM 在材料、结构等目标变形演变过程与宏细观变形的定性与定量分析方面，相对于一些传统量测法都具有突出的优越性，已逐渐成为现代实验力学与模型试验研究领域中必备的先进测试技术。DSCM 系统通常由硬件和软件两大部分组成，其中，软件是 DSCM 的技术核心和应用关键。标点法软件（PhotoInfor for Target）在第 2 章已作说明，本章主要介绍著者研制的 DSCM 图像分析软件 PhotoInfor 及结果后处理软件 PostViewer 的主要功能及其特点。

3.1　软件系统研制

3.1.1　功能需求分析

DSCM 软件系统包括两部分：一是图像变形分析系统，通过对采集的照片进行图像相关分析，直接获得位移数据，并通过变形解释获得应变数据；二是数据后处理，主要对来自图像分析系统的计算结果，根据研究目的，作进一步的统计和分析，包括数据可视化、数据分类提取和图形输出等。实际应用发现，结果后处理在整个数字照相量测工作中往往占有很大比重，因此，一个强大的后处理程序常常能够大幅提高工作效率。

另外，整个系统最好不要借助于其他软件平台，否则会增加系统使用和维护的复杂性，其他软件平台的升级问题也有可能引起系统将来运行的可靠性问题，安装相应的商业驱动程序甚至会增加使用成本，在满足功能需求的前提下，软件系统设计越简单越好。

基于上述考虑，利用高级编程语言开发了一套功能强但操作简单的软件系统，包括图像分析系统 PhotoInfor（图 3-1）和结果后处理系统 PostViewer（图 3-2）。PhotoInfor 主要完成图像的变形分析，输出的变形分析结果由 PostViewer 进行图形绘制和进一步的统计分析。由于图像中实际上包含了丰富的信息，如位移、变形、裂隙、组构等，图像分析软件取名 PhotoInfor 即为提取与分析图像信息（Photo+Information）之意。

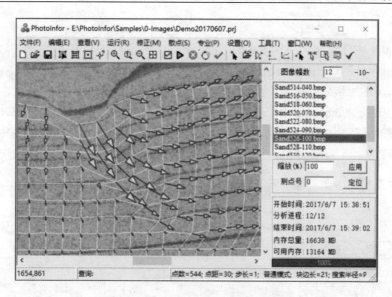

图 3-1　图像分析程序系统 PhotoInfor

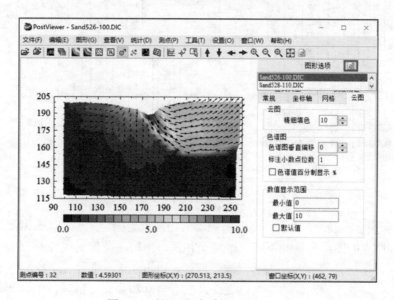

图 3-2　后处理程序系统 PostViewer

3.1.2　图像分析软件

　　PhotoInfor 软件采用稳定的相关性计算公式进行图像相关分析和位移计算，应用 FEM 四边形等参单元变换方法进行应变计算和坐标转换，分析速度快，操作简便。

　　应用 PhotoInfor 之前需要做三项准备工作：一是图像格式转换，通常采用相机自带软件，由相机 RAW 格式转换为 BMP 格式(有的需要中间转换为 TIF 格式)，或者 JPG 格式的图像利用 PhotoInfor 的转换工具批量转换为 BMP 图像，PhotoInfor 软件分析推荐使用 BMP 格式；二是序列图像文件的合理命名；三是第一幅图像对应的控制点文件创建(非必须项)或图像比例参数的计算。

PhotoInfor 主要功能结构如图 3-3 所示，具体功能简要说明如下：

（1）分析项目创建。主要是利用准备好的序列图像创建一个分析项目，项目中包含序列图像的顺序添加和分析范围、测点间距、亚像素模式和高精度与快速优化选项设置等。初步设置结果在 PhotoInfor 中可查看和反复修改直至达到最佳状态。需要的情况下，可对序列图像的无效分析区域做统一范围的裁剪，这样既能减少图像的存储空间，又能减少图像分析过程中对于计算机内存的使用。

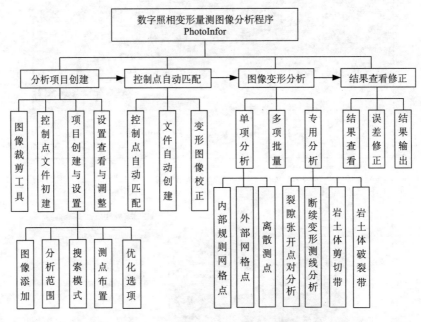

图 3-3　PhotoInfor 的主要功能结构

（2）控制点自动匹配。由于环境轻微振动对相机位置固定的影响，一组图像序列中的每张图像控制点的图像坐标并不能保证完全相同，而每张图像对应控制点文件若全部由手工建立，工作量显然很大。为解决这一问题，PhotoInfor 根据首个控制点文件，可自动匹配并建立其他序列图像的控制点文件，然后自动添加到分析项目中。此外，程序还提供了通过控制点修正来校正因相机镜头与观测面的相对偏转或平动产生的刚体位移。

（3）图像变形分析。图像分析包括单项分析和多项批量分析以及专用分析，测点设置范围可由鼠标直接在图像上动态圈定，亦可直接输入精确的坐标范围。测点又分为规则网格点和离散测点两大类，规则网格主要是等间距的矩形网格点，外部网格主要是符合 PhotoInfor 格式要求的非规则网格，离散测点则主要是用于非网格情形的测点分析。对于离散点，PhotoInfor 提供了直接在图像上选取测点的功能，离散测点一般数量少，分析速度快；在 PhotoInfor 中点对、裂隙张开和通用测线以及剪切带与松动圈等分析的本质都是离散点分析，点对主要是两点之间的相对变形分析，可用于土颗粒转动、裂隙张开等分析情形，测线点可用于变形区域的非连续特征分析。

　　(4)结果查看修正。由于图像分析计算的工作量较大，测点多，选择亚像素搜索，计算时间较长，一般情况下，正式分析前，可在图像上设置较少的测点，选择一个像素搜索，进行粗略分析，来快速检验分析效果和调整分析参数；正式分析后，因实验过程中外界光照的变化和拍摄过程中图像噪声的产生，或多或少总会出现个别测点误差大甚至明显错误，为此，程序提供了简便的修正和结果快速更新功能。类似 FEM 的数据文件，PhotoInfor 最后输出单元和节点数据，包含了位移与应变数据，以方便后处理程序 PostViewer 或用户自选工具的进一步分析。

　　PhotoInfor 主要功能及说明详见表 3-1。

表 3-1　图像分析系统 PhotoInfor 的主要功能

项　目	功　能	说　明
基本功能	1.控制点文件的自动创建	首张图像控制点文件由人工创建，其他由软件自动创建
	2.鼠标设定图像分析范围	划定后可用参数进行精确调节或修改
	3.图像基本分析参数设定	包括像素块大小、搜索范围、破裂模式与快速分析模式等
	4.最佳搜索半径分析估算	固定范围搜索时确定合适的搜索半径，减少图像分析时间
	5.测点网格设定与调整	如网格间距、网格整体平移，测点网格可以导出和导入
	6.亚像素分析模式选择	可选 1.0~0.001 像素，常用推荐 1.0 或 0.1 像素
	7.破裂分析模式(一点五块法)	特别适合岩土相似材料、混凝土、岩石破裂分析，同时，可用于一般图像的高精度分析
	8.定向局部快速分析	特别适合砂土类具有渐进变形特征的材料分析
	9.动态搜索快速分析	特别适合非均匀变形场分析，计算速度通常可提高 10 倍以上
	10.旋转搜索模式	可用于旋转变形明显的图像高精度分析，计算分析时间较长
	11.无控制点的图像分析	根据图像设定比例进行坐标转换(图像坐标 Y 轴正方向向下)
	12.分析过程中位移实时显示	实时显示测点位移矢量
	13.结果查看与错误批量修正	快速、批量修正因图像噪声等引起的测点位移误差或错误
	14.位移与应变结果输出	用于 PostViewer 可视化处理与统计
	15.前次分析结果导入与修正	可查看已有网格与散点分析结果，并能进行快速二次修正
	16.图像中断分析	网格分析过程可随时中断，可进行中断继续分析
辅助功能	1.图像刚体位移校准	可校正相机与观测目标间因相对轻微移动产生的图像变形
	2.控制点及测点查询	测点可按点的编号在图像上定位查询
	3.图像的缩放与查看	
	4.鼠标移动坐标显示	可量取控制点坐标，辅助建立首张图像对应控制点数据文件
	5.输出分析结果序列文件	用于 PostViewer 的变形查看、统计与图形批量输出
	6.散点分析历时曲线查看	用于检查散点数据分析结果
批处理	1.多个项目连续分析	适合多组图像序列的连续无人值守分析
	2.图像序列剪切输出	可去除图像周边的无用分析区域，减小图像存储大小
	3.图像格式批量转换	可将 JPG 或 TIF(TIFF)格式图像批量转换为 BMP 图像
高级专业分析	1.散点分析	可替代常规自动网格法或标点法
	2.收敛分析	两点点对的相对位移分析
	3.颗粒分析	如大颗粒的位移与转动
	4.裂缝分析	材料裂缝的宽度与倾角计算
	5.剪切带分析	剪切带形状与带内变形计算

续表

项　目	功　能	说　明
高级专业分析	6.松动圈分析	隧道围岩、孔洞等周围变形模式分析
	7.通用测线分析	可用于分析材料的非连续变形范围与区域特征
	8.外部测点网格导入	可导入符合 PhotoInfor 格式要求的外部测点网格，适合隧道、边坡等不规则分析边界或希望用非均匀网格来加快分析速度的情形
	9.多分区拼接网格点分析	适用观测表面局部有条板遮挡或自定义分区网格拼接情形
	10.剪切带、松动圈矢量图输出	每张图像对应的 WMF 矢量格式图形序列

3.1.3　后处理软件

　　数字散斑相关量测后处理程序 PostViewer 是在实际不断应用过程中紧密结合岩土试验分析需要进行研制开发的，它以四边形单元数据为基本格式，具有较强的数据可视化功能和灵活的数据处理功能。PostViewer 功能结构如图 3-4 所示，具体功能特点如下：

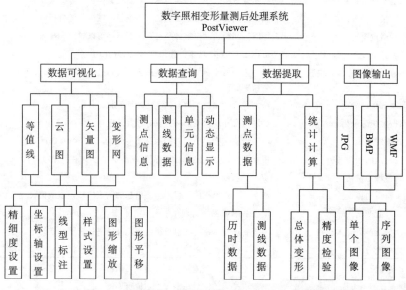

图 3-4　结果后处理程序 PostViewer 功能结构图

　　(1)数据可视化。主要是进行等值线、云图、位移矢量和变形前后的网格图绘制。根据需要可调整绘制参数，如等值线的条数和光滑度，云图的精细度、彩色样式以及灰度图，坐标轴刻度取整和刻度线型式，位移矢量数据的放大、缩小以及表示形式，主应变矢量的绘制等。此外，由于输入数据采用类似 FEM 的数据格式，可视化及下述功能同样适用基于四边形单元的 FEM 计算结果，即 PostViewer 具有一定的通用性。

　　(2)数据查询。利用鼠标直接点击云图或等值线，显示点击处的测点和单元信息，并且随着鼠标的移动，能够动态显示鼠标经过的点的变形信息；根据查询条件，进行查询数据输出和满足查询条件的测点在图形上突出显示。

　　(3)数据提取。从一组图像分析数据文件中，根据指定的若干测点编号，提取这些测点的所有信息，包括坐标、位移和应变数据等，并且保存在文件中，供进一步绘制图形和定量分析；为满足对岩土变形区域的演化分析，程序提供了按选定指标进行变形区域面积的统计功能。

(4) 图像输出。一方面，可用鼠标在图形上划定范围直接输出到 Windows 剪贴板或文件中；另一方面，对于大量的图形输出，根据事先设定的统一范围和选定的输出格式，如 JPG、BMP 或 WMF，输出与软件系统当前设定相同的多个图形，范围大小一致的图像在连续显示时会产生较好的动画效果，有助于增强对岩土材料变形演变过程的直观感受与理解。

PostViewer 主要功能及说明如表 3-2 所示。

表 3-2 结果后处理系统 PostViewer 主要功能

项 目	功 能	说 明
图形绘制	1.打开单个或多个 DIC 序列文件	DIC 为 PhotoInfor 的分析结果文件
	2.位移与应变云图绘制	有几种色彩模版可选，云图的精细度可调节
	3.位移与应变等值线绘制	等值线条数与光滑度可调，等值线自动标注
	4.位移矢量图	矢量大小可缩放
	5.应变矢量图	拉、压应变表示
	6.变形前、后网格选择	可用于云图绘制网格类型选择
图形设置	1.云图精细度调节	数据量大可能会影响显示速度
	2.等值线光滑调节	数据量大可能会影响显示速度
	3.坐标轴样式设置	有自动规整、原始参数和用户设定绘制模式可选
	4.网格类型设置	可选变形网或原始未变形网
	5.云图显示范围	可起到变形数据过滤和范围缩放作用
	6.图形背景改变	在白色与灰色之间变换
	7.云图网格显示与否选择	
	8.其他设置(系统选项设置)	如 PDF、TEXT 文件浏览程序设置和坐标刻度线
图形浏览	1.图形缩放	可用键盘(F8、F9)操作
	2.图形平移	可用鼠标进行移动控制
数据查询	1.文本数据查看	显示当前数据文件内容
	2.测点总信息查询	如最大、最小变形数据统计等
	3.测点与单元信息查询	鼠标点击，即时查询
	4.指定测点的完全信息显示	鼠标点击，即时查询
	5.指定测线上数据曲线绘制	垂直与水平线上的测点数据
	6.随鼠标移动动态显示变形值	显示当前指定的变形类型数据
	7.选择测点变形曲线即时查看	选择单点或多点，可查看测点曲线图
统计分析	1.精度校验数据的计算统计	如方差计算与统计
	2.从数据文件序列提取测点数据	可用于变形演变过程定量分析
	3.从数据文件序列提取变形平均值	可用于总体变形演变规律分析
	4.从数据文件序列提取变形节点数	可用于总体变形演变规律分析

续表

项 目	功 能	说 明
图像输出	1.单个图形输出	当前图形鼠标选定范围输出
	2.从数据文件序列批量输出图形	输出范围与设置相同，JPG、BMP、WMF 三种图形格式可选，可用于动画制作
	3.图形打印输出	

注：该软件亦可作为基于四边形单元的有限元分析结果的后处理工具，具有一定的通用性。

3.1.4　系统运行环境

1) 运行环境

PhotoInfor 软件系统运行在微软的 Windows 操作系统平台上，推荐采用 64 位的 Windows 10 版本系统。

PhotoInfor 软件系统可安装在普通或专用计算机上。软件有 32 位和 64 位两种版本，基本运行对计算机硬件要求不高，但由于数字图像分析类似有限元计算，对于大量的高分辨率数字图像和较多的测点数量，配置高性能的计算机有助于提高图像分析速度。建议用户计算机硬盘容量 1T 以上、内存不低于 8G，显示器分辨率推荐采用 1920×1080 或 2560×1440，对计算机显卡无特别要求，集成显卡亦可。

2) 软件安装

绿色安装，不改写 Windows 系统的软件信息注册表，用户只需在计算机硬盘创建一个文件夹，如 "E:\PhotoInfor\"，然后，直接将 "PhotoInfor.exe" 和 "PostViewer.exe" 及相关实例文件复制到该文件夹下，即可运行 PhotoInfor 和 PostViewer 软件系统。

3.1.5　系统特色

PhotoInfor 是开发者同时也是软件的应用者在十多年的实验研究中，通过持续应用与不断修改完善研制而成。软件从通用系统、专业功能与实用性来说，与国内外其他类似软件相比都具有鲜明特色。

1) 通用性

基于数字散斑相关原理(DSCM)，满足通用数字散斑相关变形量测需求，具有图像分析 PhotoInfor 与结果后处理 PostViewer 一套完整功能程序，可满足网格测点与离散测点的通用分析。

2) 专业性

特别适合岩土力学与工程或类似专业领域的实验研究，拥有针对非均匀变形、局部化变形、大变形以及断裂或破裂特点材料的专业图像分析方法，量测精度高，分析速度快。

3) 灵活性

不与图像采集硬件系统捆绑，用户根据需要可自由选购数码相机或摄像机，然后与 PhotoInfor 软件系统一起组建一套简单实用的光学变形测量系统。

4) 可修正

图像不可避免地会产生噪声，而噪声则会影响图像分析与变形量测的精度，这是图像分析中的正常现象。PhotoInfor 软件针对网格测点分析中的误差或错误，可以进行快速的批量修改与更新。

5) 开放性

PhotoInfor 能够导入用户生成的外部测点网格，可以处理具有复杂边界的物理实验模型，同时，在测点网格划分方面，也给用户提供了较大的自由度。

6) 易学易用

软件系统完全独立运行，不需要 MATLAB 等第三方软件平台的支撑，用户能够在很短时间内快速掌握基本功能的使用方法。

3.2　图像分析准备工作

3.2.1　序列图像格式转换与命名

图像准备工作的步骤如下：

(1) 将数码相机采集的原始格式的数字图像，利用相机自带软件或其他软件工具，转换为 BMP 格式的数字图像；

(2) 对图像进行恰当命名，好的文件名应包含各试验照片对应的试验阶段及相关信息，如施加的荷载或位移大小等，文件名长度相同，合理的文件命名会为后续分析带来极大的方便；

(3) 对图像序列进行删减，删除一些无关紧要的数字图像文件以节省图像分析时间，此外，也可以对序列图像上的无效分析区域做统一范围的裁剪；

(4) 将处理和精选后的分析图像序列保存在计算机同一文件夹中，供后续图像分析使用。

3.2.2　控制基准点坐标文件创建

控制点的设置对于图像变形的校正和坐标转换十分必要，要求控制点设置在固定不动的位置，控制点尽可能在同一平面且尽量贴近模型观测面。

如控制点设置困难，且需进行坐标转换，一个简单的方法是采用刻度尺或在模型上找到两个实际距离已知的点。根据刻度尺设置图像比例的具体做法是，在第一幅图像采集时将一把刻度尺贴紧观测面，拍摄第一张照片后可移除，相机此后的位置不能有所改变。图像比例计算为标尺在图像上的两点实际距离与图像像素距离之比，如图 3-5 所示。相对于通过控制点进行坐标转换或图像校准，这种方法不能直接通过比例校准因相机和观测目标之间有轻微相对移动造成的图像刚体平移或旋转，为解决这一问题，PhotoInfor 提供了一种刚体位移校正功能。

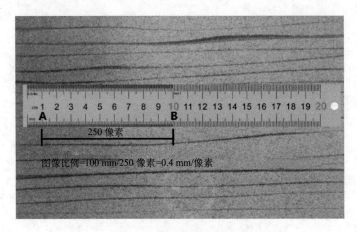

图 3-5　通过刻度尺计算图像比例

在设置控制点的情况下，可按以下步骤创建控制基准点文件，用于从图像坐标(单位为像素)到模型空间坐标(单位常用 mm)的坐标转换和图像校准。

(1)控制基准点以四边形为 1 个单元，如图 3-6 所示，4 个顶点的编号顺序是：左上→右上→右下→左下(图像有效分析区域为控制点所包围的区域)。

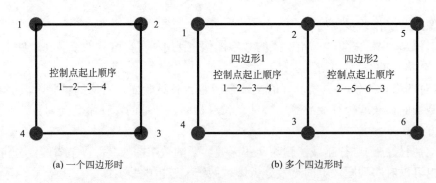

(a) 一个四边形时　　　　　　　　　　(b) 多个四边形时

图 3-6　控制基准点的编号顺序

(2)控制点模型空间坐标量取：模型上布置的控制基准点应在试验前或试验后进行量测，坐标原点可任意设置，以坐标计算方便为宜，单位一般选择 mm。

(3)控制点图形空间坐标量取：利用 PhotoInfor 先新建一个项目，用鼠标量取控制点中心位置坐标(图 3-7)，单位为像素(pixel)，为取得更准确的控制点中心坐标值，可以先对图像进行放大。需要注意一点，图像空间中的 Y 轴正方向是向下的，和通常习惯正好相反。

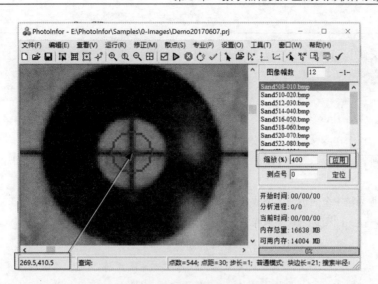

图 3-7　控制点在图形空间上的坐标量取

　　(4)根据控制点模型空间和图像空间坐标，建立控制点数据文件，将两者对应起来，参考软件附带的".fix"文件格式(如图 3-8 所示)，文件中"Model-space"是指观测目标(如试验模型)所在的空间，模型试验中常用坐标单位为 mm，"Image-space"是指图像上的坐标空间，单位是像素(pixel)，具体格式说明如下。这里，特别注意控制点文件名前缀务必与对应图像文件名前缀相同(如 abc001.BMP 对应控制点文件名应为 abc001.fix)，且存储在图像所在同一文件夹下。

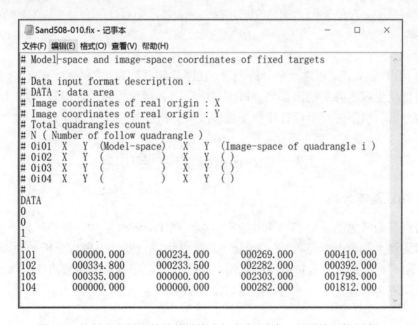

图 3-8　控制点坐标文件的数据格式与内容(只有 1 组四边形控制点)

{".fix"文件中，DATA 以前以"#"开头的几行为说明，以下文字的"{}"及其内部说明在正式数据中全部删除}

DATA

0 {默认，一般不作改变}

0{默认，一般不作改变}

2{假设实际四边形个数为 2，有 n 个的话，2 改为 n，以下四边形坐标组数相应增加($n \geqslant 3$)或减少($n=1$)}

1{下面 4 行为第 1 个四边形 4 个节点坐标}

0101　$x1$　$y1$　$x'1$　$y'1$ {真实坐标 $x1$，$y1$，图像坐标 $x'1$，$y'1$}

0102　$x2$　$y2$　$x'2$　$y'2$ {真实坐标 $x2$，$y2$，图像坐标 $x'2$，$y'2$}

0103　$x3$　$y3$　$x'3$　$y'3$ {真实坐标 $x3$，$y3$，图像坐标 $x'3$，$y'3$}

0104　$x4$　$y4$　$x'4$　$y'4$ {真实坐标 $x4$，$y4$，图像坐标 $x'4$，$y'4$}

2{下面 4 行为第 2 个四边形 4 个节点坐标，内容填写与第 1 个四边形类似}

0201　$x1$　$y1$　$x'1$　$y'1$

0202　$x2$　$y2$　$x'2$　$y'2$

0203　$x3$　$y3$　$x'3$　$y'3$

0204　$x4$　$y4$　$x'4$　$y'4$

注意：如果图像上分析的测点不在或因位置移动而跳出控制基准点所包围的区域，则这些点的坐标无法进行转换，在 PostViewer 中显示的位移矢量或网格与转换区域可能会有类似错误的异常显示结果。

(5)利用 PhotoInfor 新建一个分析项目，在图像序列间完成控制点的自动匹配和控制点文件的自动生成，并自动添加到分析项目中，以备后续分析。如果没有控制点，亦可直接进行分析，但不进行坐标转换和图像校准，分析的位移单位为像素。

3.3　PhotoInfor 的主要功能

3.3.1　网格点基本分析

网格点是最常见的图像变形基本分析情形。在 PhotoInfor 中，用户可以直接用鼠标在第一幅图像上划定一个范围(图 3-9(a))，接着程序自动弹出图像分析参数设置窗(图 3-9(b))，用户可在此进行分析范围的起始点坐标与长度和宽度等参数的精确修改，然后，设定测点间隔，布置完成后的网格测点如图 3-9(c)所示。

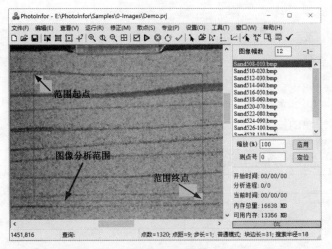

(a)图像分析范围划定

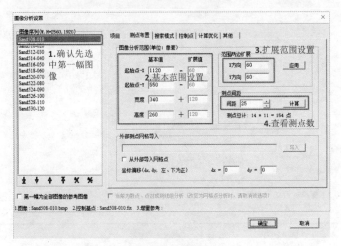

(b)图像分析范围修改

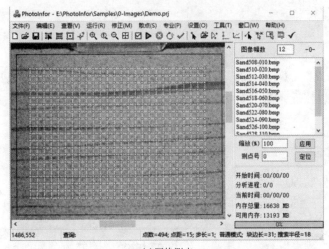

(c)网格测点

图 3-9　图像分析范围的划定及测点布置

网格点图像分析结果文件中有两组重要文件，一组是文件后缀为"DIC"的图像变形分析结果数据文件，一组是文件后缀为"GRD"的测点网格数据。"DIC"文件主要存储图像分析的测点坐标、位移与应变数据，如表 3-3 所示，文件头标识部分共有 16 个参数，分别对应后面的 16 列数据。"GRD"文件主要存储各图像对应的测点坐标与单元编号，主要用在 PhotoInfor 图像分析结束并退出以后下次启动 PhotoInfor 后的分析结果查看或位移误差与错误的修改。

表 3-3　PhotoInfor 图像分析结果"DIC"文件中的参数意义

参数	意义	备注
1-node	测点编号	
2-x	测点 x 坐标	单位与控制点坐标相同
3-y	测点 y 坐标	单位与控制点坐标相同
4-disp	测点总位移	单位与控制点坐标相同
5-dx	测点 x 方向位移	单位与控制点坐标相同
6-dy	测点 y 方向位移	单位与控制点坐标相同
7-eps$x$	应变 ε_x	
8-eps$y$	应变 ε_y	
9-epsxy	应变 ε_{xy}	
10-gama$x$	最大剪应变 $\gamma_{\max}$	
11-dgama$x$	最大剪应变增量 d$\gamma_{\max}$	
12-eps$V$	体积应变 ε_V	
13-deps$V$	体积应变增量 dε_V	
14-eps1	主应变 ε_1	
15-eps3	主应变 ε_3	
16-angle	主应变夹角	单位：°

3.3.2　散点基本分析

散点分析通常用于用户指定测点的快速分析。用户可以直接在图像上用鼠标选择测点并保存在文件中(供下次调用)，亦可直接编辑一个包含散点编号及其坐标的文本文件，然后导入 PhotoInfor 后(图 3-10)即可进行分析。测点分析结果曲线在 PhotoInfor 可直接查看(图 3-11)，以快速考察分析结果是否令人满意，帮助用户决定是否需要调整散点的位置来重新分析。

3.3.3　通用点对分析

通用点对分析的原理是分析一组散点中两个相邻奇偶点之间的相对位移、转角和应变，和散点基本分析的不同点有两个：一是散点数一般为双数，单数的话，最后一个将被忽略，同时，测点按顺序进行奇偶配对(如 1-2，3-4，5-6)；二是输出结果数据文件内容不同，不含单个测点位移。通用点对在 PhotoInfor 中的分析结果如图 3-12 所示。要想获得单个测点(离散点)的位移数据，打开用于点对分析的散点数据文件，在 PhotoInfor

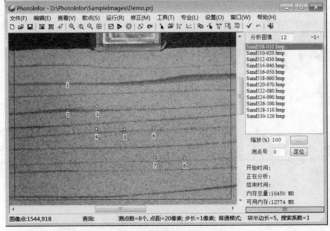

(a) 载入后的散点

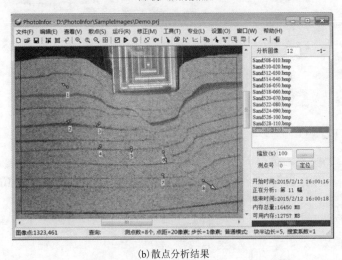

(b) 散点分析结果

图 3-10　载入离散测点后的测点显示与分析结果

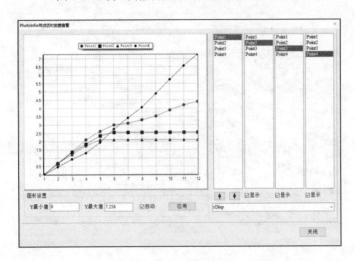

图 3-11　散点分析结果曲线查看

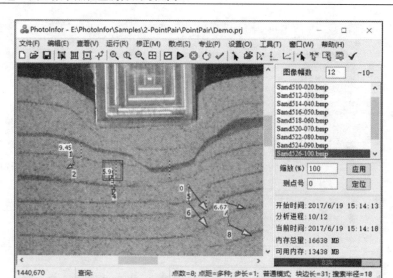

图 3-12 "通用点对"分析

中执行文件"散点→一般散点计算"即可。"通用点对分析"功能可以用于两点收敛、土颗粒位移与转动以及其他相关试验分析。

3.3.4 裂缝张开分析

主要用于岩土或其他材料的裂隙分析,属于通用点对分析的一个专业应用。基本操作过程同"通用点对分析",但在新建项目时,考虑到事先并不清楚裂隙的准确位置,为此,PhotoInfor 提供了一个解决方法——"倒序分析",即把最后一张图像作为初始图像,然后将其他图像按采集时间的倒序加入到分析项目的图像序列中,对于裂缝分析,PhotoInfor 会自动按"正序"进行结果数据的文本输出。倒序添加后第一幅图像显示如图 3-13(a)所示,分析结果如图 3-13(b)所示。

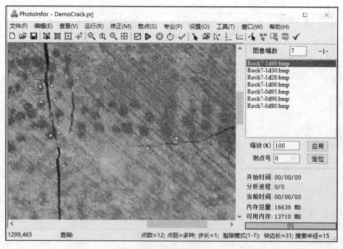

(a)裂隙两边的点对选择

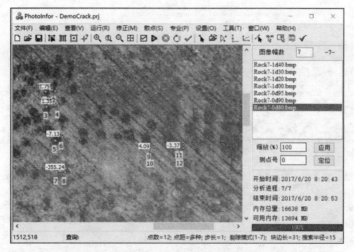

(b)裂隙分析结果(白色框内数字为转动角度,单位为°;顺时针为正)

图 3-13　裂隙张开分析的点对选择与结果显示

3.3.5　破裂带分析

破裂带分析一般用于孔洞周边一定范围内测线上点的位移变化。以隧道围岩破裂圈分析为例,设置的主要参数是孔洞的直径和钻孔测线的长度以及布置方式(图 3-14)。其实质和散点法相同,只是将散点按钻孔测线进行了分组,钻孔测线点如图 3-15(a)所示。分析结束后(图 3-15(b)),PhotoInfor 可以输出图像序列中各图像上测线点的素描图。

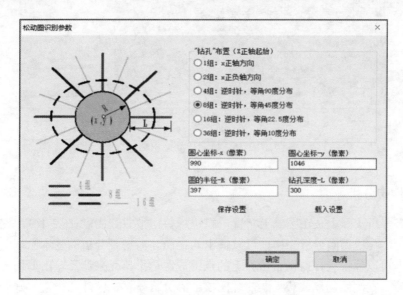

图 3-14　围岩松动圈识别的钻孔测线设置

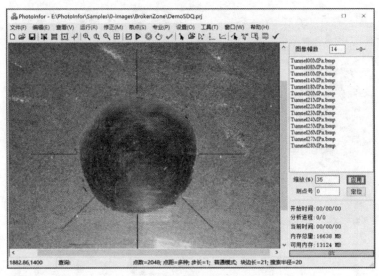

(a) 变形前

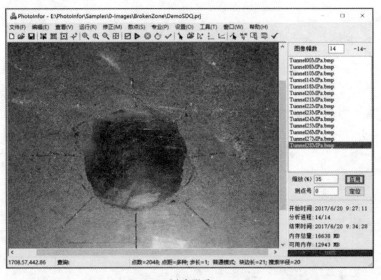

(b) 变形后

图 3-15   围岩松动圈识别

3.3.6   剪切带分析

剪切带分析实际上是在图像上布置一组跨越剪切带的测线点(图 3-16),它的实质也是散点分析,与松动圈分析一样,可以输出素描图。剪切带分析的基本原理同"通用测线分析",但可以通过选择剪切带边界上的点组成四边形单元来计算输出剪切带内的应变值(图 3-17)。在测线创建或载入之前,同松动圈分析一样,应注意先选定好图像分析的范围,使得测线点全部位于该范围之内。

在正确划定剪切带分析范围时，由于事先并不清楚剪切带发生在什么位置，可以采用网格测点先大范围粗略快速分析一下，通过结果查看来确定剪切带的大致发生区域，以此来较为准确地划定剪切带的图像分析范围。

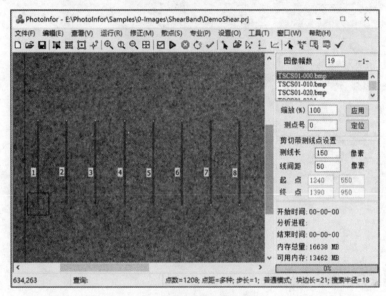

(a) 变形前的测线

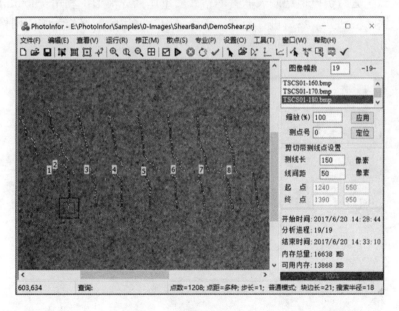

(b) 变形后的测线

图 3-16　剪切带测线设置与分析结果

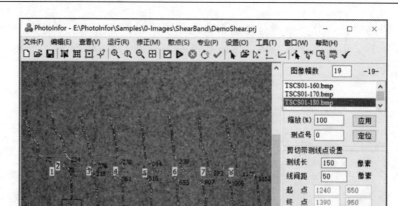

图 3-17　剪切带内应变计算用的边界单元

3.3.7　非连续分区网格分析

非连续分区适用于模型观测表面有网格式肋条遮挡等情形，利用 PhotoInfor 对可视区域进行分块网格划分，然后进行合并，最后采用合并后的网格作为测点网格(图 3-18)来进行图像分析。

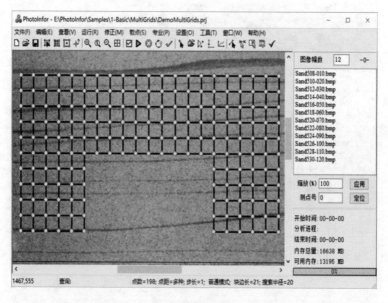

(a)分块网格合并

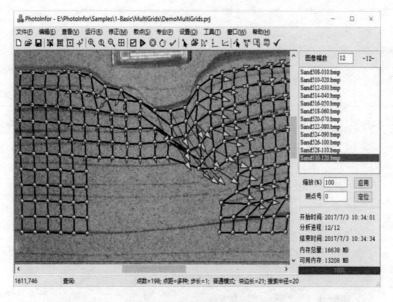

(b) 合并网格计算

图 3-18　PhotoInfor 分区网格

3.3.8　外部网格导入分析

　　由于 PhotoInfor 采用四边形单元作为网格测点，因此，在导入外部有限元网格方面具有很大的灵活性。一般来说，用户首先可使用有限元软件，如 ANSYS，进行"四边形"单元网格划分，再用 PhotoInfor 提供的格式转换工具或自行编写的数据格式转换程序，将有限元程序生成的单元文件转换为 PhotoInfor 的导入格式文件即可。

　　了解 PhotoInfor 导入的数据格式是进行格式转换的关键，PhotoInfor 导入的数据格式如下：

```
NodeCount   ElementCount
7901 7625
1    150     440
2    1480    440
3    163     440
……
7898   507    1296
7899   545    1374
7900   588    1409
7901   1082   1385
1    2146    1866  556   555
2    1867    2146  555   1709
```

3	1569	1709	555	561
... ...				
7624	5927	3	4	5928
7625	410	1	3	5927

从数据文件的内容可以看出有 7901 个节点和 7625 个单元，前半部分数据是节点编号及 x、y 坐标，后半部分是四边形单元编号及对应的 4 个节点的编号。一个隧道试验模型的图像上应用有限元网格测点以及图像分析的效果如图 3-19 所示。

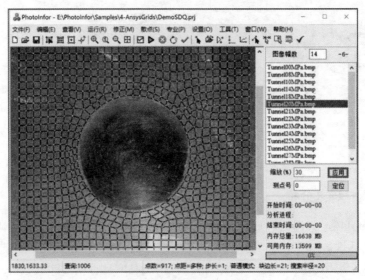

(a)单元网格点导入后

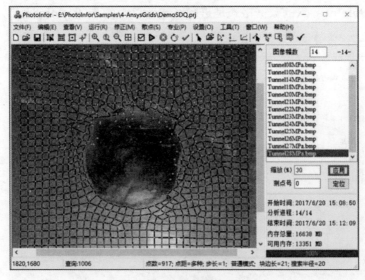

(b)图像分析结果

图 3-19　外部四边形单元网格点导入 PhotoInfor

3.3.9　多个项目连续分析

单个项目分析完成后，如进行下一个项目，一般需要人工再次进行打开项目和启动分析等操作，不能保证多个项目分析时间上的连续性。使用多项目连续分析时，用户可以按常规方法新建若干分析项目，接着，编辑一个批处理文本文件(图 3-20)，然后，在 PhotoInfor 中打开这个文件，即可进行多个项目的无人值守连续分析。

图 3-20　PhotoInfor 多项目连续分析的批处理文件格式

3.3.10　测点位移误差修改

在图像采集过程中，由于观测目标周围光线的变化，常常会导致图像上出现"噪声"。在图像分析过程中，一个或多个点的位移因此产生明显的误差甚至错误。针对这种情况，PhotoInfor 提供了快速方便的误差或错误修正方法。

PhotoInfor 提供的测点误差或错误纠正有两种方法：一为单幅图像测点的人工纠正 (图 3-21)；二为连续多幅图像测点的自动纠正(图 3-22)。

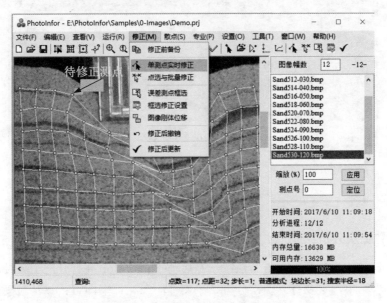

图 3-21　单测点实时修正

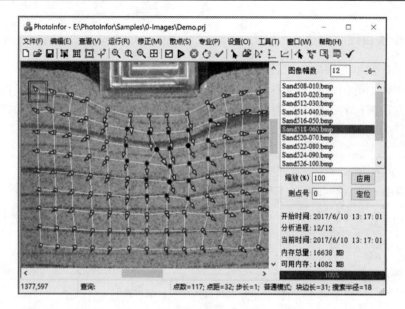

(a) 待修正点选定后

(b) 待修正点修正后

图 3-22　误差测点的批量修正

3.3.11　查看上次分析结果

在 PhotoInfor 中有两种查看方法：一是启动 PhotoInfor 并打开一个项目后，如果要查看上次分析结果，只要打开上次分析结果文件所在文件夹即可；二是直接启动含有分析结果的项目文件查看和修正。

3.3.12　图像批量截取

通常采集的数字图像，周边有很大一部分可能属于无效分析区，因此，进行有效图像分析区域的截取，可以节省图像存储空间。在 PhotoInfor 中用户可用鼠标直接划定截取范围，然后程序完成自动批量的图像切割，并将切割后的图像保存在文件中。

3.4　PostViewer 的主要功能

在图像分析完成后，一般都要进行后续结果数据的大量整理与统计。下面简要介绍一下后处理程序 PostViewer 的主要功能。

3.4.1　统计分析

统计分析主要包括测点数据提取与总体变形分析两大项。从图像分析结果序列文件中提取测点数据是图像分析中一个最常用的功能，主要用于分析某些感兴趣测点的变形演变规律。

要从图像分析结果文件中提取几个测点数据，首先要给出要提取点的编号和被提取的结果文件名称，可利用文本编辑程序编辑一个文本文件，然后，由 PostViewer 读取这个文件完成测点提取并保存提取结果到文本文件中。PostViewer 要完成测点数据的提取需要一个包含有要提取的测点编号和序列文件名的文本格式文件(图 3-23)。

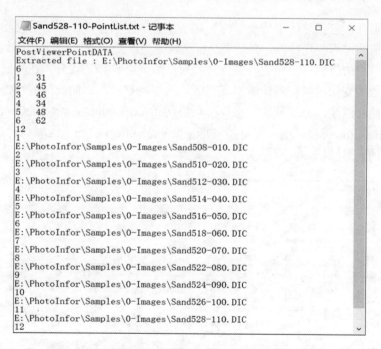

图 3-23　要提取的图像分析结果序列文件名的文件格式

由于测点编号存储在文本文件中，因此，可以直接在文件中编辑测点编号，也可以通过 PostViewer，用户在网格图形上选定测点后（图 3-24）自动生成文本文件，供 PostViewer 提取测点数据时调用。

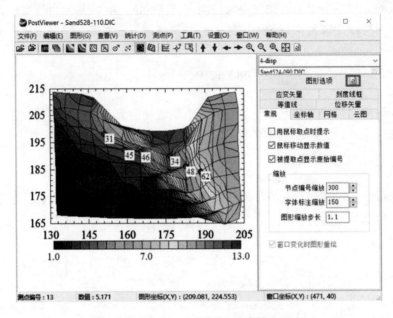

图 3-24　PostViewer 图形上选定提取测点

总体变形分析包括总体平均变形与局部增量变形区域分析，主要研究观测区域位移和应变平均值的过程变化特点，有助于分析区域的整体变形规律。"变形平均值"是测点或网格单元节点的位移与应变的变形量之和除以节点总数（图 3-25），在发展过程中，通过变形节点数的变化可以直观地考察变形区域的增减规律，比如土体剪切带分析，虽然剪切变形可能在继续，但变形的测点或节点数（defNodeCount 或 strNodeCount）如果没有发生改变（图 3-26），可以说明的是继续变形主要集中在既有的变形区域（如剪切带内）中，没有产生新的变形区域。

timeID	AveDx	AveDy	AveDs	AveEpsX	AveEpsY	AveMaxGStr	dAveMaxGStr	AveVolStr	dAveVolStr	AveEps1	AveEps3
0001.0	0.0000	0.0000	0.0000	0.0000	0.0000	0.0000	0.0000	0.0000	0.0000	0.0000	0.0000
0002.0	0.0331	-0.4414	0.5355	-0.0068	0.0016	0.0300	0.0300	-0.0052	-0.0052	0.0124	-0.0176
0003.0	0.0628	-0.8374	1.0430	-0.0142	0.0032	0.0591	0.0290	-0.0110	-0.0058	0.0240	-0.0350
0004.0	0.0607	-1.1262	1.4921	-0.0225	0.0066	0.0913	0.0322	-0.0159	-0.0049	0.0377	-0.0536
0005.0	0.1296	-1.3118	2.0083	-0.0350	0.0098	0.1336	0.0423	-0.0252	-0.0093	0.0542	-0.0794
0006.0	0.3114	-1.4387	2.4945	-0.0455	0.0172	0.1824	0.0488	-0.0283	-0.0031	0.0771	-0.1053
0007.0	0.5230	-1.5660	2.8429	-0.0518	0.0245	0.2184	0.0360	-0.0273	0.0010	0.0956	-0.1229
0008.0	0.7879	-1.7436	3.2794	-0.0604	0.0368	0.2687	0.0503	-0.0236	0.0037	0.1226	-0.1462
0009.0	1.1180	-1.9461	3.7644	-0.0735	0.0547	0.3294	0.0606	-0.0188	0.0049	0.1553	-0.1741
0010.0	1.4452	-2.1470	4.2347	-0.0852	0.0778	0.3946	0.0652	-0.0075	0.0113	0.1935	-0.2010
0011.0	1.7452	-2.3647	4.6980	-0.1197	0.1511	0.5320	0.1374	0.0313	0.0388	0.2816	-0.2503
0012.0	2.0639	-2.5628	5.1120	-0.1430	0.1520	0.5759	0.0439	0.0090	-0.0223	0.2925	-0.2834

图 3-25　从文件序列提取"变形平均值"（节点的变形量之和/节点总数）

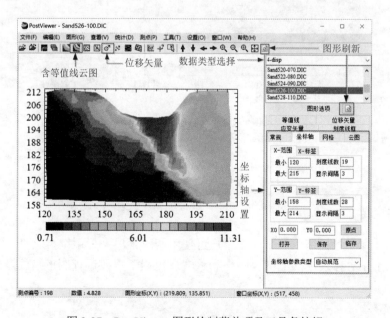

图 3-26　总体变形分析的文本数据

说明：defNodeCount 为变形值大于给定值的(网格单元)节点数；strNodeCount 为应变值大于给定值的节点数；AveStain 为应变值大于给定值的节点应变总和/strNodeCount；dAveStrain 为 AveStain 的增量；TotAveStr 为应变值大于给定值的节点应变总和/所有单元总数；DTotStrain 为 TotAveStr 的增量

3.4.2　图形绘制

图形绘制主要包括位移和应变矢量图、位移与应变云图以及网格变形图等。具体操作通过菜单"图形"下的子菜单或工具条上的图形按钮实现，如图 3-27 所示，操作比较简单，看图一目了然。此外，通过菜单"设置"下的子菜单可选择几种云图的填色样式，包括灰度图形。

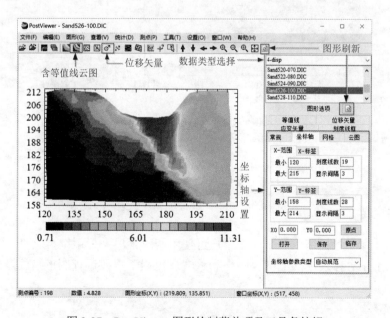

图 3-27　PostViewer 图形绘制菜单项及工具条按钮

3.4.3 图形设置

关于图形设置功能，用户可以试着调整一些设置参数和观察图形效果的变换，很容易理解和掌握。这里主要介绍一下坐标轴的设置方法。

PostViewer 图形坐标轴范围默认的是实际坐标数据中的最大值与最小值，而实际最值一般都不是整数，或者坐标上的分段不是习惯上的规整形式，如图 3-28 为打开数据后的最初默认坐标轴显示。PostViewer 提供了三种规整方式分别满足用户的不同需求：①自动规整，用户只需选择"坐标轴参数类型"为"自动规范"，便能获得自动规整的坐标轴样式；②自动规整后再修改，如果用户需要进一步按照自己的喜好来设置，则可以在坐标轴"自动规范"之后，将"坐标轴参数类型"再改为"用户设置"，便可进一步修改坐标轴的"X-范围"和"Y-范围"相关参数获得一个更为满意的坐标显示格式；③用户完全的自定义，即在坐标初始显示的"原始参数"基础上，进行如图所示的用户坐标轴设置以后，将"坐标轴参数类型"再改为"用户设置"，便可获得完全满足用户喜好的坐标轴样式(图 3-29)。

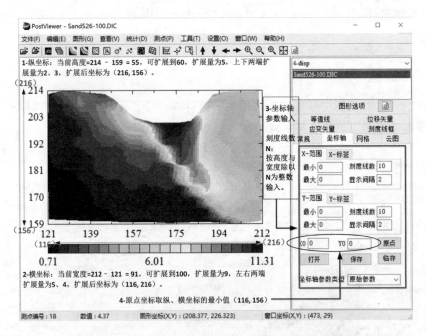

图 3-28　PostViewer 图形坐标轴范围设置方法示意图

3.4.4 图形浏览

图形浏览主要包括缩放和平移，用户可使用相应菜单。采用键盘上"↑↓←→"键进行图形上下左右移动，功能键"F8"和"F9"可用于直接进行图形缩放操作。

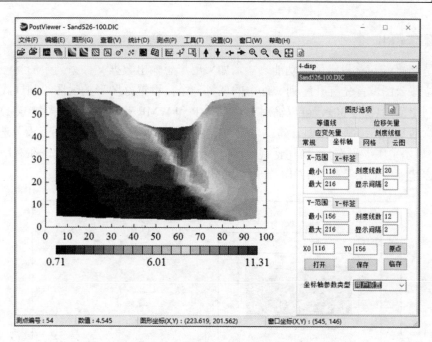

图 3-29　图形坐标轴的设置效果

3.4.5　数据查询

数据查询主要包括两个功能，一是查询指定的单元数据，用鼠标直接点击；二是查询一条线段上所有测点的数据曲线，用鼠标划定一条线段，即可显示该线段上测点与变形的关系曲线。

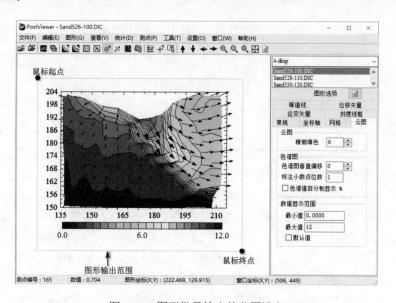

图 3-30　图形批量输出的范围设定

3.4.6　图像输出

这是 PostViewer 最常用的功能之一，如果用户想输出数据文件系列中的某一类型图像，如位移云图，首先打开序列文件中的任意一个，设置好图形的云图绘制样式，然后用鼠标划定范围(图 3-30)，可以输出 JPG、BMP 和 WMF 三种图形格式(图 3-31)。这里需要注意的是，在绘制云图时，建议采用一个合适固定的数值范围(见图形设置选项"云图>数值显示范围"设置)，换句话说，所有图形都采用同样的范围参数，在利用批量图形制作连续播放的图片时(如 GIF)，则具有较好的动画效果。

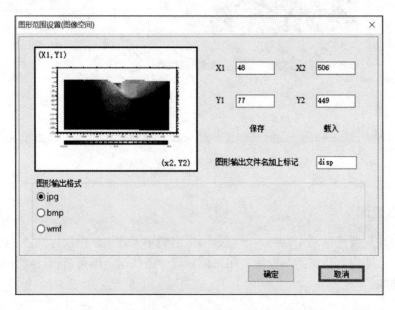

图 3-31　图形输出范围确认及输出格式选择

3.5　系统应用

3.5.1　系统应用概况

PhotoInfor 软件(Geodog 程序是其早期版本)自研制成功以来，得到了以国内为主的高校、研究院所和企业技术中心的信任，除著者本人之外，相关研究人员采用该套软件系统，基于其所承担的科研课题等，进行了一些富有成效的应用研究。这些研究主要包括砂土(曹亮等，2012)、黏土(刘文白等，2009)、岩石(苏海健等，2015；Yang et al.，2017)、混凝土(刘换换，2014)、土工合成(王家全等，2011，2013)等岩土材料的基本力学实验研究，挡土墙(韦会强，2007)、桩基(邵玉娴，2007；姚国圣，2009；李镜培等，2011；朱小军等，2014)、锚杆(陈德文，2008；郭钢等，2013)、桩-承台-筏板-土(裴颖洁，2007)等支挡结构变形特性与作用机理研究，隧道(谈杜勇，2006；刘涛等，2007；Zhang et al.，2012；宋锦虎等，2014；Zhang et al.，2016；台启民，2016)、硐室(张乾兵等，2010；张彦宾等，2013)、基坑(李佳，2011)、边坡(詹乐等，2010；李飞等，2012；周健等，2014)、地基(周健等，2008，2012b)、降雨滑坡(左自波，2013)、矿山采场(Hai et al.，2008；宋常胜，2012；张定邦，2013)等工程物理模型试验研究，以及管涌现象(张刚，2007)、泥石流(周健等，2012a，2013，2015，2016)和玻璃幕墙变形(黄琳洁等，2017)等其他相关研究。当前，采用 PhotoInfor 正在进行的相关研究成果或将陆续发表，结合当前研究，可进一步展示 PhotoInfor 系统在岩土工程领域的通用性与专业性(佘诗刚和林鹏，2014)。

尽管数字散斑相关方法(DSCM)目前已得到较为广泛的应用，但在实际应用过程中，著者通过阅读相关论文成果和来自用户的问题咨询发现，在图像采集与图像分析中还存在一些问题需要改进，这些问题大都不是难题，只是注意不够或理解不到位引起的，因此，建议要充分发挥数字散斑相关方法的作用，首先要对其基本原理有一个全面的认识和理解。

为了成功应用 DSCM 方法与充分发挥 DSCM 的技术潜能，以下给出图像采集注意事项以及位移量测精度概念两个关键问题说明。

3.5.2　两个关键问题

3.5.2.1　图像采集

数字图像采集首先要符合数字散斑相关分析的基本要求。主要具体注意事项说明如下。

1) 相机选择

建议选择单反数码相机，图像采集格式选用未经压缩的 RAW 或 TIFF 等格式，一般不推荐采用 JPG 图像压缩格式；摄像机采集的图像如为 JPG，可用 PhotoInfor 的图像格式批量转换功能转换为 BMP 格式。

相机最好附带有专门软件来控制图像的手动或自动拍摄；相机对焦应设置为手动(MF)模式，不要设置成自动对焦模式(AF)。

此外，相机或摄像机建议配备可长时稳定供电的外部电源(购买有些数码相机时，电源可能需要单独购置)。

2) 光源选择

可以采用普通白炽灯或 LED 灯，也可以采用摄影专用灯具，一般配置两个。观测面的光照力求均匀并在拍摄期间保持稳定，减少人员走动、环境光线变化或周围震动源的影响。如模型周围自然光线在拍摄过程中有较大变化(如历经昼夜)，可搭建一个遮光设施。

3) 控制点设置

在模型观测范围的四周，如果有条件的话，建议最好布置至少 4 个固定不动且尽量与模型表面在同一平面的控制基准点，这些控制基准点的真实坐标要设法进行精确测量（坐标原点的位置选择没有特殊要求）。

4) 图像清晰度与采集频率

图像采集前先要进行相机清晰度调节，通过试拍几张和计算机查看，满意后固定相机参数并保持不变。相机镜头轴线与观测面尽量保持垂直，采集过程中，相机位置保持固定不动，使用计算机控制程序或遥控器拍摄时，要记录下每张照片编号及其对应的工况。图像存储一般用计算机硬盘存储，亦可用相机内置存储卡。

图像序列中，如果有相邻两张图像因目标变形过大，可能不满足图像相关性分析的要求，导致图像分析的结果不够理想。一般来说，数字散斑相关分析对于渐进变形的图像分析结果最好，图像采集前可根据图像变形大小进行预估，采取合适的采集时间间隔。为保险起见，建议采用较小时间间隔进行拍照，后期对于多余图像可以"删减"，但如果时间间隔较大，采集图像数量不够，后期是无法"增补"图像的。

5) 制斑与标点

为增强图像上的数字散斑效果，用户可采用几种颜色的罐装喷漆或其他方法，对观测表面进行人工制斑处理。对于有破碎现象的模型，如果想观测破碎区域位移，可以在破碎区域辅助嵌入一些人工标志点。

在数字照相变形量测方法的应用过程中，上述几点注意不够或理解不深是影响图像分析结果或导致图像分析失败的常见原因。

3.5.2.2　量测精度

变形量测精度是 DSCM 方法中一个经常被问及的焦点问题。人们通常都想了解其实际精度能够达到多少毫米或微米。DSCM 的量测精度可以这样理解，如在无标点法图像分析中，根据一个像素细分程度，可认为其理想的亚像素精度达到某个值，如 0.1 或 0.01 个像素，然后乘以图像比例(mm/像素)就可以得到以 mm 为单位表示的量测精度，显然它与图像的分辨率有关。具体实验条件下，实际精度需要通过精度校准实验来确定，相同的观测范围，采用不同分辨率的相机，或者采用相同的相机，而观测范围不同，所获得的精度都是有所区别的。因此，DSCM 的量测精度以像素为单位的表示具有一定的绝对意义，而以 mm 或 μm 表示的精度则只具有相对意义，因为它依赖于图像比例或者说相机分辨率、目标大小和实验条件，例如，观测的目标范围长、宽都是 1000 mm，选用的相机分辨率假设是 2000 万像素(宽×高=5000 像素×4000 像素)，而且，1000 mm 宽度恰好充满整个图像宽度范围，那么理论上的位移量测精度可按以下公式进行估算：

$$量测精度 = \frac{目标宽}{图像宽} = \frac{1000}{5000} = 0.2 \text{ mm/像素}$$

如果目标尺寸较小，如宽度为 100 mm，则按上述估算，理论精度为 0.02 mm/像素，在 PhotoInfor 中，为进一步提高量测精度，可选择"亚像素"(将一个像素分割成若干小像素)分析选项，如 0.1 像素，那么，理论上精度可以达到 0.002 mm/像素(0.02×0.1)。

用户如果想确切知道在所做实验的条件下实际精度具体是多少，一般需要做一个精度校准实验来进行确认。

3.6 本 章 小 结

（1）数字照相变形量测软件系统主要由 PhotoInfor 和 PostViewer 组成，分别用于完成数字图像变形分析与结果数据的可视化后处理工作。

（2）PhotoInfor 软件既具有数字散斑相关方法的通用功能，又具有岩土材料特有变形特征的专业分析功能，兼具通用性与专业性。

（3）满足数字散斑相关分析要求的图像采集和对于变形量测精度概念的理解是数字照相变形量测中的两个关键应用问题。

（4）国内为主的一些研究人员基于所承担的相关科研课题，采用 PhotoInfor 软件系统，进行了一些富有成效的应用研究。

第4章
岩体与混凝土材料破裂变形的高精度分析法

破裂是岩石或岩体与混凝土材料在荷载作用下的一个主要变形特征，属于大变形。而在 DSCM 中，由于材料表面裂隙的出现引起了裂隙区域图像前后相关性的显著改变，导致采用图像相关的常规搜索算法产生较大误差甚至错误。本章针对这一问题，提出一种基于材料裂隙分布特征的改进数字图像搜索方法——"一点五块法"，可减少因裂隙以及点状或线状光斑等图像噪声产生的分析误差或错误，可有效解决含裂隙材料的数字图像相关分析的精度问题，该方法在岩石与混凝土试块的单轴压缩实验中进行了应用。

4.1 岩体与混凝土裂隙特征及其简化形式

对于岩石或混凝土材料，裂隙的存在与分布是评判材料性能的重要指标，更是研究材料在外荷载条件下变形破坏的一个重要因素。这里的"裂隙"除了指岩石或混凝土材料含有的原生裂隙外，主要指外力作用过程中材料新产生并随时间不断演变的次生裂隙。

一般来说，实际岩体或混凝土材料裂隙的形状多呈线型或带状特征(图 4-1)，但由于裂隙倾向与几何形状的千变万化，裂隙实际分布的形式十分复杂。然而，对于一个局部微小区域的一段裂隙，因其倾角变化不大，可以假定其倾向是固定不变的，因此，可将局部小段裂隙的分布样式简化为如图 4-2 所示的垂直型、水平型、左斜型和右斜型 4 种基本形式。这种简化为下一步进行图像相关搜索算法的改进提供了依据。

(a)岩体

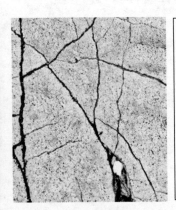

(b)混凝土

图 4-1　岩体与混凝土材料的裂隙形式

图 4-2　局部裂隙分布的 4 种简化形式

4.2　一点五块搜索法

4.2.1　基本原理与程序实现

在数字散斑相关分析中,用于计算图像相关系数的像素块的构建方法是一个关键点。常规方法是以考察点为中心来构建像素块,这种方法(这里称之为"一点一块法"或 OP&OB 法)在考察点的附近产生裂隙时由于像素块中出现了裂隙(图像上表现为新增黑色带状区域,见图 4-3),致使该点所在区域裂隙产生前后的图像相关性明显降低,导致变形图像上对应的真正测点因相关系数较低而被忽略,从而产生变形量测的精度误差甚至错误。

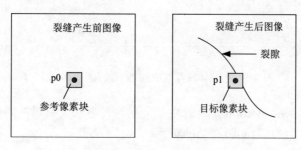

图 4-3　相关计算像素块"一点一块法"构建方法

然而,仔细观察图 4-3 后可以发现,只要改变一下像素块的构建方法,这一问题即可迎刃而解。如图 4-4B 所示,"一点一块法"在裂隙附近总是不可避免地要跨越裂隙,从而导致像素块的相关性计算出现问题。而以待考察点作为像素块的一个角点,根据裂

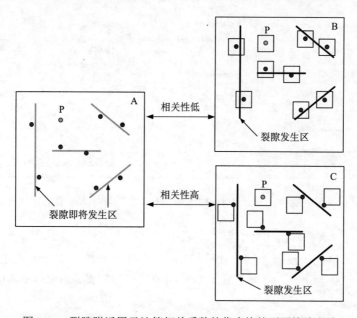

图 4-4　裂隙附近用于计算相关系数的像素块的不同构建方法

隙的简化分布形式，在上、下、左、右四个方向总能找到一个不跨越裂隙的像素块（图
4-4C），从而使得相关性计算可以避开裂隙的影响。在实际分析中，由于事先不知道裂隙
的倾向，所以，对于任意一个位于裂隙附近的像素点，无法确定像素块的构建方向，因
此，需要构建包括"一点一块"在内的 5 个像素块，以覆盖"上、下、左、右、中"5
个方位，来进行全面搜索，如图 4-5 所示。这种方法显然涵盖了非裂隙区域的图像相关
性分析，因此，同样适用非裂隙区域的变形分析。

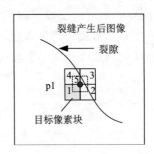

图 4-5　相关计算像素块的"一点五块"构建法

如图 4-6 所示，在 PhotoInfor 软件中如采用这种方法，只需在图像分析设置中勾选
应用"一点五块法"（裂隙模式）选项即可。

图 4-6　PhotoInfor 中"一点五块法"的功能选项

采用相同网格划分，由图 4-7 可直观看出，"一点五块法"和"一点一块法"在非
裂隙区域分析结果几乎没有差别；在裂隙附近，"一点一块法"分析则出现了错误（图
4-7(a)），而"一点五块法"显然有效避免了因裂隙产生的图像相关性影响，从而获得了
准确的量测结果。

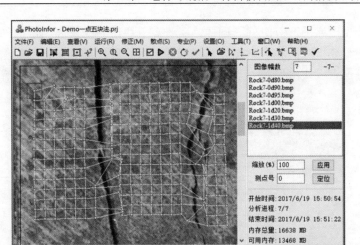

(a) "一点一块法"

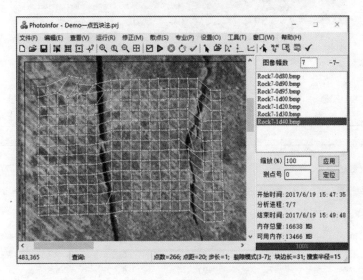

(b) "一点五块法"

图 4-7　"一点五块法"的图像变形识别效果

4.2.2　方法验证与计算效率

　　由于"一点五块法"用于图像相关分析的像素块的构建方法和常规方法有所不同，因此在分析含动态裂隙的材料变形和普通方法的结果可能并不完全相同，但差别应该很小。为验证这一推断，利用一组校准实验照片（观测目标仅有水平刚体平移），选择 9 个测点（图 4-8），采用 0.1 像素的亚像素分析模式，对"一点五块法"的相关像素块的五个构建方法进行了图像对比分析。计算表明，结果（表 4-1）符合推断，再一次确认了这一方法的有效性和正确性。

　　一般来说，量测的精度和图像分析的速度是一对矛盾，一些改进算法会提高精度，但亦将或多或少地增加计算时间。同样，"一点五块法"在提高精度的同时，由于计算量的增加也使得分析时间相应增加。在相同计算机软硬件环境下，不同测点数和亚像素搜索模式下"一点五块法"和"一点一块法"的绝对计算时间与相对比值关系见图4-9。

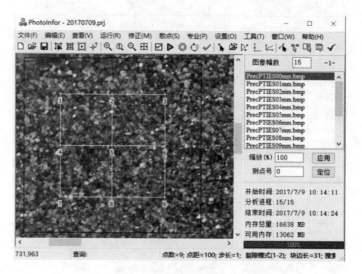

图 4-8　　"一点五块法"检验测点的设置

表 4-1　　"一点五块法"的测点位移计算对比　　　　　　（单位：像素）

测点	块1法	块2法	块3法	块4法	块5法	常规方法
1#	9.6	9.7	9.6	9.6	9.7	9.7
2#	9.6	9.7	9.6	9.7	9.6	9.6
3#	9.6	9.6	9.6	9.6	9.6	9.6
4#	9.7	9.7	9.7	9.7	9.6	9.6
5#	9.6	9.6	9.6	9.6	9.6	9.6
6#	9.6	9.7	9.7	9.6	9.6	9.6
7#	9.6	9.6	9.6	9.6	9.7	9.7
8#	9.6	9.7	9.6	9.6	9.6	9.6
9#	9.6	9.6	9.6	9.6	9.6	9.6

注：表中块 1~5 对应图 4-5 中像素块构建编号区域。

可以看出，在 1 像素和 0.1 像素模式下，测点数在 1000 以内，"一点五块法"的最长相对计算时间分别是常规方法的 3.89 倍和 1.65 倍，这个比值在实际应用中是完全可以接受的，说明这种方法具有实用价值。对于 0.1 像素的搜索情形，之所以时间比值较小，是因为亚像素搜索时，插值计算量很大，使得"一点五块法"增加的计算量在总的计算中所占比重降低。

需要说明的是，图 4-9 是对全部图像序列均采用"一点五块法"的计算结果。实际上，在一个图像序列中，为减少计算时间，一般并不需要对所有图像全部应用"一点五块法"，只需在产生裂隙的图像之间采取这种方法，增加的时间比全部采用"一点五块法"少很多。

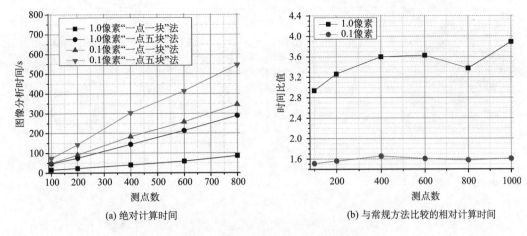

|(a) 绝对计算时间|(b) 与常规方法比较的相对计算时间|

图 4-9　"一点五块法"的计算时间比较

4.3　两种基于图像分析的裂隙识别法

4.3.1　基于图像二值化的识别法

对于数字图像上的裂隙识别,一般采用图像二值化方法,将裂隙从图像背景中分离出来,然后,进行裂隙宽度和长度等特征的进一步识别分析。这种方法的最大优点是能够直观地将裂隙从图像中区分开来,但它在应用和分析方面具有一些局限性,主要表现在以下三方面。

(1)适用条件的局限性。二值化识别要求裂隙区与非裂隙区对比度明显,如黑白分明,多数岩石或混凝土材料的裂隙观测表面往往在实验前刷上一层白色涂料,便于进行二值化分析,而这样处理的实验照片很难同时满足基于二值化裂隙识别和基于纹理相关的变形计算。

(2)阈值敏感的局限性。采用二值化方法,裂隙识别的准确度对阈值色阶的取值具有较大的依赖性(图 4-10),对于具有一定纹理背景的实验照片(图 4-11),不同的阈值得到的裂隙识别结果具有一定的差别,即结果不具有唯一性。

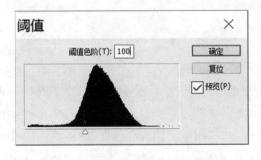

图 4-10　图像二值化的阈值色阶取值

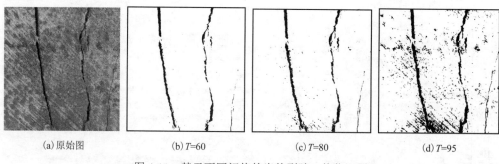

| (a)原始图 | (b)T=60 | (c)T=80 | (d)T=95 |

图 4-11　基于不同阈值的岩体裂隙二值化识别

（3）动态识别的局限性。实验过程中，岩石或混凝土等破裂后裂隙两侧的块体有可能产生错动或滑移，单纯采用二值化方法，无法对裂隙边缘点的位置移动变化进行捕捉，因此，很难对局部裂隙宽度的演变进行准确计算和分析。

针对二值化方法识别裂隙存在的不足，本章提出以下基于图像相关分析的动态裂隙识别方法。

4.3.2　基于图像相关分析的识别法

岩石或混凝土试件在压缩实验过程中，裂隙一般出现在峰值压力前后，而在峰后裂隙则持续扩展。对于一幅在实验过程中拍摄的岩石试件照片，利用 DSCM，采用 PhotoInfor，具体分析原理（图 4-12）和过程如下：

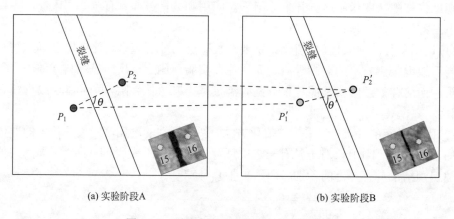

| (a) 实验阶段A | (b) 实验阶段B |

图 4-12　裂隙宽度动态追踪与计算原理

（1）裂隙标识点的选定。在实验结束的一张照片上的各条裂隙两侧选定若干组裂隙标识点，每组标识点由两个点组成（如图 4-12 中的 P_1 和 P_2 点）且两点连线与该处裂隙走向垂直。

（2）裂隙标识点的追踪。利用数字图像相关性分析，对数字图像序列，按从后向前，即实验试件变形按从大到小的顺序进行分析，确定各组裂隙标识点在不同实验阶段的对应位置（如图 4-12 中实验阶段 A 的 P_1 和 P_2 点在实验阶段 B 上的对应点是 P'_1 和 P'_2 点）。

（3）裂隙特征参数计算。包括裂隙宽度和裂隙两侧块体错动，对于两个实验阶段，任意一组裂隙标识点，假定 $\theta=90°$，则裂隙宽度 W 采用以下公式计算，裂隙两侧块体的错动角用一组裂隙标识点连线的转动角度 $(\theta-\theta')$ 来表示。

$$W = \overline{P_1P_2} - \overline{P_1'P_2'}\cos\left(90° - \theta'\right)$$

(4)计算结果输出。图像裂隙标识点选定后，PhotoInfor 自动完成以上计算，然后以文本文件的形式输出裂缝宽度和裂隙两侧块体的相对转角。

4.4 节将给出"一点五块法"的两个实验应用实例。

4.4　岩石试件变形过程的实验观测

4.4.1　实验仪器

实验采用美国 MTS815 型电液伺服岩石力学实验系统，试件尺寸最大直径限制为 100 mm，最大高度为 200 mm，实验选择轴向位移控制方式。数字图像采集系统由尼康 E8800 数码相机（800 万像素分辨率）和两盏 200W 普通白炽灯（图 4-13）组成，采用红外遥控器拍摄照片。

图 4-13　MTS815 实验机与照相量测系统

4.4.2　实验材料

试件采用大理岩，用岩石切割机加工并钻孔制作而成，外观尺寸为 10 cm×10 cm×10 cm。为增强试件表面的图像纹理，采用不同颜色的涂料进行人工制斑。采用灰色大理岩制成单孔试件 2 块，白色大理岩制成单孔试件 2 块、双孔试件 3 块，试件的外围与孔洞尺寸如图 4-14 所示。

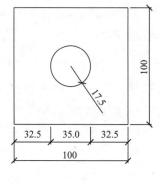
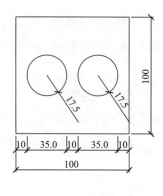

(a) 试件照片　　　　　　　　(b) 单孔试件　　　　　　　　(c) 双孔试件

图 4-14　含孔洞的大理岩试件(单位：mm)

4.4.3　实验过程

(1) 人工制斑，将观察面用黄、黑、蓝、红等各种颜料混合喷涂来制造表面随机斑点。

(2) 安装调试数码相机与布置灯光系统。

(3) 调试 MTS815 实验机系统。

(4) 加载与图像采集，选择轴向位移控制方式，轴向加载，加载速率为 0.002 m/s，轴向位移每隔 0.05 mm 拍摄一张照片，直至试件破坏。为获得图像比例，在第一幅图像采集时，紧贴试件表面搁置一把刻度尺，获得的比例为 0.067 mm/像素(图 4-15)。

(a) 双孔　　　　　　　　　　　　　(b) 单孔

图 4-15　大理岩岩石试件图像比例尺设置

(5) 重复(4)直至试件破坏，结束实验。

实验过程中，峰值应力前后单孔和双孔试件变形破坏照片如图 4-16 所示。

这里强调一点，即在实验过程中一定要做好每张照片对应的实验阶段信息的记录，如轴向位移、加载情况、岩石的变形与破裂等肉眼可以观察到的试件状态信息等。该记录有的由计算机自动进行，有的则需人工记录，目的是确定每张图像与实验阶段的对应关系，以便后期对图像的变形量测结果进行针对性分析。

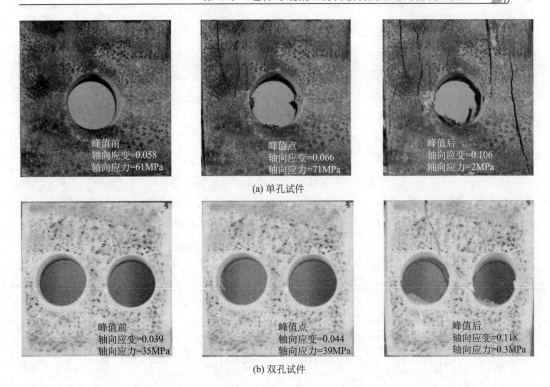

(a) 单孔试件

峰值前
轴向应变=0.058
轴向应力=61MPa

峰值点
轴向应变=0.066
轴向应力=71MPa

峰值后
轴向应变=0.106
轴向应力=2MPa

峰值前
轴向应变=0.039
轴向应力=35MPa

峰值点
轴向应变=0.044
轴向应力=39MPa

峰值后
轴向应变=0.118
轴向应力=0.3MPa

(b) 双孔试件

图 4-16　峰值应力前后单孔和双孔试件变形破坏照片

4.4.4　实验结果

4.4.4.1　单孔试件的表面变形

1) 荷载-位移曲线

在轴向压缩过程中,岩石试件的应力与应变关系曲线如图 4-17 所示。由图中可以看出,在加载初期,曲线斜率较小,表明岩石处于压密阶段,压缩位移增长快于荷载增长,

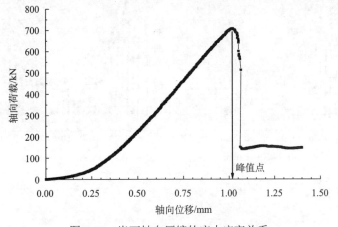

图 4-17　岩石轴向压缩的应力应变关系

当轴向位移 s 达到 0.3 mm 时，斜率增大，且在峰值前基本保持恒定；到达峰值点(s=1.0 mm)时，由于岩石试件承载力达到极限而发生破裂，使得轴向荷载急剧下降，随后在峰后出现小幅上升后又开始下降，表明岩石试件在峰值点突然破坏后的残余强度有一个先升后降的特征，实际上，这一特征对于岩石隧道工程上的启示是，围岩破坏后如能及时进行支护或加固处理，可较大程度地利用围岩的残余强度。

2)表面位移

位移矢量的大小与分布能够较为直观地反映岩石试件的变形特点，图 4-18 为岩石表面位移在峰值前后的矢量分布图。为了能够清晰地反映位移的大小，对图中位移矢量的大小进行了同比例放大，可以看出，峰值前位移的大小基本相近，位移矢量方向以垂直向上为主，侧向位移很小，岩石试件表现为垂直压缩，而到达峰值点时位移场的一个明显特征表现为位移方向的变化，特别是试件右面更为明显，侧向位移明显增大，表明此时有竖向裂隙产生，而在峰后及残余阶段位移方向的变化更为明显，较大的位移主要集中在裂缝区域。

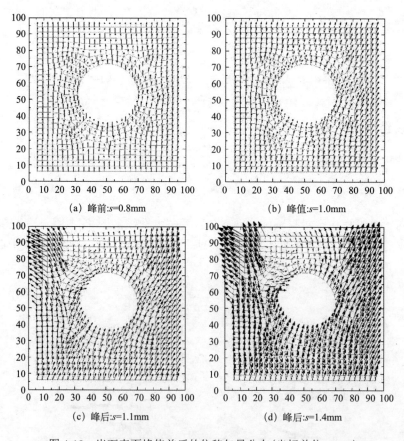

(a) 峰前:s=0.8mm　　　　　　(b) 峰值:s=1.0mm

(c) 峰后:s=1.1mm　　　　　　(d) 峰后:s=1.4mm

图 4-18　岩石表面峰值前后的位移矢量分布(坐标单位：mm)

位移场分布(图 4-19)则更加清楚地反映了位移大小的区域分布特点。峰前位移场分布(图 4-19(a))揭示一个重要信息,孔洞上部区域位移与其他区域的明显差别可以判定峰前不均匀位移已经产生,即局部化变形开始出现于应力峰值前较长一段区域,轴向位移上表现为与峰值点相距至少 0.2 mm,约为峰值点处轴向总位移的 80%。位移场分布图表明,随着轴向位移的增加,由于裂缝的出现和扩展,峰值点与峰后的位移分布主要表现为变形局部化的特点。

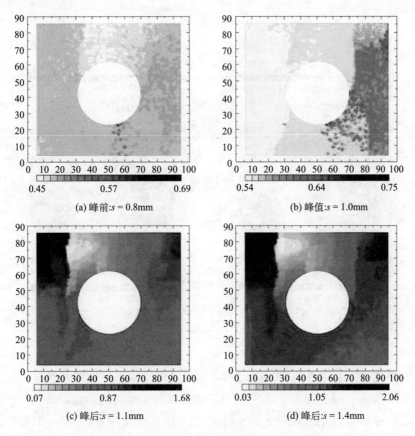

(a) 峰前:s = 0.8mm

(b) 峰值:s = 1.0mm

(c) 峰后:s = 1.1mm

(d) 峰后:s = 1.4mm

图 4-19　岩石表面峰值前后的位移场(坐标单位:mm)

3) 表面应变

一般来说,应变能够更好地反映岩石变形的局部化和破裂特点。峰值前后及残余阶段的岩石表面最大剪应变的分布(图 4-20)清楚地反映了裂缝的产生和演变规律。峰前应变分布表明,此时局部化变形开始出现,根据应变大小和岩石破裂的极限应变可以推断出此时应该有微小裂隙产生,尽管肉眼很难在实验照片上观测到,而这正是数字照相量测对微小变形信息捕捉的优势。在峰值点处,孔洞周围有近似"X"形的剪切带产生,但由于岩石试件的非均质性,在峰后裂隙发展表现为明显的局部化,即并非沿最初的"X"形的剪切带延展,而在孔洞左上和右上部由于拉应力的产生而出现较大的竖向裂缝。在水平拉应力作用下，岩石试件在裂缝的延展方向上主要表现为纵向劈裂的特点。

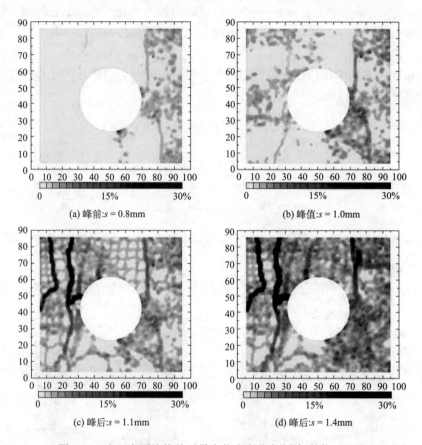

(a) 峰前:$s = 0.8mm$ (b) 峰值:$s = 1.0mm$

(c) 峰后:$s = 1.1mm$ (d) 峰后:$s = 1.4mm$

图 4-20　岩石表面峰值前后最大剪应变分布(坐标单位：mm)

对于应变局部化的演变来说，最大剪应变增量场能够更好地反映新变形产生的区域特点，图 4-21 表明，峰值点处岩石发生明显破裂以后，承载能力急剧下降，产生的局部化变形区域在峰后部分继续扩展而部分则停止(表现为应变增量为 0)，但是有新的局部化变形区域产生(如图 4-21(c)中的孔洞右下斜向约 30°的剪切带)，而在残余阶段则应变增量主要集中在破裂带内，表现为裂缝宽度不断增大，试件承载力下降，随着轴向位移的增加，试件将最终完全破坏。

4) 表面总体变形

为了从总体上了解岩石的变形与破裂演变之间的关系，按公式(4-1)对岩石试件表面的测点的平均位移和平均应变进行了计算，绘制出平均变形与试件轴向位移的关系曲线，如图 4-22 所示。

$$\bar{s} = \frac{\sum_{i=1}^{n} s_i}{n} \tag{4-1}$$

式中，s_i 为测点 i 的变形量；s 为位移、应变、最大剪应变或最大剪应变增量；n 为测点总数；

$\bar{s}$ 为平均变形值。

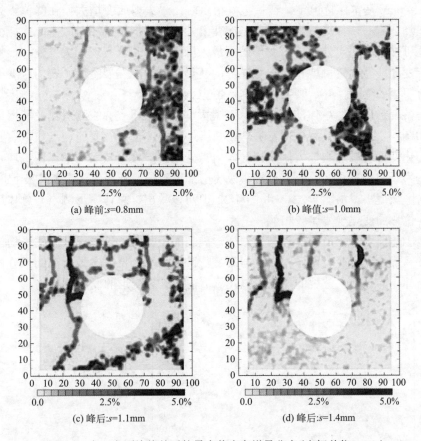

(a) 峰前:s=0.8mm

(b) 峰值:s=1.0mm

(c) 峰后:s=1.1mm

(d) 峰后:s=1.4mm

图 4-21　岩石表面峰值前后的最大剪应变增量分布(坐标单位：mm)

图 4-22(a)表明岩石试件在峰值前后(s=1.0 mm)总位移、竖向位移、水平位移曲线有一定的规律性。峰值以前(s<0.8 mm)，试件为垂直压缩，表现为水平位移基本为 0，垂直位移与总位移曲线重合，而当接近峰值点时，水平位移增长较快，垂直位移增长趋势基本没有变化；峰值以后，裂缝在宽度与长度两个方向不断扩展，但由于两侧水平位移方向相反以及正负抵消作用，表现为总体水平位移并未较快增长，可以认为，平均位移关系能够定量确定应变局部化产生的时间点(s=0.8 mm)，该点和峰值点的距离与到达峰值点时的轴向位移之比为 20%。图 4-22(b)的 x、y 方向的平均应变表明在峰值以前(s<0.8 mm)，总体上 y 方向平均应变接近 0，这一点与实际应该和轴向应变同步增长的预想并不完全一致，原因在于除了岩石试件紧靠上部固定压板之外，其他各测点的垂直位移大小比较接近，因此，结果是合理的。峰值点以后 x 与 y 方向应变表现为台阶式增加，一个可能的原因是试件表面不同区域有裂隙张开与闭合同时发生，因此，某一阶段，总体应变可能保持不变，然后，随着轴向荷载增加，总体应变继续增大。这一变形特点的发现也是总体变形统计方法的作用之体现。

相对而言，最大剪应变更能直观地反映岩石变形破裂的特点。由图 4-22(c)在轴向加载初期(s<0.3 mm)最大剪应变呈线性增长，随后应变小幅下降后并在一定范围内(0.2 mm<s<0.8 mm)基本保持恒定，在接近峰值点时，最大剪应变增大，在峰值点处，剪应变急剧增加，岩石试件局部破裂后，剪应变继续增加，但增幅相对减小。由应变曲线的斜率变化可知，峰值点处的岩石变形破裂最为剧烈，宏观上表现为突发性。显然，平均最大剪应变曲线能够定量地表征岩石试件的变形与破裂的发展阶段，在剪应变的增量峰值前后有明显的变化，峰后则表现为基本恒定。

为考察变形破裂的总体演变特点，对最大剪应变大于 5%的测点数及其增量进行了统计，如图 4-22(d)所示。结果表明，在峰值点附近，较大应变的测点数量急剧增加，说明局部化变形区域急剧扩大，增幅在峰值点处达到最大，然后局部化区域增幅逐渐减小，应变大于 5%的测点增量趋于零，说明局部化破裂变形最终主要集中在已有的破裂区，新增区域变小。由图 4-22(c)和图 4-22(d)可以看出，总体变形测点与总体最大剪应变随轴向位移的变化规律比较相似。

综上所述，由总体平均变形与岩石变形破裂的相关性可以看出，总体平均位移、平均应变以及最大剪应变可以作为表征岩石变形破裂阶段的特征参数，有助于分析确定岩石变形局部化的起点、破裂的发生点以及峰值前后破裂变形的发展规律。

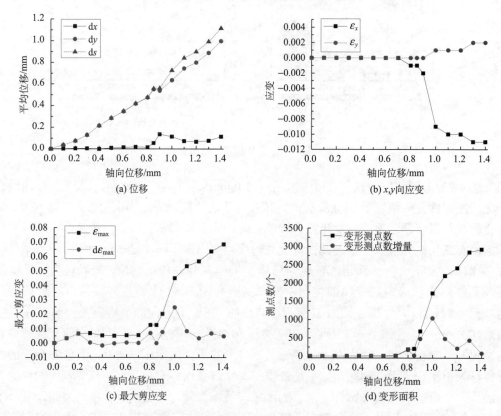

图 4-22　总体平均变形与轴向位移的关系曲线

4.4.4.2　双孔试件的表面变形

1)荷载-位移关系曲线

试件单轴压缩过程中的荷载-位移关系曲线如图 4-23 所示。由图中可以看出，含有双孔的岩石试件的应力-应变曲线形态可以划分为 5 个阶段：①由于岩石内的微裂隙在外力作用下逐渐闭合的 AB 压密阶段；②压密完成后的 BC 弹性变形阶段；③岩石应力接近和超过其屈服应力的 CD 塑性变形阶段；④应力峰值以后的 DE 脆性快速破坏阶段；⑤残余应力变形 EF 阶段。此外，由 DE 台阶形的曲线形态可以推断岩体在破坏过程中呈现出"破裂-应力下降""压密-应力恒定或微增"和"再破裂-应力再降"的渐进性特征，这一现象对于工程的指导意义可以理解为尽管岩体在峰值以后产生破裂，但并未很快失去承载力。因此，如能通过及时支护来阻止其继续变形，则有可能将岩体应力维持在一个较高水平，从而避免因变形持续发展而导致岩体承载力急剧下降以致工程最终失去稳定性。

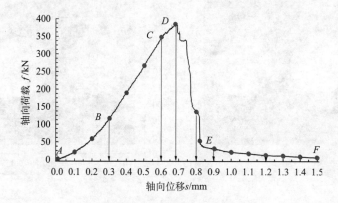

图 4-23　岩石试件的荷载-位移曲线

图 4-24 为峰值应力前后试件变形破坏的两幅图像，可以看出，峰值以后岩体出现了明显的裂缝，但从照片上很难看出峰值处的孔洞周围岩体是否出现破裂，却可以发现左孔洞的左侧内壁出现了明显的破裂脱皮现象。

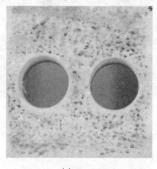
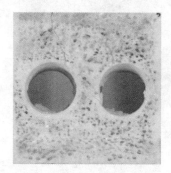

(a) s=0.7 mm　　　　　　　　(b) s=1.2 mm

图 4-24　峰值应力前后双孔试件的变形破裂照片

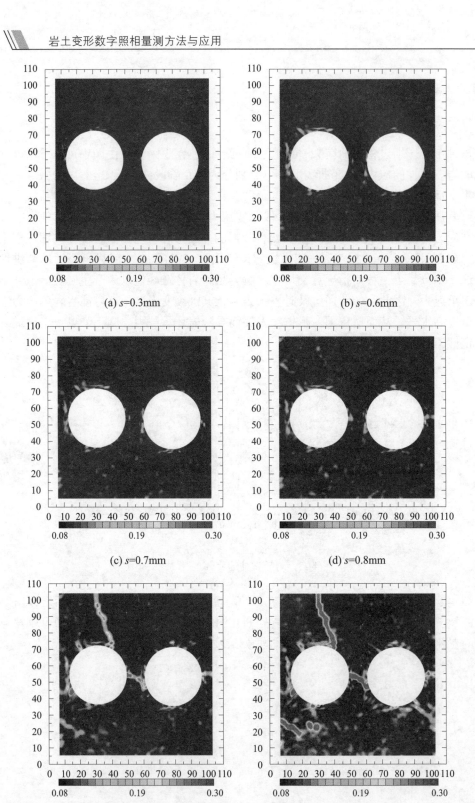

(a) s=0.3mm　　　　　　　(b) s=0.6mm

(c) s=0.7mm　　　　　　　(d) s=0.8mm

(e) s=0.9mm　　　　　　　(f) s=1.2mm

图 4-25　岩石表面的最大剪应变场(坐标单位：mm)

2) 岩石表面动态裂隙的发展演变

在位移加载的应力峰值前后 6 个阶段(图 4-23 中的箭头所指)的岩石表面最大剪应变场如图 4-25 所示。由图中可知，在压缩过程中，较大变形首先出现在孔洞周围，然后是上部及孔洞之间。此外，实验结果表明，在图 4-25 所示的宏观上岩体整体变形处于压密及弹性阶段，但局部区域，尤其是孔洞壁边已经出现较大变形，特别是在接近峰值附近(s=0.7 mm)，孔洞壁边产生较大的剪应变。可以推断此时裂缝已经产生，而贯穿左孔洞上部和孔洞之间的裂隙此时还未完全形成。由此可以说明，在应力峰值点处，岩体因局部出现裂隙而使承载力不再继续增长，但即便是过了峰值点后的某点(s=0.8 mm)，几条最终贯通的裂隙此时还没有贯通，也即峰值点前后岩体的结构破坏并不严重。同时发现，岩体在峰值附近出现局部较大的剪应变，而岩体结构的严重破坏时间点则主要在接近残余应力阶段(s=0.9 mm)而不是峰值前后。

3) 岩石表面的局部变形特点

为了通过定量分析来考察岩体在峰值前后的位移变化特征，同时试图获得孔洞周围位移与岩体内部裂隙衍生之间的关系，如图 4-26 所示，在岩体变形网格上的孔洞周围及裂隙附近选择几个点绘制出测点位移与试件轴向位移之间的关系曲线，如图 4-27~图 4-29 所示。由图中可知，各点的水平位移和竖向位移在应力峰值以前基本相同(除 2 点外)，说明此段时间内的岩石在压密和弹性阶段表现为整体均匀变形的特征。而在峰值以后，根据裂隙的产生与否，不同区域的位移量值有所不同，特别是测点 5~8 和点 12、13 在峰值以后由于岩体贯通裂隙的产生使得右半部岩体几近切断，因此位移明显比其他各点都大。

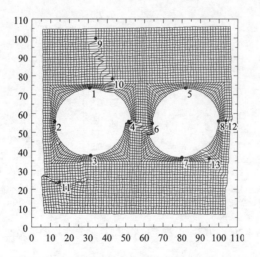

图 4-26　岩体表面测点的选择位置(单位：mm)

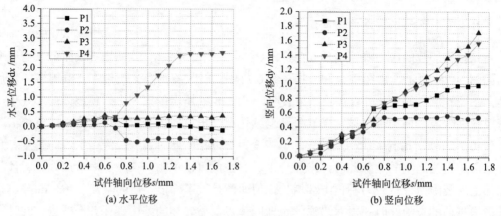

(a) 水平位移

(b) 竖向位移

图 4-27　左孔测点位移-试件轴向位移的关系曲线

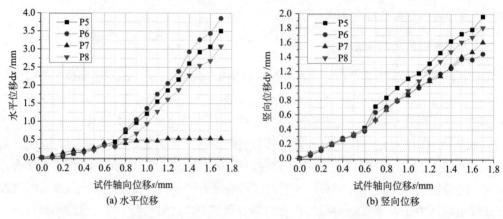

(a) 水平位移

(b) 竖向位移

图 4-28　右孔测点位移-试件轴向位移的关系曲线

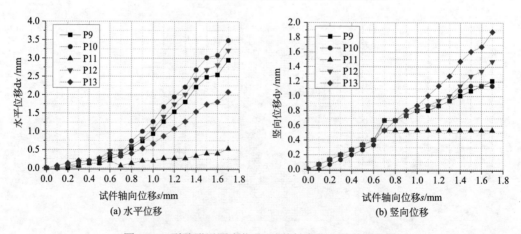

(a) 水平位移

(b) 竖向位移

图 4-29　裂隙附近测点位移-试件轴向位移的关系曲线

　　此外，尽管在工程中隧道拱顶或边墙位移变化速率的异常可以作为围岩稳定性异常的征兆，但围岩内部的变化与洞壁位移速率的变化发生的时间先后关系并不十分清楚。而从实验结果可以看出，洞壁位移与裂隙附近位移速率都是在应力峰值点附近

(s=0.7 mm)发生突变，说明孔洞壁边位移和岩体内部裂隙的发生时间具有一致性。当然，实际工程中，洞壁位移的变化与岩体内部变化不是一对一的简单关系，但相关问题可以借助 DSCM 进行深入研究，意义在于可望通过掌握洞壁表面位移与岩体内部变化的关系与规律，找到一种岩体内部的结构破裂或地质情况变化的预测方法，从而为工程施工过程中的安全控制服务。

4) 裂隙张开分析

为检验上述裂隙识别方法，在岩石试件最后一张实验照片上的几条裂隙两侧各选择几组裂隙标识点，每组标识点连线尽量与所在位置的裂隙或裂缝走向垂直，如图 4-30 所示。根据 PhotoInfor 图像分析，对于裂隙标识点在几个实验阶段的位置追踪结果如图 4-31 所示(图中 s 表示轴向压缩位移)。可以直观地看出，实验过程中，各组裂隙标识点距变化和标识点间错动，有的变化比较明显，如 P1-P2、P3-P4、P13-P14、P15-P16，其中 P1-P2、P3-P4 和 P13-P14、P15-P16 错动方向完全相反；有的变化相对较小，如 P5-P6 和 P7-P8。

图 4-30　裂隙标识点的选择

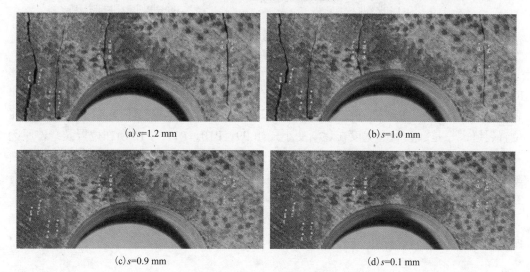

(a)s=1.2 mm　　　　　　　　　　　　(b)s=1.0 mm

(c)s=0.9 mm　　　　　　　　　　　　(d)s=0.1 mm

图 4-31　裂隙标识点的位置追踪

根据各组裂隙标识"点对"在整个实验过程中的距离变化(或裂缝宽度)和角度转动，绘制出曲线，如图 4-32 和图 4-33 所示。

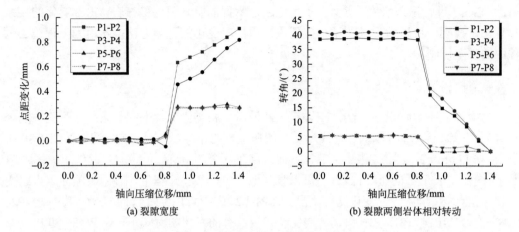

(a) 裂隙宽度   (b) 裂隙两侧岩体相对转动

图 4-32   动态裂隙宽度与错动的识别结果 A

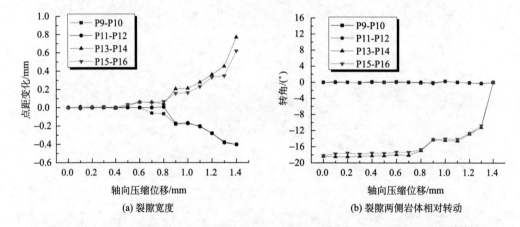

(a) 裂隙宽度   (b) 裂隙两侧岩体相对转动

图 4-33   动态裂隙宽度与错动的识别结果 B

由图 4-32 和图 4-33 可以看出，裂隙出现在峰值压力附近，随后随着轴向压缩位移的增加，裂隙宽度的变化分为 3 种情况：一是裂隙宽度继续增加，如 P1、P2、P3、P4 和 P13、P14、P15、P16 所在位置的裂缝；二是裂隙宽度基本保持不变，如 P5、P6 所在位置裂缝；三是部分裂缝宽度在逐渐变小，如 P9、P10、P11、P12 所在位置裂缝，原因可以推断为该处裂缝两侧块体发生了类似断层上下盘的错动现象，裂隙两侧的点距不断减小。对于裂隙两侧块体的错动方向，从图上可以清楚地看出，转动方向的变化主要有 3 种，即顺时针、逆时针和基本不变。

研究结果表明，利用"一点五块法"或动态裂隙识别方法，可以对岩体裂隙宽度和两侧块体错动的形式与发展规律进行定性与定量分析。

4.5　混凝土试件变形演变过程观测

混凝土试件所用实验系统与实验过程和岩石试件的实验基本相同，这里仅对实验材料和实验结果作一说明。

4.5.1　实验材料

混凝土试件质量配合比为荷载水泥：水：砂子：石子=0.6：1：2.1：4.3。为增强试件表面纹理特征，实验前利用黄、黑、蓝、红等多种颜料，在试件观测面上人工制造一些纹理，如图 4-34 所示。

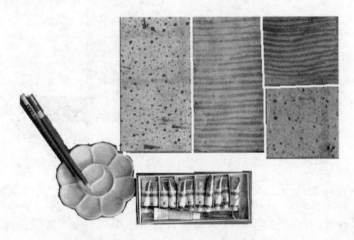

图 4-34　混凝土试件表面的人工制斑纹理制作

4.5.2　实验结果

以 100 mm×100 mm×100 mm 立方体混凝土试件为例，给出变形观测实验结果。图 4-35 是两幅在峰值点附近(轴向位移 s=1.2 mm)和峰后(s=1.6 mm)的实验照片，其中，峰

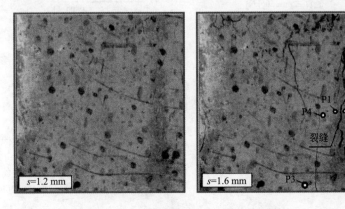

图 4-35　荷载峰值前后混凝土试件照片

后照片上标注的 P1 和 P2 点分别位于裂缝两侧，而 P3 和 P4 点则位于试件底部和中部，用于下文局部点位移发展过程的定量分析。分析图像轴向位移 s 的范围为 0~1.7 mm，每隔 0.5 mm 取一幅图像，共 35 张数字照片；在 PhotoInfor 中，图像测点间距取 25 个像素，共计 3248 个测点，亚像素搜索间距设为 0.1 个像素，图像分析范围如图 4-36 所示。

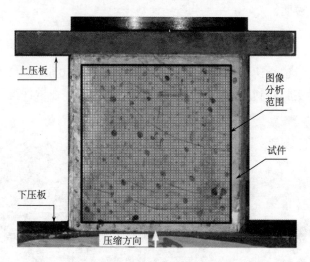

图 4-36　混凝土表面图像分析范围

4.5.2.1　荷载−位移曲线

混凝土试件的轴向荷载与轴向位移关系曲线如图 4-37 所示。实验图像直接观察结果表明，在峰值荷载（506 kN）到达以前，混凝土试件表面变形比较均匀，没有明显裂纹出现；而接近峰值荷载时，试件中上部及边界附近开始出现裂纹，即试件开始出现破坏，但强度并未立即下降；到达峰值点时，裂纹开始扩展为裂缝；峰值点以后，裂缝增多并且不断扩展，试件局部出现表层剥落，横向边界开裂掉块，混凝土试件强度迅速降低，直至最终完全破坏。

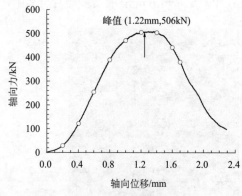

图 4-37　试件压缩的荷载−位移曲线

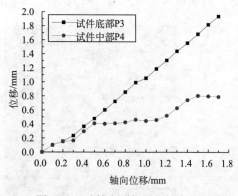

图 4-38　试件表面位移与轴向位移曲线

4.5.2.2　位移量测

为检验位移量测效果，在试件底部和中部选择两个代表点（见图 4-35 中的 P3 和 P4），绘制出两点位移与试件整体轴向位移之间的关系，如图 4-38 所示。结果表明：①试件底部点的位移大小与轴向位移基本同步，呈线性关系；②中部位移与轴向位移呈非线性关系；③试件底部和中部位移在初期基本同步，而中后期，由于下压板向上移动而上压板固定，加上试件裂缝的出现以及横向边界没有约束，使得底部位移较大，而中部位移较小，且表现为非线性关系。

试件表面在峰值（s=1.2 mm）及峰后（s=1.6 mm）两个代表阶段的位移矢量如图 4-39 和图 4-40 所示。在峰值附近（图 4-39），总体位移矢量分布相对比较均匀，局部变形较大而且出现裂缝，位移矢量与总体分布有所差别。图 4-40 清楚地反映出在裂缝附近与其他区域位移量的大小和方向有着明显的区别。需要说明的是，由于试件上下压板不是绝对固定不动的，上压板在峰值前向左上方发生了比较明显的偏斜，表现在混凝土试件表面位移矢量总体上偏向左上方。

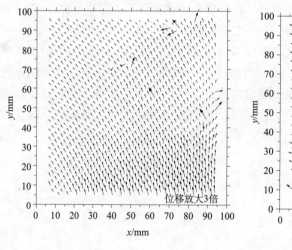

图 4-39　峰值混凝土表面位移矢量场

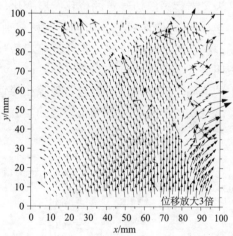

图 4-40　峰后混凝土表面位移矢量场

4.5.2.3　应变量测

应变分布能够直接反映试件局部化变形及裂缝的分布区域。试件表面在峰值荷载点（s=1.2 mm）及峰后（s=1.6 mm）两个代表阶段的最大剪应变分布如图 4-41 和图 4-42 所示。从图中可以看出，试件表面的应变场和峰值附近及峰后裂缝出现的位置和范围等分布特征。

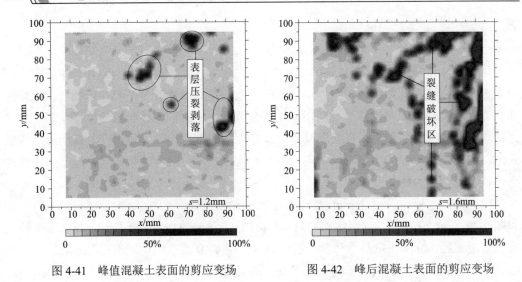

图 4-41　峰值混凝土表面的剪应变场　　　　图 4-42　峰后混凝土表面的剪应变场

4.5.2.4　裂缝量测

为了考察裂缝边缘点的位移发展变化，在裂缝两侧选择两点（见图 4-35 中的 P1 和 P2），绘制出总位移和 x、y 方向的位移与轴向位移关系曲线，如图 4-43 所示。图 4-43(a) 表明裂缝两侧边缘总位移大小及变化趋势基本相同，而图 4-43(b) 和图 4-43(c) 更加清楚地表明局部变形或裂缝的演变过程，x、y 方向位移在轴向位移 $s=0.9$ mm 时开始发生方向上的背离，清楚地反映出岩石裂隙在峰值以前已经开始出现，然后，裂隙宽度逐渐扩大。这些实验结果可为混凝土裂缝的发展过程及其相关力学特性的定量研究，提供参考实验数据。

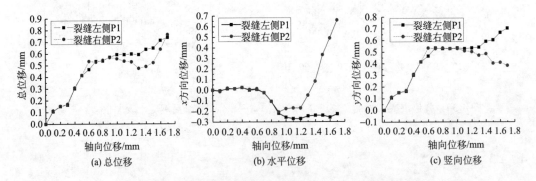

图 4-43　混凝土裂缝边缘位移与轴向位移的关系曲线

实验研究表明：①数字照相量测能够准确量测混凝土表面位移的大小和方向，是混凝土材料变形观测中一项先进有效的试验量测手段；②通过对混凝土实验各阶段变形场的云图绘制和分析，能够准确测定混凝土表面的变形场分布及其产生、发展和演变过程；③通过混凝土试件表面位移-轴向位移曲线图，可以实现测点位移的定量分析，并获得裂缝发生的时间及其演化过程。

4.6　本　章　小　结

(1)基于裂隙的分布特征，提出了"一点五块法"，解决了含裂隙岩体变形 DSCM 的准确识别和高精度量测问题，巩固了其在岩石力学实验中的优势地位。

(2)"一点五块法"可以作为通用 DSCM 的精度提高算法，不仅适用于含动态裂隙的岩石类材料的变形量测，也适用于混凝土等其他材料的高精度变形分析。

(3)DSCM方法能够对岩石变形破裂的特点进行全程有效捕捉，并能有效观测到岩石变形局部化的起点和范围，有助于加深对岩石基本力学特性的全面认识。

(4)基于图像相关分析的裂隙识别法，相对二值化方法，能够有效分析裂隙宽度的动态变化，有助于研究岩石与混凝土材料裂隙的动态演变过程与发展规律。

第5章

基于岩土材料非均匀与渐进变形特征的快速分析法

岩土材料几乎都具有时空非均匀变形特征，同时对于砂土类材料又具有渐进变形的显著特征。本章基于对岩土材料变形特征的观察与分析，提出了两种数字散斑相关快速优化分析方法，即"测点动态范围搜索法"（PDSS）和"局部定向搜索法"（LPDR）。两种方法的本质都是通过大幅减少在岩土材料 DSCM 相关分析中像素点的搜索数量来大幅提高图像分析速度，解决了岩土材料变形量测中的快速分析问题。本章将对 PDSS 和 LPDR 方法的基本原理、适用条件以及运算速度与精度进行分析与讨论，旨在进一步提高 DSCM 方法在岩土工程试验研究领域的应用技术水平。

5.1 岩土材料的时空非均匀变形特征

由于岩土材料的颗粒组成以及结构面的成因、尺寸、产状、密度和力学性质的不同，加上所处应力环境的差异，在外荷载作用下，其变形一般都具有时空非均匀性特征。岩土材料的变形按其时间发展变化特点可分为渐进型和突变型两大类。变形过程通常先发生渐进变形，然后产生突变，即在载荷不大的情况下，岩土材料会经历一个位移较小且历时较长的变形阶段；载荷达到一定条件后，发生快速且位移较大的变形。由于岩土材料自身性质的差异以及应力场空间分布状况的不同，岩土材料的局部化变形特征通常都比较显著。

岩土材料的上述时空非均匀变形特征在实验过程中也得到了很好的验证，例如，在岩石试样的单轴压缩实验中，如前文图 4-17 所示，在载荷作用初期，载荷-位移曲线的斜率较小且逐渐增大，随着载荷的增加，曲线斜率渐渐趋于稳定，当承载力达到峰值极限时，轴向位移快速增加，岩体发生破裂而出现裂隙。在利用相似材料进行的岩土模拟实验中，如图 5-1(a)所示，随着实验阶段的推进，材料各部分的位移变化均呈现由渐进变形转为突变式变形的趋势特点，显示出变形随时间分布的不均匀性。在砂土材料的地基承载力实验中，如图 5-1(b)所示，基础区附近的位移值较大，且随着距离的增加，位移量呈现逐渐消减的趋势。这三组岩土材料实验说明了岩土材料变形在时间及空间上非均匀特征的普遍存在。

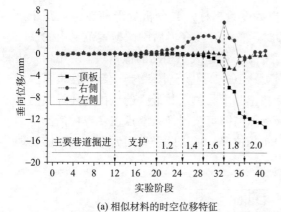

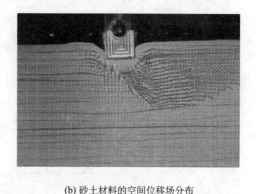

(a) 相似材料的时空位移特征　　　　　　　　　(b) 砂土材料的空间位移场分布

图 5-1　岩土材料的时空非均匀变形特征

5.2　岩土材料的渐进变形特征

如前文所述，岩土材料的变形可分为渐进型和突变型两大类。岩土材料从变形到破坏的全过程通常是先发生渐进变形然后产生突变大变形直至破坏。对于砂土类材料来说，渐进变形特征比较明显而且延续时间相对较长，然后在外荷载继续作用条件下，可能会发生局部剪切滑动等大变形；而对于岩石类脆性材料来说，渐进变形通常发生在弹塑性阶段，持续不断的高压加载条件下，初期变形量(应变)相对较小，然后，可能会发生突然断裂等突变型变形。岩石突变前后的位移变化特征相对比较复杂，这里主要以砂土材料为对象来研究岩土材料渐进变形阶段的 DSCM 快速优化问题。从图 5-2 可以看出，砂土材料在变形中，测点位移大小和方向，在某个较小的时间范围或较小的外部荷载作用下，是有一定规律的，如图 5-2(c) 相对于图 5-2(b) 的一定区域砂土的位移总是沿着某个方向趋势变化，而且角度变化较小，位移大小和方向的变化比较平缓，具有明显的渐进特征。

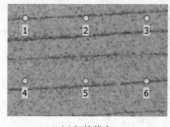

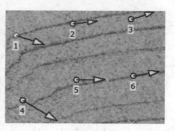

(a) 初始状态　　　　　　　(b) 时点 A　　　　　　　(c) 时点 B

图 5-2　砂土材料的渐进变形特征

5.3　数字散斑相关分析的基本算法

DSCM 的核心是在变形前后的两幅图像上如何通过图像分析来准确识别出对应像素点的坐标变化，其基本原理第 2 章已有详细阐述，这里如图 5-3 所示再简要说明一下。

图像相关性的判别原理是以相关系数作为度量指标，当分析变形前图像上某个点 P_i（这里称为参考点）在变形后图像上的位移时，首先，以变形后图像搜索范围内的任一像素点 P_d（这里称为考察点）和参考点 P_i 为"中心"构建大小相同的像素块，两个像素块所有像素 RGB 灰度值的相关系数采用第 2 章公式 (2-21) 进行计算；当计算完搜索范围内所有考察点与参考点 P_i 的相关性系数以后，找出其中相关系数最大的点作为要寻找的目标点；最后，通过计算参考点与目标点的坐标差值即可获得像素测点在变形前后的像素位移，以此为基础，通过坐标转换可以获得实际位移，再借助于有限元等方法能够实现应变的进一步计算与分析。

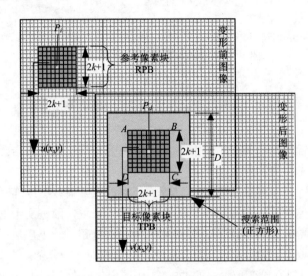

图 5-3   DSCM 图像相关性计算原理图

5.4   基于岩土非均匀变形的 PDSS 方法

5.4.1   测点动态范围搜索法原理与程序

5.4.1.1   前提条件

测点动态范围搜索法（以下简称 PDSS）的基本思想是依据岩土材料变形时空非均匀性特征，在两幅对比分析图像之间，位移大的像素点采用大的搜索范围，位移小的像素点采用小的搜索范围。以此解决图像上任一点 P_i 的最佳搜索范围确定问题，通过缩减大量的小位移像素点的搜索范围来大幅减少图像相关搜索像素点的数量，从而大幅提高图像分析速度。

DSCM 中的 PDSS 总体分析两大步骤如下：

第 1 步：先在图像上划分一个涵盖实际分析范围的测点间距较大的网格（这里简称参考网格），在测点搜索范围的确定方面同传统方法，即所有像素测点均采用相同的搜索范围。

第 2 步：利用第 1 步分析结果作为实际测点网格分析的参考网格，参考网格单元(网格单元这里定义为在一个测点网格中，由 4 个网格节点组成的四边形，该四边形同时满足其内部或边界上没有其他网格节点的条件)。节点的最大位移作为网格单元内测点的搜索范围，然后进行快速分析。

由 PDSS 的分析步骤可以看出其适用条件为：在两幅相邻图像的分析区域中，任意四边形区域内像素测点的 x 和 y 向位移均不大于该四边形 4 个顶点的 x 和 y 向的最大相对位移。如有个别测点不满足这一条件，则仅仅影响个别测点的分析精度，总体影响不大。试验验证结果表明，几种常用的岩土材料基本上都能够很好地满足这一适用条件。

5.4.1.2　基本原理

PDSS 的关键是如何根据本幅图像的参考网格来确定本幅图像测点在下一幅图像上的最佳搜索范围。传统的搜索方法，所有测点均采用相同且固定不变的大搜索范围，而 PDSS 仅仅搜索常规范围内的小部分区域，从而大幅缩短了搜索时间。

PDSS 的基本原理是：首先，图像上所有像素测点采用相同的搜索范围进行分析，获取参考网格数据，如图 5-4 所示，假设第 k 幅实验图像上有一测点 P_i，在外荷载作用下，随着图像区域变形，移动到第 $k+1$ 幅图像的位置，产生的位移为 d_s；然后通过采用"点是否在四边形内部或边界"的几何判别方法确定 P_i 所在的参考网格 $P_1P_2P_3P_4$，将 P_1、P_2、P_3、P_4 四个节点 x 和 y 方向的最大位移值作为 P_i 在第 k 幅图像上的搜索范围值。

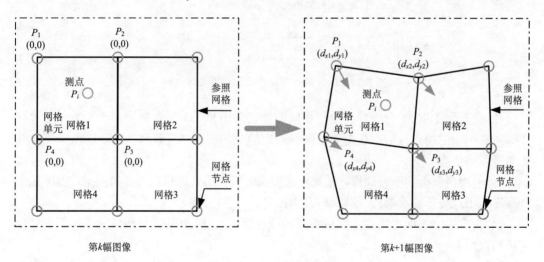

图 5-4　PDSS 原理示意图

5.4.1.3　基本算法与程序实现

如图 5-5 所示，PDSS 法的基本算法步骤如下：

(1)在序列图像中的第 1 幅图像上选定一个大于后续实际分析的像素测点范围，然后选定一个较大的像素测点间距来划分初始网格；

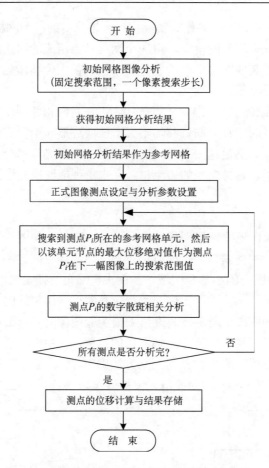

图 5-5 PDSS 基本算法步骤与功能实现流程

(2)在开始 DSCM 分析前，设定相同的搜索范围和一个像素的搜索步长，然后进行全部序列图像的测点分析，获得的各图像对应的变形测点网格数据作为后续实际图像分析的参考网格；

(3)利用待分析的序列图像，重新建立图像分析项目，选择使用参考网格，由图像分析程序在正式分析前读取到计算机内存中；

(4)在第 1 幅图像上的参考网格覆盖的图像范围内部，以某一个网格测点间距来划分实际测点网格；

(5)对于实际测点网格中任意一个网格节点 P_i（即测点），采用"点是否在四边形内部或边界"的几何判别方法，扫描分析计算机内存中所有参考网格数据，找到测点 P_i 所在的参考网格单元（如 $P_1P_2P_3P_4$）；

(6)计算 P_i 所在的参考网格单元的 4 个节点在第 $k+1$ 幅图像上 x 和 y 方向的最大位移绝对值 d_{max}（$d_{max}=\max\{|d_{x1}|, |d_{y1}|, |d_{x2}|, |d_{y2}|, |d_{x3}|, |d_{y3}|, |d_{x4}|, |d_{y4}|\}$），然后，将该位移值作为第 k 幅图像上像素点 P_i 在第 $k+1$ 幅图像上的搜索范围；

(7)采用数字散斑相关搜索方法，分析获得测点 P_i 在第 $k+1$ 幅图像上的位置坐标，通过比较测点 P_i 在第 k 幅和第 $k+1$ 幅图像上位置坐标的差值计算出 P_i 的位移；

(8)在第 k 幅图像选择新的像素测点，进行(5)～(7)三个步骤的循环，直到所有实际分析网格中的网格测点分析完毕，即可获得全部像素测点的位移数据。

根据 PDSS 算法与功能实现流程图，在 PhotoInfor 中，将"测点动态范围搜索法"作为一种通用优化分析选项供用户选择使用，如图 5-6 所示。当用户勾选"启用逐个测点动态范围搜索法（PDSS）"时，如果没有准备好参考网格数据，程序会自动给出提示。

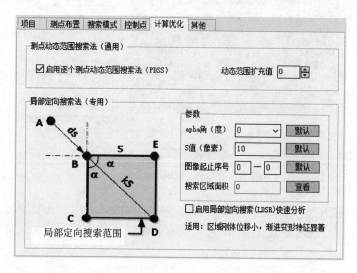

图 5-6　PhotoInfor 软件中测点动态范围搜索法选项

5.4.1.4　分析效果

为测试 PDSS 法在 DSCM 中的分析效果，分别采用普通方法和 PDSS 法对同一组岩石材料的 12 张试验图像进行了分析对比，结果如图 5-7 所示（图 5-7(b)中的测点网格包含在参考单元网格中）。通过对比可以直观看出，PDSS 法与普通方法所得到的位移分析

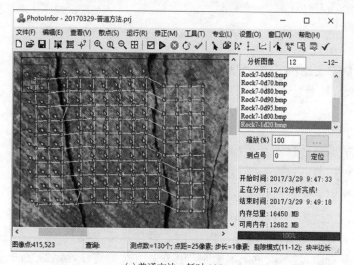

(a)普通方法，耗时 105 s

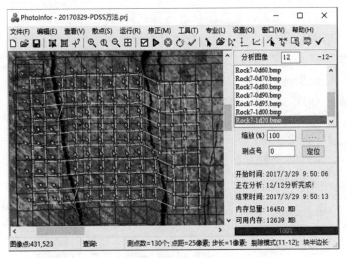

(b) PDSS 方法，耗时 7 s

图 5-7　PDSS 方法测试分析效果

结果完全相同，仅在分析速度方面存在明显差别，PDSS 方法的计算速度是普通方法的
15 倍。由此可见，PDSS 法在 DSCM 的应用中可在保证分析准确性的前提下大幅提高图
像分析的速度。

5.4.2　PDSS 法的速度分析

由于在实际 DSCM 图像分析工作中，针对一组序列图像使用相同参考网格，通过调
整参数和针对不同分析需求往往要进行多次分析，参考网格由于网格点数量较少，本身
分析时间较短，同时实际项目分析随着分析次数的增加，参考网格分析时间所占比重甚
至降低到可以忽略不计。因此，这里并没有将参考网格点的计算时间统计在内，对 PDSS
速度的考察影响不大。为定量分析 PDSS 法分析与普通方法的分析速度提高的倍数 N，
可按以下简单公式进行计算。

$$N = \frac{t_1}{t_2} - 1 \tag{5-1}$$

式中，N 为 PDSS 法图像分析速度提高倍数；t_1 为普通方法图像分析耗费总时间；t_2 为
PDSS 法图像分析耗费总时间。

5.4.2.1　速度与材料类型的关系

不同类型的岩土材料在荷载作用下，由于自身物理力学性质的差异，其变形区域与
变形过程的时空均匀性特征大不相同。为对比 PDSS 方法在不同岩土材料中的分析速度，
选取三种常用的岩土实验材料——岩石、砂土和相似材料，分别应用普通法及 PDSS 法
进行对比分析，主要计算测试软硬件环境为 64 位 Windows 10 操作系统、酷睿
i7-4770CPU（3.4GHz）、16GB 内存、1TB 固态硬盘和集成显卡。

在普通法分析中，固定搜索范围通常也是采用人工估算设定的方法。由于过大或过小的搜索范围都将会影响对 PDSS 速度的准确考察，为消除人为估算的影响，采用 PhotoInfor 软件提供的一种最佳半径自动计算功能而非人为估算，来较为准确地确定普通法中的固定搜索范围参数。在三种岩土材料的图像分析过程中，测点分别取 5000 点与 10 000 点，正方形像素块大小统一取 21 像素×21 像素，亚像素参数均取 1 个像素，在 PhotoInfor 软件运行获得单个测点分析时间，经进一步计算绘制总体速度分析结果曲线如图 5-8 所示。由图中可知，应用普通方法和 PDSS 方法的岩石、砂土及相似材料的单测点分析时间分别分布于 0.1~0.2 s 区间和 0.002~0.02 s 区间内，相对于普通方法，PDSS 方法的分析速度提高了 8~17 倍。由此可见，PDSS 方法能够解决具有时空非均匀变形特征的岩土材料数字散斑相关快速分析问题。

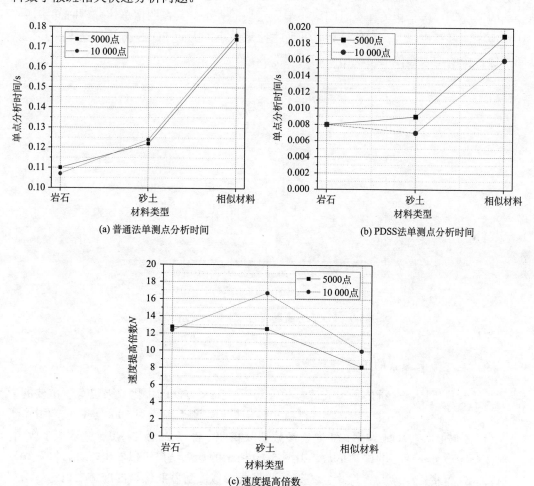

(a) 普通法单测点分析时间　　　　　　(b) PDSS法单测点分析时间

(c) 速度提高倍数

图 5-8　岩石、砂土与相似材料的 PDSS 分析速度

　　在不同的岩土材料应用中，PDSS 法分析速度之所以有所差别，主要原因在于不同的材料其时空变形的特点有所不同。一般来说，PDSS 法对于不同岩土材料变形分析的速度提高程度与岩土材料局部化大变形的区域和大变形的阶段所占比例成反比。

5.4.2.2　速度与像素块的关系

像素块的大小是数字散斑相关搜索过程中的一个关键参数。为分析 PDSS 法分析速度与像素块大小的关系，选取岩石与砂土材料，测点数均为 5000 点，亚像素参数均取 1，正方形像素块边长分别取 21 像素、25 像素、29 像素、33 像素、37 像素、41 像素及 45 像素(仅岩石)，分别计算得到的图像分析速度提高倍数如图 5-9 所示。从图中可以看出，应用 PDSS 法进行图像分析，岩石材料计算速度提高 13~26 倍，砂土材料可提高 13~36 倍，且随像素块增大，提高倍数呈现先增加后趋于平缓的趋势。原因应该是 DSCM 中图像分析的总时间是像素块相关性计算时间与图像预处理和计算等时间之和，在搜索范围相同的情况下，像素相关计算时间取决于像素块的大小，其在图像总体分析时间中所占比重很大，像素块越大，其他分析时间所占比重越小，因而 PDSS 方法的速度提高倍数随着像素块的增大总体上呈现出渐趋稳定的态势。

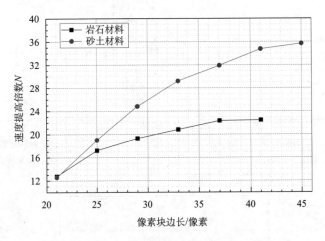

图 5-9　PDSS 分析速度与像素块的关系曲线

5.4.2.3　速度与亚像素的关系

亚像素作为图像分析的另一关键参数，对于 PDSS 方法的优化效果也有着重要的影响。为分析此种影响关系，选取岩石材料和砂土材料，测点数均为 5000 点，正方形像素块大小均为 21 像素×21 像素，亚像素参数则取 0.1 像素、0.25 像素、0.5 像素和 1 像素，分别计算图像分析速度的提高倍数，由图 5-10 所示的计算结果可以看出，岩石材料和砂土材料的速度提高倍数与亚像素的关系曲线形式近似，随着亚像素的增加，PDSS 法相对于常规法的速度提升倍数近似于线性增长，当亚像素参数较小时，PDSS 法的分析速度的提升并不明显，但随着亚像素参数值的增加，分析速度提升倍数快速增长，当亚像素参数为 1 时，分析速度可提高 10 倍以上。主要原因在于亚像素的分析过程实际上是由两部分组成，首先是在搜索范围内按 1 个像素的步长进行搜索，找到相关性系数最大的像素点后，再按实际亚像素参数对该像素点分割(如亚像素为 0.1，则 1 个像素点纵横分割成 100 块)后进行插值与相关性计算，像素分割数量越多，这一部分的计算时间增加占总时间的比重越大,而增加的时间对于普通方法和 PDSS 方法则相同,因此,分析速度相对提高的倍数越小(当亚像素为 0.1 时大约提高 75%),但相对于普通方法来说分析速度仍然有明显的提升。

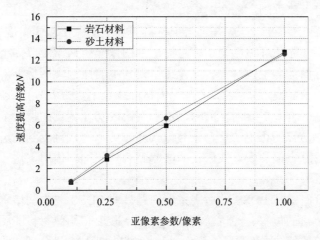

图 5-10　PDSS 分析速度与亚像素的关系曲线

5.4.2.4　结合"一点五块法"的速度分析

为了考察 PDSS 在前述用于岩体裂隙 DSCM 分析的"一点五块法"或裂隙法的分析速度,选取岩石材料,测点数为 5000 点,正方形像素块大小为 21 像素×21 像素,亚像素参数取 1 来进行计算,分别求取单独应用普通法和 PDSS 以及与"一点五块法"相结合的分析时间。由图 5-11 所示的结果可以看出,以普通法计算时间为基准,PDSS 法与"一点五块法"相结合的分析速度提高了 5 倍,尽管没有 PDSS 单独使用提高的倍数高(13 倍),但相对于单独使用"一点五块法"(−0.4 倍,一点五块法的计算量比普通方法大,因此速度没有提高而是降低了)来说,图像分析的速度仍有显著提高(5.4 倍)。可见,PDSS 与"一点五块法"的结合在提高计算精度的同时,既能有效消除由于岩体裂隙所产生的位移分析误差,又能有效提高 DSCM 的图像分析速度。

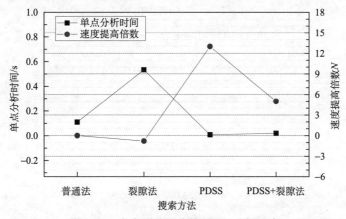

图 5-11　考虑裂隙影响的 PDSS 分析速度

5.4.2.5　量测精度问题分析

试验研究发现，PDSS 方法除了能够大幅提高岩土材料变形的图像分析速度之外，在一定情况下还可以"抑制"图像测点位移分析的误差或错误(图 5-12)，从而有助于同时提高 DSCM 量测的精度。原因在于岩土材料的数字图像在总体满足 DSCM 数字散斑相关要求的情况下，光照环境影响所产生的局部图像噪声通常难以完全避免，这也正是常见噪声区域附近像点产生位移分析误差或错误的主要原因。图像上出现的一些小白斑是最常见的图像噪声显现形式，当参考单元网格的 4 个节点未受噪声影响(即位移准确)，而白斑(噪声区)正好位于单元网格内时，由于网格内实际测点的搜索范围主要取决于参考单元网格的 4 个节点的正确位移，不会像普通方法那样直接受到白斑噪声的影响，因此，对噪声产生的测点位移误差或错误能够起到有效的抑制作用，这一作用在下文的试验结果中也得到了验证。

另外一个精度问题是 PDSS 的适用条件问题，即 PDSS 要求网格单元内的测点位移不大于单元 4 个节点的位移，经试验测试，岩石、砂土和相似材料的图像测点区域总体上都能够满足这一条件，如对图 5-7 所示的岩石材料的 DSCM 分析，通过最终图像对应的分析结果逐点比对表明，PDSS 方法和普通方法的分析结果完全相同。对于岩土材料个别区域不满足这一条件的情形(噪声引起的错误情形除外)，著者提出一种方法，可在 PDSS 应用的基础上来减少或消除这一问题，同时依然能够较大幅度地提高图像分析速度。具体来说，通过在 PDSS 确定的测点搜索范围基础上适当扩大一定范围，理论上就可以解决参考网格内测点位移大于单元节点位移的问题。实际对砂土局部变形较大区域(滑动带)进行的测点位移测试结果如表 5-1 所示(括号内的数字为测点分析速度的比值)，在 192 个测点中，PDSS 法与普通方法位移量测结果有差别的测点数量为 6 个，占比 3%，在 PDSS 法中对所有测点动态搜索范围扩大 1 个像素后，差别测点的数量减少 3 个，占比下降到 1.5%，动态搜索范围扩大 2 个像素，有 1 个测点(点 12)位移差缩小。为了考察 3 个误差点的实际情况，在 PhotoInfor 软件中打开分析结果，根据测点编号利用测点定位功能仔细查看后，发现差异最大的点(点 107)在普通方法分析的中间阶段发生了错误(图 5-12)，其余两个点(点 12 和点 28)的 PDSS 方法分析结果更接近于实际位移(图 5-13)。因此，分析查证结果进一步表明，PDSS 方法中动态搜索范围的小量扩展不仅依然能够有效提高分析速度，同时也可以提高变形量测的精度。

表 5-1　砂土材料 DSCM 中的 PDSS 位移量测精度　　　　(单位：像素)

测点编号	普通法(1.0)	PDSS(8.3)		PDSS 扩 1(6.6)		PDSS 扩 2(5.4)	
	a	b	b-a	b1	b1-a	b2	b2-a
1	20.248	20.248	0	20.248	0	20.248	0
12	**68.884**	**66.843**	**−2.041**	**66.843**	**−2.041**	**68.264**	**−0.62**
28	**66.888**	**67.209**	**0.321**	**67.209**	**0.321**	**67.209**	**0.321**
74	75.213	74.404	−0.809	75.213	0	75.213	0
107	**15.62**	**69.426**	**53.806**	**72.25**	**56.63**	**72.25**	**56.63**
144	49.729	48.765	−0.964	49.729	0	49.729	0

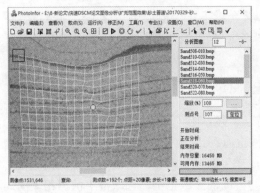

| (a) 普通方法 | (b) PDSS 法 |

图 5-12　PhotoInfor 中的 PDSS 测点位移误差查证（误差抑制作用）

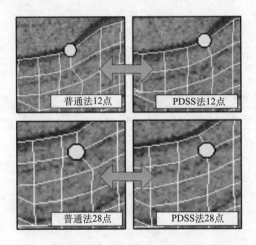

图 5-13　PDSS 法与普通法的测点位移误差对比

5.5　基于岩土渐进性变形的 LPDR 方法

5.5.1　局部定向搜索法原理与程序

5.5.1.1　前提条件

在 DSCM 中应用"定向搜索法"，观测目标区域的刚体位移不能大于实际位移，否则对下一步位移的真实方向判断就会失去参考意义，搜索"定向"产生错误。要避免或减小这一问题的影响，在拍摄中相机与观测目标的相对位置应尽量保持不变，同时可在观测区域周围设置控制基准点来消除模型与相机间的相对刚体位移。一般来说，砂土、黏土等材料渐进变形特征比较显著，能够满足这一要求，而岩石、混凝土类材料在破裂前也基本符合，但在发生破裂后，位移方向变化则具有一定的随机性，例如，裂隙产生前其两侧测点的位移方向变化较小且趋势一致，而在裂隙产生后，裂隙两侧测点的位移方向有可能相反，不一定适用这种方法。

因此，数字散斑相关"定向搜索法"须符合以下三个前提条件：①图像上待分析的测点发生了位移；②岩土试件或模型的刚体位移较小；③观测区域变形的渐进特征明显。

5.5.1.2 基本原理

"定向搜索法"的基本原理如图 5-14 所示。假设图 5-14(a)是实验模型在某个实验阶段对应的一幅数字图像，此前一幅实验图像上有一点 A，在外荷载作用下，随着模型的变形，移动到当前实验图像上的 B 点位置，产生的位移为 d_s。下面要解决的问题是，如何确定 B 点在下一幅实验图像上移动距离与方向的大致范围，也即数字散斑相关的局部搜索区域。在常规方法中，搜索范围确定如图 5-14(a)所示，以 B 点为中心，以 $2s+1$(s 单位为像素，$s>d_s$)边长，作一正方形 $FGDH$ 作为搜索区域。而"定向搜索法"仅仅搜索常规范围的一部分区域，从而缩短了搜索时间，如图 5-14(b)所示，并结合图 5-15，具体步骤如下：

(1)确定 B 点下一步移动的搜索方向。根据 A 点与 B 点连线来计算出 AB 线与 x 轴之间的角度 θ($0° \leqslant \theta \leqslant 90°$)，作为 B 点搜索的主方向角。

(2)假定 B 点下一步的移动距离范围。可以通过估算或图像试算分析，设定一个比较保守的 s 值，使得 s 大于图像序列中任意两幅相邻图像上测点位移的最大值。

(3)假定 B 点下一步移动的搜索角度范围。延长 AB 到 D，$BD=ks$($k \geqslant 1$)，以 B 点为端点，以 BD 为中心线，以一假定角度 α，作出长度等于 s 的线段 BE 和 BC(对称分布在 BD 的两侧)。

(4)根据前三步作出的四边形区域 $BCDE$，即获得 B 点下一步移动的"定向搜索"范围。

当然，定向搜索范围的区域形状设置亦可采用扇形区域，如图 5-14(c)所示，其基本原理和设置方法与四边形相近。考虑到编程方便，采用的是四边形搜索区域。显然相对于常规方法以 B 点为中心进行 360°的全局搜索，定向搜索法的搜索区域大幅度减小，搜索时间亦相应大幅降低。

5.5.1.3 程序实现

在编程算法设计中，关键是首先要确定搜索区域的计算方法。如图 5-15 所示，以 A 点为原点，水平与垂直坐标轴分别为 x 和 y，根据 B 点与 A 点的相对方位，由"定向搜索法"前提条件(3)知 B 点位移大于零，不会与 A 点重合，因此，其位置有 4 种情况，即 B 点位于 xAy 坐标系的四个象限内(包含坐标轴)。由图 5-14(b)可知，A 点和 B 点的位置坐标是已知的，s 和 α 角为可变参数。程序要实现的主要功能是计算出 C、D、E 三个点的坐标并确定局部搜索小四边形 $BCDE$，然后是判别图 5-14(a)所示的大四边形 $FGDH$ 内的各点是否在局部搜索小四边形中：在，则进行相关性计算分析；不在，则略过。

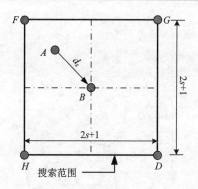

(a) 常规全方位搜索

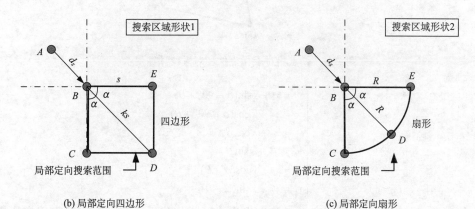

(b) 局部定向四边形　　　　　　　(c) 局部定向扇形

图 5-14　定向局部搜索原理示意图

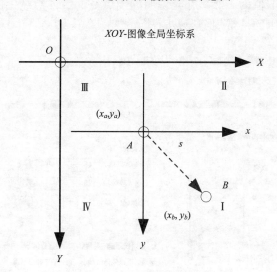

图 5-15　B 点与 A 点的相对方位

　　这里以 B 点相对于 A 点在 I 象限为例，计算原理如图 5-16 所示，搜索四边形顶点的坐标计算公式见式(5-2)。B 点相对于 A 点在其他三个象限内的计算原理与公式与之类似，在此略去。

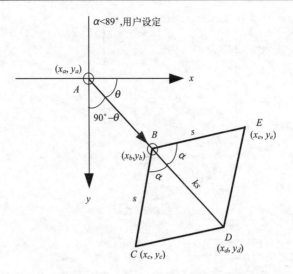

图 5-16　B 点相对于 A 点的相对方位计算图示

$$
\begin{cases}
x_c = x_b - s\sin(\alpha - 90° + \theta) \\
y_c = y_b + s\cos(\alpha - 90° + \theta) \\
x_d = x_b + s\cos\theta \\
y_d = y_b + s\sin\theta \\
x_e = x_b + s\cos(\alpha - \theta) \\
y_e = y_b - s\sin(\alpha - \theta)
\end{cases}
\tag{5-2}
$$

在 PhotoInfor 中，将"定向搜索法"作为一种优化分析选项(图 5-17)供用户选择使用，ks 中的 k 值默认取值为 1.25。补充说明的一点是，当 A 点产生位移前(位移为零)，数字散斑相关搜索采用的是常规全局搜索法。

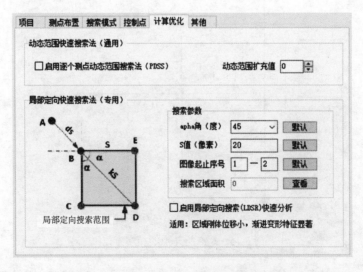

图 5-17　PhotoInfor 中局部定向搜索法选项

5.5.2　定向搜索法的应用分析

5.5.2.1　实验概况

利用一个地基承载力模型试验的数字图像来检验和分析局部定向搜索法的效果与效率。该实验是在日本德岛大学离心机上进行的(图 5-18)，离心机有效半径 1.55 m，最大加速度 200 g，实验加速度为 20 g。地基模型材料为丰浦标准砂，平均含水率小于 0.3%，密度 1.6 g/cm^3，相对密度 90%，模型长、宽、厚为 40 cm×30 cm×20 cm。基础为铝质材料，宽度 30 mm，砂土地基模型采用空中落下法制成。数码相机分辨率为 500 万像素，相机镜头中心距离模型的观测面约 1 m，图像比例为 0.15 mm/像素。某个试验阶段采集的一幅模型全景图像如图 5-19 所示，砂土地基模型箱的正面为透明有机玻璃，玻璃内侧紧贴模型的一面粘贴有 6 个控制基准点，组成左右两个四边形，用于图像校准或坐标转换，可以消除模型与相机间的相对刚体位移产生的误差影响。

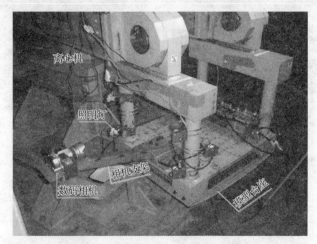

图 5-18　离心模型数字照相量测系统

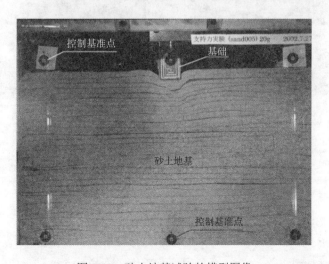

图 5-19　砂土地基试验的模型图像

5.5.2.2　与常规方法的分析效果对比

采用一组 12 张实验图像序列进行图像对比分析,先后应用常规普通方法和"定向搜索法"。测点数均为 2000 个,搜索步长为 1 像素,相关分析像素块边长为 21 像素。以下各相关分析中除测点数和分析方法不同外,搜索步长和相关像素块大小与之相同。图 5-20 和图 5-21 分别是两种分析方法对应的最后一张图像的网格分析结果与位移云图(单位为像素)。由两图直观看出,无论是测点网格变形还是位移场分布,都没有明显差别,这表明"定向搜索法"与常规方法的分析结果基本一致,但计算速度存在差别。

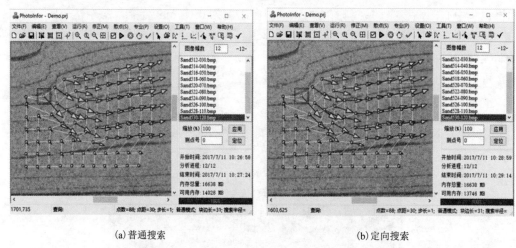

(a) 普通搜索　　　　　　　　　　　　(b) 定向搜索

图 5-20　定向搜索与常规搜索的测点变形网格比较

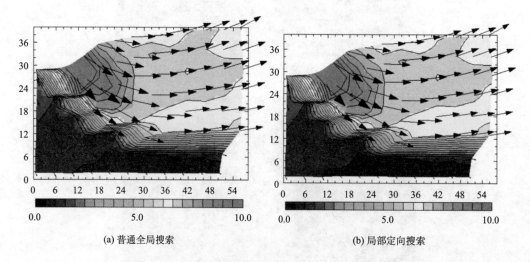

(a) 普通全局搜索　　　　　　　　　　(b) 局部定向搜索

图 5-21　局部定向搜索与常规搜索的测点位移场比较

5.5.2.3　与常规方法的分析速度对比

图 5-22 为一组图像序列的分析时间与测点数量之间的关系曲线。由图中可知,在相

同分析参数条件下，两种方法的图像分析时间基本上都与测点数量成正比，但局部定向搜索方法的计算时间随测点数量的变化幅度要小于普通常规方法，大约是常规方法的38%。

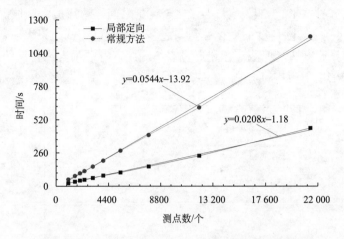

图 5-22　定向搜索与常规搜索的分析时间与测点数关系

由图 5-14(b)可知，如仅仅考虑搜索区域的影响，搜索角按 α 为 45°考虑的话，局部定向搜索法的计算效率理论上应该达到普通方法的 4 倍，而实际上在程序运算过程中，不单纯是区域搜索，还包括测点位置判别等相关计算时间，因此，图 5-23 显示局部定向方法是常规普通方法的 2.3~2.6 倍，也即效率提高了 1.3~1.6 倍。此外，局部定向方法中单个测点的实际计算时间与测点数的关系也与理论上不完全相同，因为计算机在不同时刻运算时受到 CPU 和内存等硬件性能波动的影响。在测点数较少时，如 1000~5400 点，单点计算时间由 22.42 ms 到 19.77 ms(具体值与硬件有关)，随后基本稳定在 19.7~21.0 ms；常规普通方法的计算时间在测点数量相对较少时(如 1000~5400 点)，其与局部定向方法的计算时间比值呈线性增长关系，当测点数量足够多时，这一比值基本保持稳定不变。

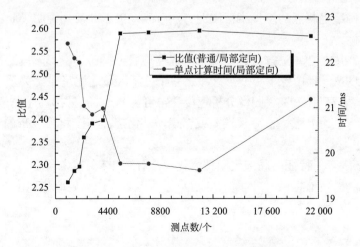

图 5-23　定向搜索的分析效率与测点数关系

5.5.2.4 局部定向计算速度与搜索角度关系

搜索角度 α 是局部定向搜索法的一个关键参数。由图 5-14(b)可以看出，角度 α 与搜索区域的面积有关。图 5-24 表明，α 在 25°~90°之间四边形搜索区域面积随 α 的增大而增大，搜索计算时间随角度的变化趋势与之基本相同。测试结果表明，当搜索角度 α 小于 25°时，计算速度快，但测点出错比例高，因此，考虑到岩土材料的渐进变形特点，α 角实际应用中的取值范围推荐在 30°~45°，保守估计，计算效率至少可以提高 1 倍以上。

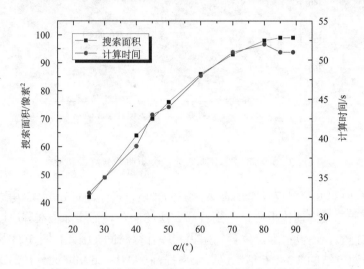

图 5-24 定向搜索的分析时间与搜索角度 α 的关系

5.6 本 章 小 结

(1)基于岩土材料变形的时空非均匀特征分析，在 DSCM 中，提出了一种依据参考单元网格来精确给定测点动态搜索范围的方法(简称 PDSS)，并说明了此种方法的基本原理和适用条件。

(2)DSCM 中的 PDSS 方法速度提升的程度与岩土材料小变形阶段图像数量占总的图像数量之比以及一幅图像上小变形区域占整个分析区域之比呈正比关系。

(3)试验结果表明，PDSS 图像分析速度通常可提高 10 倍左右，同时，可以有效"抑制"图像噪声产生的测点位移分析误差或错误，从而提高岩土材料变形的 DSCM 量测精度。

(4)基于渐进变形特征的局部定向搜索优化法(LPDR)在搜索角度为 45°时，计算效率相对常规方法提高 1.3~1.6 倍，随着测点数量的增多，计算效率呈现出一定的稳定性。

第6章
岩土材料变形量测的 DSCM 基本应用方法

地基承载力实验作为一个相对古老的问题，因早期全场变形量测的困难，国内外研究者大多集中在地基强度与承载力大小的研究上。而随着迅速发展的数字照相量测技术能够克服传感器和应变片等传统测量方法中测点数量有限和操作不便等不足，与 X-CT、LAT 和干涉成像等变形观测方法相比，又具有设备便宜、使用经济且操作简单等优势，现已逐渐成为岩土模型试验，尤其是土工离心机实验中一项必要的量测手段。本章以砂土地基离心实验为主，重点介绍 DSCM 或数字照相变形量测技术在砂土地基变形实验研究中的应用，并适当结合重力场实验结果进行对比说明，这也是 PhotoInfor 软件系统研制成功以后在岩土模型试验中的首次应用。通过展示对砂土地基的全场变形模式与渐进破坏过程的定性与定量分析，来说明岩土材料变形量测的 DSCM 基本应用方法。

6.1 离心机实验原理与实验系统

6.1.1 实验原理

离心机是岩土工程领域中重要的实验手段。利用离心力模拟重力的概念最早由法国人 Phillips 提出，1932 年苏联水利学院 Pokrovsky 首先利用离心机研究土石结构边坡稳定问题，到 1960 年左右，日本和英国开始利用这项技术进行模型试验，随后，美国也逐渐发展了大型土工离心模型试验。近年来，离心机土工实验系统在中国也得到了发展与应用，继长江科学院与南京水科院等单位之后，同济大学与浙江大学等单位也先后建立了自己富有特色的离心机实验系统。

由于土工结构物尺度以及土层厚度较大，进行模型试验时，常规小比例模型不能模拟土中的实际应力状态，在不同荷载水平和固结应力状态下，无法对原型进行模拟，同时，由于土为非线性材料，也无法由常规模型试验结果反推原型的实际情况。

离心机原理可以这样理解，质量为 m 的物体在地球重力场中所受的重力(地球引力)为 mg(g 为重力加速度)，离心机通过旋转所产生的离心力，可提供一个 n 倍的高加速度场($n=v^2/(r\times g)$，n 为转速，r 为半径)，质量为 m 的物体在该场中所受的重力为 nmg，这样就可以使缩小了 n 倍的模型的应力水平增加 n 倍，而与原型的应力水平保持一致。例如，厚度为 H 的地基土层，做成缩小了 n 倍的模型后其厚度变为 H/n，原型土层底部的垂直应力为 $\sigma=\rho_s gH$，ρ_s 为土的密度，g 为重力加速度，H 为土层厚度，而模型在地球重力场中的应力为 $\sigma=\rho_s gH/n$，但当将模型放入离心机产生的加速度场中时，模型受到 n

倍重力场作用，使模型中相应位置的应力变为 $\sigma=\rho_s g H$，即与原型应力水平相同，从而保证了模型与原型的力学特性的相似性。通过进行量纲分析或物理关系方程的推导，可以得出各物理量的相似关系如表 6-1 所示。

表 6-1　离心模型的主要相似关系

物理量	量纲	原型	离心模型
长度，位移	$[L]$	1	$1/n$
质量	$[M]$	1	$1/n^3$
时间	$[T]$	1	$1/n$
面积	$[L^2]$	1	$1/n^2$
体积	$[L^3]$	1	$1/n^3$
力	$[ML/T^2]$	1	$1/n^3$
应力、强度	$[M/LT^2]$	1	1
应变	—	1	1
速度	$[L/T]$	1	1
加速度	$[L/T^2]$	1	n

6.1.2　离心机实验系统

本章的砂土地基承载力离心实验采用的是日本德岛大学离心机实验装置，如图 6-1 所示。该装置由以下 3 大部分组成：

(1) 主体部分，主要包括旋转臂和实验模型容器。

(2) 驱动系统，主要包括电动机和旋转控制装置。

(3) 实验观测系统，主要包括集电环、摄像机(或数字照相机)和旋转接线箱。

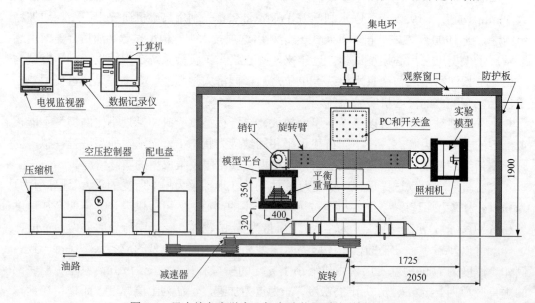

图 6-1　日本德岛大学离心机实验装置系统(单位：mm)

离心机实验装置(图 6-2)采用摆动平台,与固定型相比,可以使用大小尺寸不同的实验容器,但是不可避免地增加了实验装置的重量。该离心机的旋转半径为 1.75 m,有效半径为 1.55 m,最大加速度为 200 g。实验所用的模型容器(内侧)大小为 40 cm×20 cm×30 cm,该实验装置适用的实验模型最大高度为 50 cm。

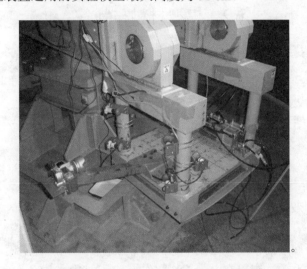

图 6-2　日本德岛大学的离心机实验装置

离心机内地基模型系统以及与外部数据记录仪和计算机连接关系如图 6-3 所示,包括实验模型箱、位移荷载量测传感器、加载用马达与千斤顶和图像采集系统。模型试验箱由钢板组合而成,上部开口,前方使用强化透明玻璃板,使用刚性框架和螺钉组合玻璃板与模型箱。玻璃板的设立便于观测模型试验状态与拍摄实验照片。承载力实验用荷载板为铝质条形,模拟基础。使用马达加载,便于调节荷载速度与基础位移。位移荷载传感器通过电缆与 7V14 型数据记录仪连接,数据记录仪连接在计算机上,利用自编数

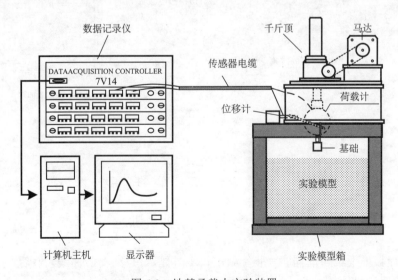

图 6-3　地基承载力实验装置

据通信与处理程序，将基础位移与荷载曲线显示在监视器上，可以实时监视实验模型的变形荷载过程，并根据设定的位移间隔和显示器上显示的基础位移，利用数码相机，拍摄实验数字照片。

6.2　模型材料与制备

6.2.1　模型材料选择

地基模型采用日本丰浦(Toyoura)标准砂做成，丰浦标准砂的平均含水比在 0.1% 以下，土粒比量为 2.64，密度为 1.605 g/cm³，平均相对密度为 87%。固结排水(CD)条件下的直剪试验结果表明，丰浦标准砂的黏聚力 c 约为 0.038 g/cm²，内摩擦角 ϕ 约为 40.32°。

6.2.2　模型制备过程

(1)将模型箱和玻璃板涂上硅油，用干布擦拭干净，然后，在玻璃板面向模型一面贴上控制基准点，接着，将 OHP 透明纸覆盖在玻璃板上，用特细水笔描下控制点位置；

(2)为测定模型地层的密度，在模型箱的底部放置 9 个铜质金属模子(图 6-4(a))；

(3)使用丰浦标准砂，应用空中落下法制作模型；所用漏斗直径为 3 mm，落下空中的高度为 90 cm，漏斗装置如图 6-4(b)所示；

(4)为保证模型地层表面的高度一致，如图 6-4(c)所示，将模型表面起伏不平的地方平整，使用吸尘器轻轻将多余砂子吸除。

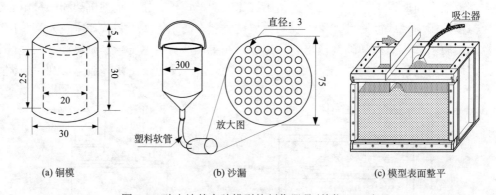

(a) 铜模　　　　　　　　(b) 沙漏　　　　　　　　(c) 模型表面整平

图 6-4　砂土地基实验模型的制作器具(单位：mm)

6.3　实 验 过 程

(1)离心加速度从 0 到 20g，按 5g 增量，逐步施加，直到 20g，1 min 后再进行下一步；

(2)运行数据采集通信程序，准备测定和实时显示位移-荷载曲线，然后，启动马达，使油压千斤顶开始动作；

（3）用相机拍摄基础下沉为 0 时的第 1 张照片，然后，从载荷板与底层模型接触开始起，基础下沉每隔 0.5 mm 拍摄一张；

（4）基础下沉 15 mm 时，实验结束；

（5）从模型地层取 3 个装满砂子的金属模子，测定含水比。

6.4　实验结果与分析

实验结束后，将数字照片从相机存储器下载到计算机硬盘上，然后转换为 BMP 格式，并按一定规则进行图像文件命名，以备 PhotoInfor 进行分析。图 6-5 是实验照片序列中的其中两幅，分别对应基础沉降 0 和 10 mm 两个实验阶段。

 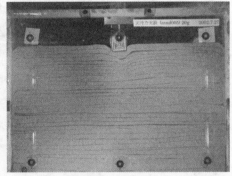

(a) 离心场地基模型照片（$s=0$）　　　　　　(b) 离心场地基模型照片（$s=10$ mm）

图 6-5　地基模型变形前后的数字照片

实验照片主要分析参数如图 6-6 所示，图像比例通过控制点坐标计算为 0.17 mm/像素，照片长宽为 2560 像素×1920 像素，实际分析范围为 2230 像素×1110 像素，相当于 376.9 mm×187.6 mm。以 20 个像素为间隔，划分测点网格，类似有限元中的单元划分，共计 4992 个单元，每个单元由 4 个像素测点组成，共计 5145 个测点。相关分析采用的像素块大小为 21 像素×21 像素，搜索正方形边长范围为 40 个像素，搜索步长为 0.1 像素。

6.4.1　地基承载力

荷载-位移曲线如图 6-7 所示。由图中可以看出，基础竖向位移为 4 mm 时，地基承载力达到极限 900 kgf，然后急剧降低，基础位移为 5 mm 下降坡度减缓，到达 8 mm 时承载力下降坡度又开始增大，在 11 mm 到达残余应力状态阶段时，趋向稳定。残余承载力大约是极限承载力的 55%。在归一化的离心场和重力场荷载-位移曲线上（图 6-8），与重力场相比，离心场地基模型在荷载-位移曲线上表现出更为明显的渐进变形破坏特征。

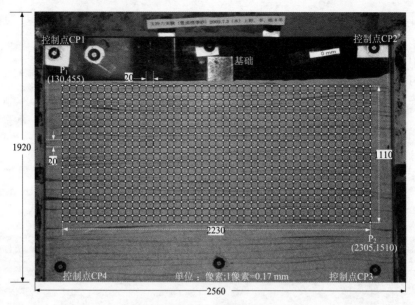

图 6-6　实验照片及图像分析参数

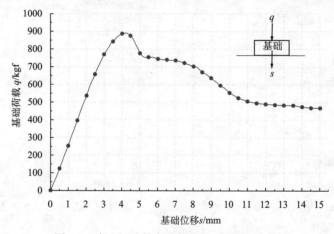

图 6-7　离心场地基实验的荷载-位移关系曲线

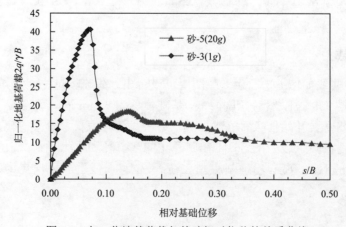

图 6-8　归一化地基荷载与基础相对位移的关系曲线

　　实验结果表明，离心场中地基极限承载力约是重力场的 9.3 倍。对于砂土浅基础，黏聚力 $c=0$，基础两侧土重为 0，太沙基地基承载力 q_u 公式简化为 $q_u=0.5\gamma BN_\gamma$（γ 为土的容重，B 为基础宽度，N_γ 为承载力系数，与内摩擦角 ϕ 有关），离心场中土的容重可以认为是重力场的 20 倍。由于自重应力 γ 的增大，对于密砂，土的内摩擦角 ϕ 随围压的增长而降低，γ 与 N_γ 有此长彼消的关系，因此，9.3 倍的关系可认为是合理的。

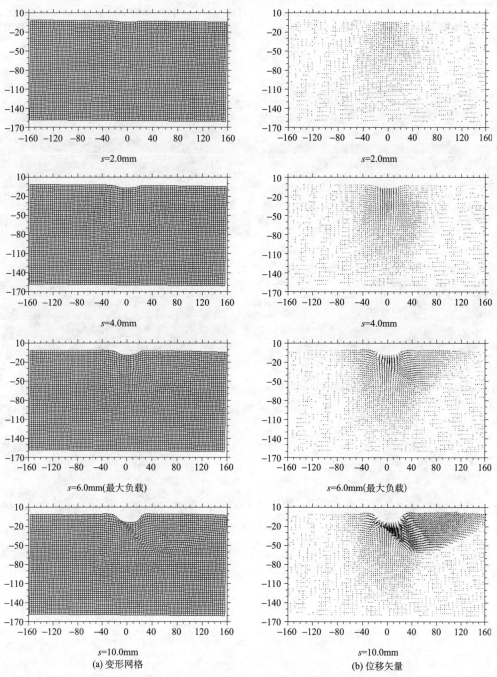

$s=2.0\text{mm}$　　　　　　　　$s=2.0\text{mm}$

$s=4.0\text{mm}$　　　　　　　　$s=4.0\text{mm}$

$s=6.0\text{mm}(最大负载)$　　　　$s=6.0\text{mm}(最大负载)$

$s=10.0\text{mm}$　　　　　　　　$s=10.0\text{mm}$

(a) 变形网格　　　　　　　　(b) 位移矢量

图 6-9　离心场中砂土地基变形网格和位移矢量图(坐标单位：mm)

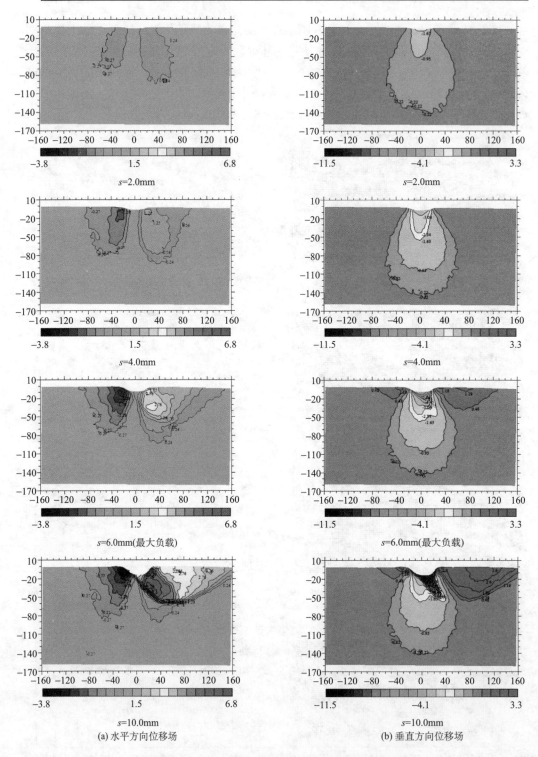

(a) 水平方向位移场

(b) 垂直方向位移场

图 6-10　离心场中砂土地基水平和垂直方向位移场(坐标单位：mm)

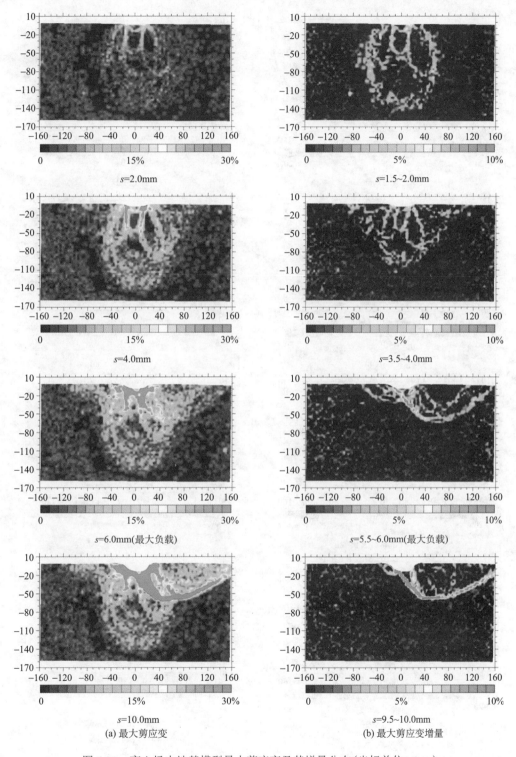

图 6-11　离心场中地基模型最大剪应变及其增量分布(坐标单位：mm)

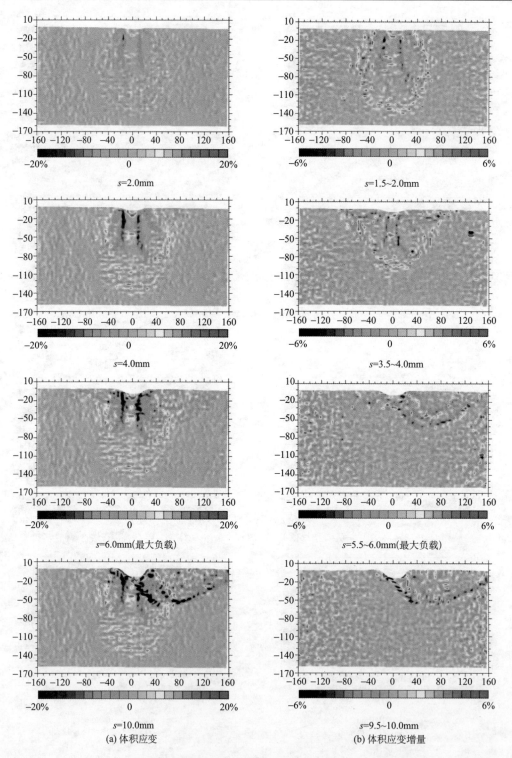

s=2.0mm

s=1.5~2.0mm

s=4.0mm

s=3.5~4.0mm

s=6.0mm(最大负载)

s=5.5~6.0mm(最大负载)

s=10.0mm

s=9.5~10.0mm

(a) 体积应变

(b) 体积应变增量

图 6-12　离心场中地基模型体积应变及其增量分布(坐标单位：mm)

6.4.2 地基位移场

地基模型在荷载-位移曲线上峰前、峰值点、峰后及残余阶段起始点的变形网格与位移矢量分布如图 6-9 所示，为便于观察，把位移矢量的大小放大 4 倍。相应的水平方向和垂直方向上的位移等值线分布如图 6-10 所示。位移场的变化分布特点与重力场实验结果类似。

6.4.3 地基应变场

(1) 最大剪应变场：地基模型的最大剪应变场及应变增量发展变化如图 6-11 所示。结果表明，加载初期，在基础底部两个端角首先出现剪应变，然后向横向及深部扩展，深部的扩展速度大于横向，在峰值前，应变的范围轮廓像大半个椭圆。从应变增量看，变形主要发生在基础两端向下及半椭圆的边缘部分。到达峰值点时(s=4 mm)，变形区域如同一顶倒置的帽子，以基础中心线为基准，变形区域具有一定的对称性，应变的发展主要在基础 150 mm 深度以上范围。与重力场不同的是，在峰前，冲剪带已经发生而且十分明显；在峰值点，帽子形的变形区则是帽檐小而帽顶大；峰后，剪应变的发展速度比重力场缓慢，表现更为明显的渐进特征，在距离残余应力曲线始点(s=11 mm)较远处(s=7 mm)剪切滑动面及滑动体以外的区域应变不再变化，s=10 mm 时滑动面基本形成。

(2) 体积应变场：体积应变分布及增量变化如图 6-12 所示，与最大剪应变及增量分布基本相同。图中的正值表示体积压缩，负值则表示体积膨胀。结果表明，在加载过程中，地基模型的滑动面及冲剪区域内部剪胀性明显，而剪切带以外的区域则表现为压缩特性。

6.4.4 地基变形范围与模式

6.4.4.1 变形范围

地基变形区域在峰值前后形成帽子形(图 6-13)，其外轮廓线由两部分组成，即帽顶和帽檐(图 6-14)。实验结果表明，帽顶在峰值点时已经形成，且以后基本上没有变化，而帽檐部分主要形成于峰后，并超出模型边界。延伸图 6-14 中的 BA 线交于模型上表面的延长线 A_1 点后可以看出，上部地基变形范围的横向宽度(GA_1)约为 330 mm，纵向深度为 150 mm，分别约是基础宽度(30 mm)的 11 倍和 5 倍。

6.4.4.2 冲剪带

冲剪带主要位于基础底部两端向下区域，深度分别约为基础宽度的 2.5 倍(75 mm)和 2.2 倍(65 mm)，冲剪带比重力场更为明显。

6.4.4.3 滑动面

地基模型最终滑动面的轮廓形状 $ABCDFE$ 如图 6-14 所示。由图中可知，地基滑动面尾端与模型表面的夹角 α_1=27°，其他几个夹角 α_2=55°、α_3=45°。与重力场实验相比，尽管 α_2 和 α_3 差别较大，但 α_1 十分接近。假设实验所用砂土的摩擦角为 ϕ，如按常用的

计算公式 $\alpha_1 = 45° - \phi/2$，则可以推算出 $\phi \approx 35.5°$。

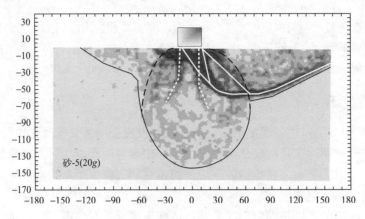

图 6-13　离心场地基模型变形滑动面(单位：mm)

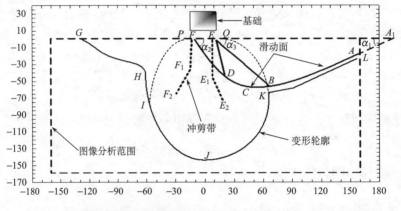

图 6-14　离心场地基模型的变形模式素描(单位：mm)

6.4.5　地基变形的分叉现象

分叉是岩土类材料变形的普遍现象，对于地基承载力实验，峰值点即分叉点。在位移-荷载曲线峰值后，地基滑动面出现不对称，即只有一侧出现滑动面，一系列地基承载力的实验都出现了同样现象。Yamakuchi 等(1976)在密砂浅基础渐进性破坏实验研究中，分别做了重力场和离心场实验(模型材料为丰浦标准砂，其密度、含水比、孔隙比和相对密度分别为 1.60 g/cm³、0.12%、39.7%和 87%，模型地层应用振动方法做成，模型长、宽、厚为 500 mm×315 mm×100 mm，基础宽度为 3 cm)，利用 X 射线获得的滑动面结果(图 6-15)也表明，变形分叉是地基承载力实验中的一种普遍现象。

在峰值荷载以前，地基变形大小与范围基本上对称，可以排除偏心荷载引起的原因。到达峰值点时，不考虑分叉，滑动面应当在左右两个方向对称出现。但是，由于变形的分叉和应变局部化原因，滑动面首先在一个方向出现，滑动面具体向哪个方向继续发展，则由偶然因素(微扰动)所决定。随着荷载的增加，沿着这一方向不断扩展，直到形成最终贯穿到地基表面的滑动面。

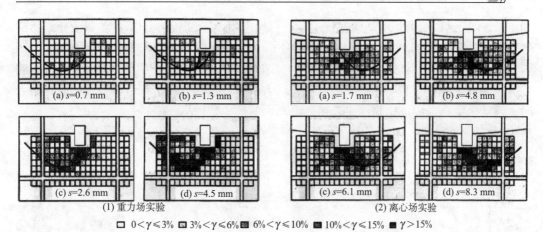

(1) 重力场实验　　　　　　　　　　　　(2) 离心场实验

☐ 0<γ≤3%　▨ 3%<γ≤6%　▧ 6%<γ≤10%　▨ 10%<γ≤15%　■ γ>15%

图 6-15　地基应变分布与滑动面(Yamakuchi et al.，1976)

　　另外，砂土模型在制作过程中很难保证模型的密度和强度的绝对均匀分布，即模型材料的非均匀性也可能是产生分叉现象的主要原因。

6.4.6　地基渐进破坏过程量化分析

　　为便于分析和对比，实验结束时的地基模型变形区域可以划分为 3 大部分，即滑动剪切带区、冲剪剪切带区以及非剪切带区。用于量化分析的测点编号如图 6-16 所示。

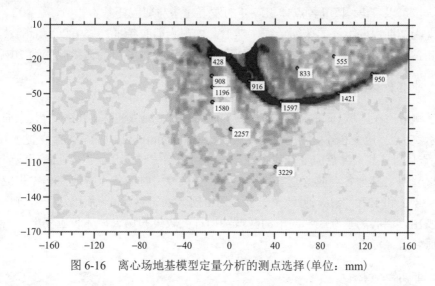

图 6-16　离心场地基模型定量分析的测点选择(单位：mm)

6.4.6.1　滑动剪切带区

　　由该区测点所在区域(简称各点)的最大剪应变和体积应变与基础位移的关系曲线(图 6-17)可以看出，荷载峰值前，地基剪应变和体积应变增长缓慢，到达峰值点时，剪应变急剧增大，出现明显拐点，而体积应变拐点则滞后 0.5 mm；到达峰值点时，除靠近基础下端的 916 点剪应变和体积应变分别达到 16%和 10%左右之外，其他各点的应变值均小于 5%，这说明剪切滑动带在峰值点处已经产生。峰后 $s=5$ mm，各点剪应变则急剧增加，剪切带开始出现并迅速扩展，在 $s=11$ mm 时，即残余阶段，靠近滑动面尾端的 950 点剪应变接近 55%，此时贯穿地基的滑动面基本形成，滑动面内各点的剪应变和体积应变分别为 55%~194% 和 19%~31%。一般认为在荷载-位移曲线上到达残余曲线的起始点时，滑动面完全形成，实验结果表明，滑动面的形成要稍早一些。

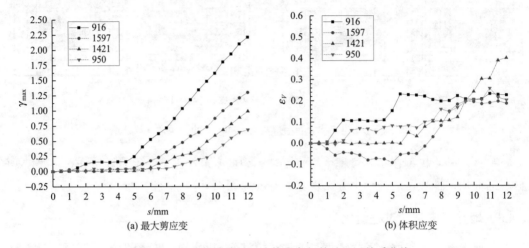

(a) 最大剪应变   (b) 体积应变

图 6-17 "滑动剪切带区"地基应变与基础下沉关系曲线

进一步可以看出，该区各点体积应变的发展趋势与剪应变基本相似，除 190 点以外，总体表现为初期程度不同的剪缩特征，然后，表现为剪胀特征，峰值以后，随着滑动面的产生和扩展，剪胀更加明显。在滑动面形成时，滑动面内各点的体积应变为 20%~55%。

6.4.6.2 冲剪剪切带区

该区测点所在区域(简称各点)的最大剪应变和体积应变与基础位移的关系曲线如图 6-18 所示。各点剪应变和体积应变在加载初期($s=0$~0.5 mm)增长缓慢，在峰值前($s>0.5$ mm)除 1196 点以外，其余各点应变开始迅速增长，到达峰值时，除靠近基础底部或剪切滑动面的 428 点外，其余各点应变基本趋于稳定。荷载峰值时的各点剪应变和体积应变分别为 12%~38% 和 12%~28%，明显大于重力场相同区域的应变值。所以从定量分析的角度可以反映出，离心场基础底部向下的区域冲剪程度较重力场大，体积应变上则表现为明显的剪胀特征。

6.4.6.3 非剪切带区

该区测点所在区域(简称各点)的最大剪应变和体积应变与基础位移的关系曲线如图 6-19 所示。总体上看，该区变形量小，体积应变上表现为压缩特点，除了靠近剪切带的 833 点以外，在峰前，剪应变和体积应变都以不同程度快速增长，而在峰值点过后，则增速趋缓或基本趋于稳定，在峰值处，剪应变大小为 4%~13%，体积应变大小为 –7.5%~–2.5%，残余阶段，剪应变大小为 10%~14%，体积应变大小为–7.5%~– 3.5%；而靠近剪切带的

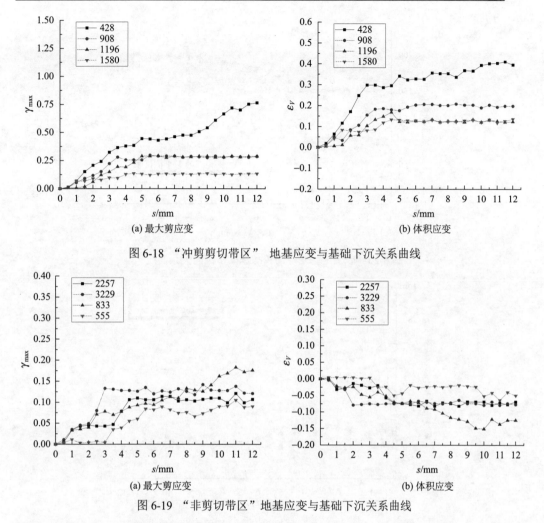

图 6-18　"冲剪剪切带区" 地基应变与基础下沉关系曲线

图 6-19　"非剪切带区" 地基应变与基础下沉关系曲线

833 点，由于受到剪切带大变形的影响，在基础下沉过程中，剪应变和体积应变的增速和总量相对较大，且在峰值以后，变形仍在继续。在峰值处，剪应变和体积应变大小分别为 9% 和 –5.5%，而在残余阶段，剪应变和体积应变的大小则分别为 17.5% 和 –2.5%。

6.4.7　砂土地基总体变形演变特点

这里定义地基变形面积为位移大于零的所有初始测点单元网格面积之和。在重力场与离心场实验条件下，地基变形面积与基础下沉关系如图 6-20 所示，变形面积增量与基础下沉关系如图 6-21 所示。由图中可以看出，在峰前，地基变形快速增加，变形增量大于零，在峰后，重力场情况下，地基变形面积基本不变，变形增量接近于零，说明此时变形集中在滑动带内；而在离心场条件下，峰后变形面积继续增加，增速则大幅下降，此时，变形主要集中在滑动带内。同时，滑动带范围向地基模型端部扩展，直到残余阶段 ($s \approx 10$ mm)，变形面积开始逐渐趋向稳定。总体上来说，在离心场条件下，峰前变形面积小于重力场，而最终总体变形面积大于重力场。

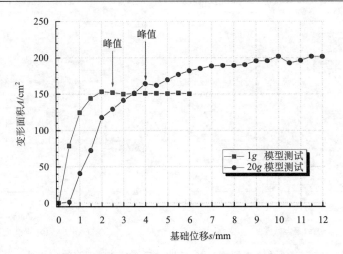

图 6-20　砂土地基变形面积与基础下沉的关系曲线

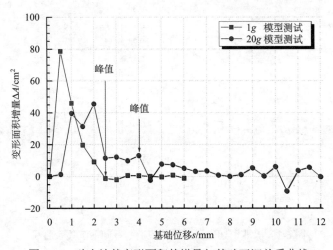

图 6-21　砂土地基变形面积的增量与基础下沉关系曲线

6.5　本 章 小 结

（1）在岩土材料与模型试验的 DSCM 应用中，主要通过位移矢量以及位移场与应变场的云图展示、变形区域的特征素描、提取测点数据的历时曲线和总体变形区域的分析等，来定性与定量研究岩土材料的变形特征与演变规律。

（2）数字照相变形量测在砂土材料试验中具有良好的适应性，可作为模型渐进变形与破坏过程观测和定性定量分析的有效手段。

（3）砂土地基在离心场条件下，最终形成的变形区域轮廓均类似于倒置的帽子形状，滑动面均发生在荷载峰值点以后，渐进破坏特点明显。

（4）荷载峰值后的砂土地基滑动变形区域的非对称现象，说明地基变形具有明显的分叉特点，主要原因在于材料非均质性和微扰动的影响。

第7章

岩土材料剪切带的识别方法与应用

岩土工程中常见的各种破坏现象，例如堤坝滑坡、基坑坍塌、边坡与地基失稳等，都与土的局部化变形和剪切破坏直接相关，而在研究土体剪切特性的剪切实验中，通常采用的标准剪切仪由于试样封闭而无法进行直接的变形观测；另外，很多剪切带观测采用 CT 照相和在模型上描画网格法，由于测点数量有限，无法满足土体细观变形分析的要求，而且实验操作比较麻烦。为此，本章首先在日本德岛大学上野胜利博士研制的剪切实验装置基础上，改进设计并制作大型剪切实验装置，然后，利用数字照相量测方法对土体变形局部化和剪切带的演变过程和机制进行观测和分析，实验结果可为土体剪切变形特性研究提供实验检验的参考依据。

7.1 剪切带的识别方法

剪切带可以理解为"就承受塑性大变形的材料而言，原先分布的变形模式被一种急剧不连续的位移梯度所取代，其特征是大量的剪切变形集中在相对狭小的带状区域内，一般将这种集中剪切的变形区域称为剪切带"（李国琛，1988）。本节的剪切带识别主要是基于数字散斑相关方法的剪切带形成与发展的动态识别和变形定量分析，需要系列图像作为基础分析数据。与基于数字图像二值化或图像特征识别的静态识别有所不同，后者可对单幅图像进行分析，对于图像序列不一定要求满足相关性，因此，也不一定能够进行位移或变形分析。

7.1.1 剪切带的一般识别方法

利用数字照相变形量测方法对符合数字散斑相关要求的序列图像进行分析，不需要专门的识别算法，通过位移和应变场的分布特点，即可对岩土材料在剪切过程中形成的剪切带的总体分布情况进行识别、素描和定量分析。

7.1.2 剪切带的专门识别方法

岩土材料剪切变形的观测中，在模型或试样的表面描画网格属于一种专门识别方法，如在平面压缩试验中，Alshibli 和 Sture（1998）使用富含石英和硅的砂土作为模型材料。观测模型的表面变形，将一层厚度为 0.3 mm 的橡胶薄膜贴在模型表面，使用一种特殊的黑色橡胶墨水，在薄膜上画上 0.5 mm 线宽、5 mm×5 mm 大小的方形栅格，整个网格大小为 120 mm×180 mm。图 7-1 为摄像机拍摄的剪切带发生前后的模型照片。通过在模型表面描画网格可以有效观测到土体剪切带的形状与发生区域，不足是试验操作比较复杂，且剪切带的边界很难准确识别。为此，本章提出了一种操作简单且较为精确的剪切带识别方法，不需要借助任何人工标志点或在模型上描画网格线等手段。

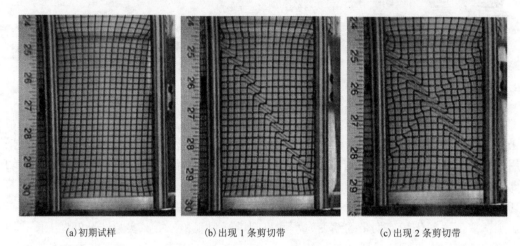

(a)初期试样　　　　　(b)出现 1 条剪切带　　　　　(c)出现 2 条剪切带

图 7-1　土体剪切带识别的描画网格法(Alshibli and Sture，1998)

在数字照相量测的图像分析中，测点通常是在由控制基准点包围的区域内按等间距布设，这种方法由于测点间距较大，并不能准确识别出剪切带的位置和厚度；对于整个分析范围内，如果设置足够小的测点间距来识别剪切带，计算时间难以想象，另外也没有必要，因为剪切带总是发生在局部范围。以采用 PhotoInfor 软件功能为例，剪切带的识别可采用以下具体方法(图 7-2)：

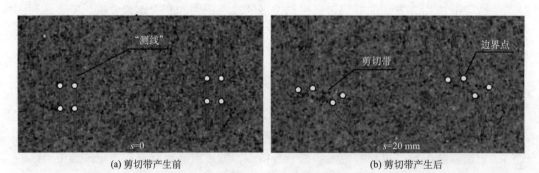

(a) 剪切带产生前　　　　　　　　　(b) 剪切带产生后

图 7-2　土体剪切带识别方法示意图

(1)利用通常方法，在图像序列变形较大的图像中(通常为最后一幅图像)，大致确定剪切带对应在初始图像上的位置范围；

(2)初始图像上，在上述剪切带主要分布区域设置测点参数时，布设由间距为一个像素的高密度测点组成的多对穿越剪切带的"测线"，然后进行测点位移的量测和计算；

(3)在剪切位移最大的图像上，显示变形后的"测线"，用鼠标人工获取各段剪切带的 4 个边界点的测点编号；

(4) 在分析序列图像中，根据各组边界点编号，自动提取各剪切带边界点的位移数据，再利用有限元四边形等参单元方法计算剪切带中心点变形；

(5) 最后计算剪切带的厚度。

由一组图像序列中通过连续分析获得的局部剪切带的识别结果(图 7-2)可以看出，这一方法对于准确识别剪切带的位置和模式有效。剪切带的准确识别为进一步定量分析提供了可靠保障。

7.2 砂土大型直剪实验概况

7.2.1 砂土材料的物理力学特性

7.2.1.1 物理特性

实验材料采用日本地盘工学研究中广泛使用的丰浦标准砂。为保持一定的含水比，丰浦标准砂从采集现场进入实验室后事先放入干燥机内干燥一段时间，再经电子冷却装置冷却后使用。为了解试料的物理特性，按照日本相关工业标准进行了土粒比重、试料最大最小密度、试料含水比和试料粒度实验，结果如图 7-3 和表 7-1 所示。

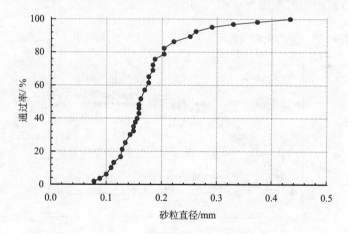

图 7-3　试料粒径加积曲线

表 7-1　丰浦标准砂的主要物理特性

序号	项目	单位	大小
1	土粒比重 ρ_s		2.641
2	试料最小密度 ρ_{min}	g/cm³	1.345
3	试料最大密度 ρ_{max}	g/cm³	1.633
4	试料密度 ρ_d	g/cm³	1.607
5	最大孔隙比 e_{max}		0.964

续表

序号	项目	单位	大小
6	最小孔隙比 e_{min}		0.617
7	孔隙比 e		0.643
8	相对密度 D_r	%	92.60
9	含水比 w	%	0.070

7.2.1.2　强度特性

土的抗剪强度以及内摩擦角和黏聚力是分析其力学变形特性的几个重要参数。为获得丰浦标准砂的上述参数，在标准直接剪切实验中，采用和模型试验相同的气干燥状态材料；为获得 90%左右的相对密度，试样采用空中落下法做成。沙漏距离剪切盒的高度为 0.9 m，试样为圆柱形，直径 6 cm，高度 2 cm。

剪切实验按围压 σ=0.5 kgf/cm^2、1.0 kgf/cm^2、2.0 kgf/cm^2 和 3.0 kgf/cm^2 分为 4 种情况，在压密排水条件下进行，剪切速率为 0.25 mm/min，最大剪切位移为 10 mm。剪切强度和剪胀特性实验结果如图 7-4 所示，图中右纵轴ΔH表示试样在剪切过程中垂直方向位移，初期表现为ΔH减小，随后ΔH逐渐增大，反映出密砂初期体积压缩随后体积膨胀的剪胀特性。实验获得密砂的内摩擦角 ϕ 约为 40°。

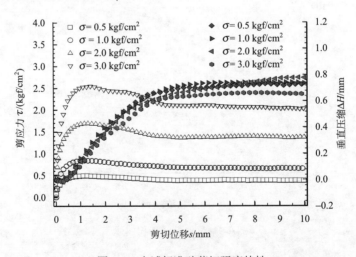

图 7-4　丰浦标准砂剪切强度特性

7.2.1.3　剪切特性

剪胀性和压硬性是土的两个基本理学特性，了解它们有助于建立土的强度和本构方程，而荷载-位移关系曲线通常作为考察土的力学性质的重要实验依据。图 7-5 是实验用丰浦标准砂的剪应力与剪切位移关系曲线，显示剪应力按公式 $\tau=P/A$ 进行计算，其中，P 为施加在可动剪切盒上的水平荷载，下文均称为剪切力，A 为水平方向剪切断面的面积 120 cm^2，由于 P 实际上包含模型和剪切盒底板与玻璃盖板之间的摩擦力，所以，这里将

τ 称为显示剪应力。图 7-6 为围压和峰值与残余剪应力的关系及拟合直线图。

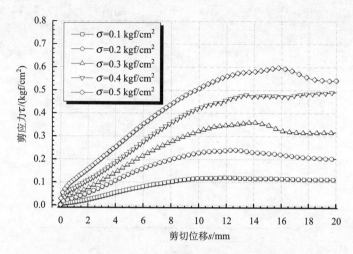

图 7-5　丰浦标准砂剪切位移与剪应力(荷载强度)曲线

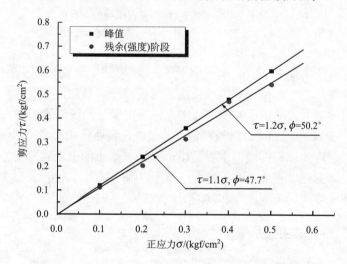

图 7-6　丰浦标准砂剪应力(荷载强度)与正应力(围压)关系

由图 7-5 和图 7-6 可以看出，土体在剪切过程中具有以下特点。

(1)在剪切位移很小的起始阶段，曲线坡度较陡，这是由于可动剪切盒从静止到运动状态的改变，需要克服其与底板之间的静摩擦阻力，然后，随剪切位移的增大，砂的强度得到逐步发挥，直到曲线峰值点，模型内部开始出现剪切破坏，砂的强度随之逐渐降低，反映在剪切力上，τ 亦逐渐减小，最后趋向残余强度阶段。5 个实验中，位移-荷载曲线均具有明显的峰值点，峰值点前为砂的硬化阶段，而峰值点后则为砂的软化阶段。

(2)密砂具有明显的压硬性，从图上可以看出，剪应力 τ 的峰值或砂的强度随压应力的增加而增大，峰值和残余 τ 值与围压之间具有线性关系。

另外，由于砂土试样在直接剪切过程中，与玻璃盖板和剪切盒的底板之间存在摩擦，因此，各实验的峰值剪应力普遍大于理论计算值($\tau = \sigma \times \tan\phi$，$\phi \approx 40°$)。在实验过程中，土的剪胀性，即土体剪切时体积膨胀或收缩的特性，由模型顶部一对位移传感器通过测量模型高度的变化来反映，图7-7是模型高度变化的平均值与剪切位移的关系曲线图。

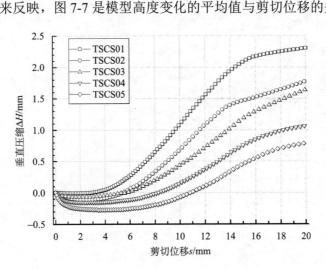

图7-7　丰浦标准砂剪切位移和垂直压缩的关系曲线

实验结果表明：

(1) 剪切初期，试样高度减小，即土体受压，体积缩小，表现为体积剪缩状态；然后，随着剪切位移的增加，土体体积开始以较快的速度膨胀，最后，膨胀速度减小，并有收敛趋势。土体剪缩量大致随围压的增大而增大，而膨胀量则随围压的增大而减小。

(2) 围压越大，土体剪缩的时间过程越长，或者说到达体积膨胀的时间越晚。可以认为，土体宏观上表现的体积膨胀，主要是由于土体剪切带的出现和发展。一般来说，土体的剪胀性与土体的强度有关，围压越大，土体的强度越大。在应力-位移曲线上，峰值点越靠后，也即土体剪切带的产生和发展时间越迟。

7.2.2　实验装置设计及实验系统

7.2.2.1　实验装置

剪切实验装置在日本德岛大学基础工学实验室原有基础(上野胜利等，2000)上改进后设计制作而成。旧的实验装置主要问题有：

(1) 为观测变形，模型表面敞开，实验无法施加围压，剪切不符合平面应变条件。

(2) 为满足平面应变条件，在固定和可动剪切盒模型表面加两块分开的玻璃板，但模型变形很难进行照相观测。

(3) 可动剪切盒的底板与固定剪切盒分开，在剪切过程中，剪切面有被限制的倾向。

(4) 剪切速率由手动摇柄控制，波动较大。

为了克服旧实验装置的上述缺点，新装置在以下几方面进行了改进：

(1) 为了同时满足平面应变条件和便于变形观测，模型表面覆盖一整块厚度为1 cm的强化玻璃；为固定玻璃板，加工制作一玻璃板固定框架，玻璃板位于固定框架与剪切盒之间，在玻璃板与框架接触部位之间放置一层橡胶条，框架与剪切盒之间通过螺栓固定。

(2)为消除剪切面在剪切过程中被限制的倾向，将原来剪切盒两块底板替换为一整块刚性底板。

(3)为量测剪切盒内壁与模型的摩擦力，剪切盒设置摩擦传感器安装孔。

(4)为控制剪切速率的均匀性，采用动力驱动装置。

改进后的剪切实验装置在日本德岛大学机械车间加工制作而成，相关尺寸与构造如图 7-8 所示。

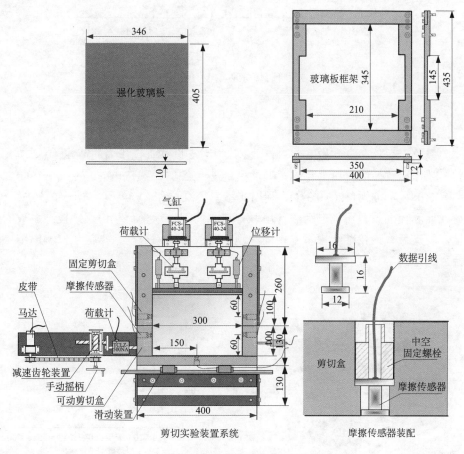

图 7-8　大型剪切实验装置改进设计(单位：mm)

由于剪切盒加上玻璃盖板和整体底板固定不动，可动剪切盒在剪切移动过程中，与玻璃板以及底板存在摩擦。为了考察该摩擦力的大小，针对剪切盒上加和不加玻璃板时做了两组试验。结果表明，两种情况下的摩擦力最大值分别为 1.05 kgf 和 0.75 kgf (图 7-9)。

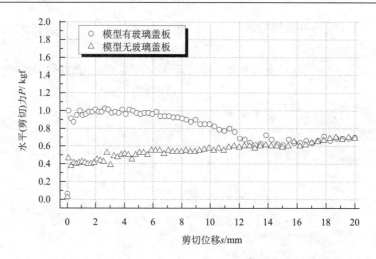

图 7-9   剪切盒与砂土模型间的摩擦力

7.2.2.2   量测元件

实验量测元器件包括购置和自制两类,其中两支量测垂直压力的荷载计(图 7-10(a))为自制。制作荷载计的材料为青铜,弹性模量 $E=1.22×10^6\,\text{kgf/cm}^2$,应变片长为 0.2 mm,应变率为 2.08,阻抗为 $(120±0.3)\,\Omega$,利用实验室校准仪和 7V14 型数据记录仪进行校准。自制荷载计和校准系数已知的荷载计串联,自制荷载计承受荷载由已知校准系数的荷载计测量,两支荷载计校准结果基本相同。施加荷载与 7V14 型数据记录仪输出结果的关系拟合直线如图 7-10(b)所示。

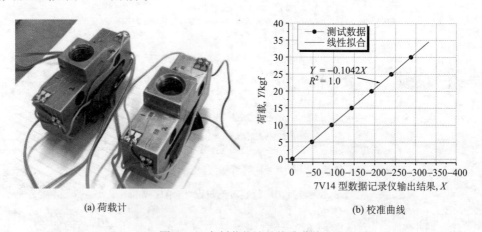

             (a) 荷载计   (b) 校准曲线

图 7-10   自制荷载计及校准曲线

7.2.2.3   系统布置

实验系统布置如图 7-11 所示,主要包括以下几部分:

(1)剪切实验盒,包括固定和可动两部分。可动实验盒通过滑动装置可沿滑竿在水平方向移动，为减小其与下部盒子底板和上部玻璃盖板之间的摩擦力，在两者接触部位，用双面胶带粘贴上一层厚度为 0.2 mm 的特氟纶润滑薄膜。

(2)强化玻璃盖板、玻璃板固定框架和橡胶垫片等附属部件。在图像分析时，为实现图像空间坐标向模型空间坐标的转换，在玻璃板朝向模型的一面粘贴 6 个控制基准点，基准点要求在图像上的中心点用肉眼易于识别。

(3)动力系统，包括控制剪切位移的由马达、传动皮带、减速齿轮和固定底座组成的位移控制系统，以及由在模型顶部施加垂直压力的气缸、空气压力调节控制面板和空气压缩机等动力系统。

(4)量测元器件，包括一支量测水平荷载(或剪切力)的成品荷载计和两支量测垂直方向位移的自制荷载计，以及一支量测水平位移(或剪切位移)和两支量测垂直位移的位移计，此外在剪切盒四周(除顶部)安装有量测摩擦力的共计 5 支摩擦传感器。

(5)数据采集系统，主要包括数据记录仪和计算机两部分。量测元器件均通过数据缆线与 7V14 型数据记录仪连接，数据采集由自编数据通信程序控制，实验者可以通过计算机监视器进行操作，采集的量测数据直接存储在计算机硬盘上。

(6)图像采集系统，包括分辨率为 524 万像素的数码相机、相机固定架、监视器和两支照相专用灯。监视器与数码相机通过数据缆线连接，可对拍摄的图像进行实时预览，有助于实验前对图像拍摄范围和清晰度进行调整。

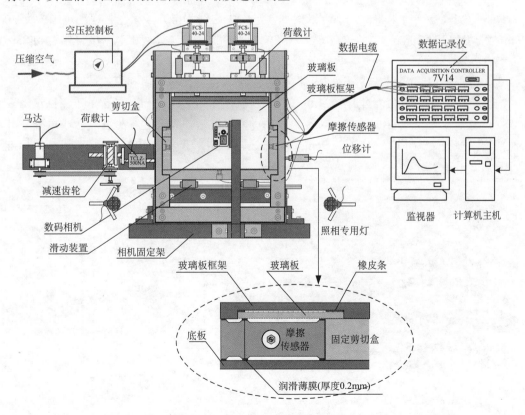

图 7-11　大型剪切实验系统布置图

7.2.3　实验设计、模型制作及实验过程

7.2.3.1　实验设计

为考察不同围压状态下丰浦标准砂的变形特性，根据在剪切盒顶部施加的垂直压力的不同，实验分为 5 种类型(表 7-2)，其中，模型密度为模型的实测密度。实验前，围压大小由空气压力控制面板和数据通信程序进行设定调节。

表 7-2　剪切实验项目设计

实验类别编号	TSCS01	TSCS02	TSCS03	TSCS04	TSCS05
围压 $\sigma/$ (kgf/cm^2)	0.1	0.2	0.3	0.4	0.5
模型密度 $\rho/$(kg/cm^2)	1.59	1.60	1.60	1.60	1.60

注：TSCS 代表模型材料 Toyoura Sand+表面加玻璃盖板 Close Surface；

0X 中，X=1，2，3，4，5，指剪切实验时，对试验模型施加的初始围压为 0.X kgf/cm^2。

7.2.3.2　模型制作

为保证模型密度均匀和一定的相对密度，采用空中落下法进行模型制作。沙漏出口距离剪切实验盒高度为 1 m 左右，以剪切盒竖向中心线为准，沙漏左右摆动范围各为 30 cm，摆动速度为 30 cm/s，砂子分 6~7 次填满剪切盒，这样，模型相对密度可以达到 85% 以上。

为检查模型密度分布情况，专门做一组检验试验。试验采用和正式试验相同大小尺寸的实验盒，在实验盒内(图 7-12(a))布置 10 个直径为 2 cm、深为 2.5 cm 的铜制容器，获得模型密度为 1.58~1.62 kg/cm^3(图 7-12(b))，除靠近模型盒边缘处密度较小以外，其他部位模型密度为 1.611~1.617 kg/cm^3，分布比较均匀，密度平均值为 1.608 g/cm^3，标准方差为 0.012 g/cm^3。

(a) 检验装置

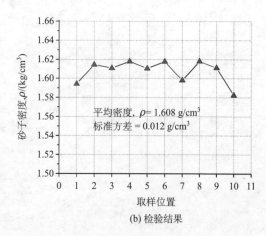

(b) 检验结果

图 7-12　砂土剪切实验模型的密度检验

为增强图像相关分析效果，在制作模型前，可在试料中加入少量同质染色砂，并充分搅拌均匀后使用。实际制作模型时，首先用胶带将可动剪切盒和固定剪切盒粘接起来，以免可动剪切盒在模型制作过程中移动。为保持剪切装置清洁，防止砂子进入剪切装置连接槽孔部位和便于清扫，将 4~5 片塑料薄膜用胶带粘接在剪切盒周围。采用空中落下法，向剪切盒分次填砂时，每次结束后，先将堆积在剪切盒边缘的砂子清理干净，再进行下一次填砂操作，以减小剪切盒内边缘部位砂子密度分布的不均匀性。剪切盒内砂子填满并高出 2 cm 以后，将模型表面整平，然后，撤去塑料薄膜，并将剪切装置清扫干净。

图 7-13 为制作完成后的实验模型照片。为便于肉眼观察砂土宏观剪切变形模式，有时可用染色细砂，在模型表面上描画一些线条，但它对于图像相关分析来说并不是必需的。

图 7-13　剪切实验装置及实验模型照片

7.2.3.3　实验过程

（1）检查空气压力系统和调节装置是否可以正常工作；

（2）检查数据记录仪与位移、荷载和摩擦传感器的连线以及数据通信程序；

（3）采用空中落下法，制作好实验模型；

（4）加上玻璃盖板，并用固定框架将其固定；

（5）按照设定的围压，对模型分步施加垂直压力，达到设定值后，为保证应力均匀分布，将模型静置 4~5 h；

（6）将相机安装在固定架上，并打开照相专用灯和监视器，对相机的拍摄范围、角度和清晰度进行调节；

（7）确认围压正确无误后，启动马达，剪切速率为 0.3 mm/min，最大剪切位移为 20 mm，根据监视器上通信程序显示的剪切水平位移，每隔 0.5 mm，利用遥控装置拍摄 1 张照片；

（8）实验结束后，为计算模型密度，称量模型箱内的砂子质量，然后，清扫实验装置；

（9）将相机存储图像下载到计算机硬盘上，同时，将数据通信程序采集的数据存储到磁盘上，以供整理实验工况分析使用。

7.3　砂土剪切带一般识别结果与分析

图 7-14 为用于分析的图像序列中的两幅实验图像，剪切位移分别为 0 和 20 mm。在图像分析中，如果直接分析相对位移较大的两幅图像，误差一般较大。通常采用微小变形连续分析的方法，即在一组分析的图像序列中，相邻两幅图像对应的模型试验剪切位移为 0.5 mm，利用 PhotoInfor 从起始剪切位移（$s=0$）到实验结束时位移（$s=20$ mm）进行变形分析，图 7-15 是其中一幅图像对应的剪切过程中（$s=20$ mm）砂土表面垂直与水平位移的分析结果。

(a) 剪切位移 $s=0$　　　　　　　　　　　　　　(b) 剪切位移 $s=20$ mm

图 7-14　试样直接剪切实验图像

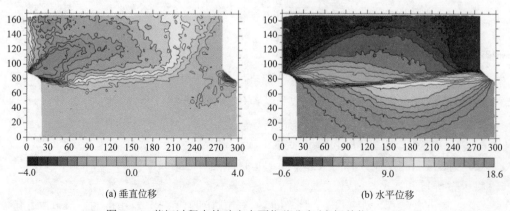

(a) 垂直位移　　　　　　　　　　　　　　(b) 水平位移

图 7-15　剪切过程中的砂土表面位移分布（坐标单位：mm）

　　在实验图像上，控制点包围的图像区域为有效分析范围。考虑到剪切实验变形的精细分析需要较高密度的测点布置，因此，几组图像的测点间距设为 16~18 个像素，相当于 2.2~2.5 mm，测点数 7684~10 062 个。

　　由于几组实验结果基本相近，因此，下文中的剪切变形与模式分析以 TSCS02 一组实验结果为代表进行分析，并结合 TSCS04 和 TSCS05 两组实验进行对比说明。而剪切带的识别及带内变形的分析则以 TSCS01 一组为主，结合 TSCS03 和 TSCS05 来进行对比说明。

7.3.1　剪切变形产生与发展过程

　　TSCS02 实验获得的砂土最大剪应变及增量分布如图 7-16 所示，体积应变及增量分布如图 7-17 所示。本节以剪切位移 s 为顺序来说明土体剪切过程中局部化变形的产生、发展和演化过程。

　　(1) s=2 mm。从宏观上看，砂土处于整体压缩阶段，砂土的纺锤形变形区域初现雏形，变形相对较大，多条带状区域比较明显，变形由两端向中间扩展，并且横向贯穿模型全域，这说明即使在剪切位移较小时，砂土模型中部的变形并不全是均匀的。从体积应变分布上看，砂土模型靠近两端的大变形带内表现为体积膨胀，靠近中央部分则表现为体积压缩。

　　(2) s=6 mm。从宏观上看，砂土由压缩阶段开始向体积膨胀阶段转变，靠近两端的大变形带以较大速度呈张开的"爪形"向中部扩展，纺锤形变形区域开始向外膨胀，变得匀称丰满；同时，出现了新的变形带，初期出现的变形带的应变及其增量要小于新出现的变形带，变形区域开始迁移；变形主要集中在大变形带里，而大变形带之间则是小变形区，小变形区内包含应变几乎为零的局部均匀变形区。靠近砂土模型中部的大变形带内的变形较其他变形带大，从应变增量看，该变形带向模型水平中线靠近。从体积应变分布上看，靠近两端的大变形带内体积膨胀，并随应变的发展而向中央扩展，中央体积压缩区域变得比较明显。除了两端大变形带体积膨胀继续向中部扩展外，体积应变增量向模型中部移动，与剪应变的移动方向一致。

　　(3) s=14 mm。在 s<14 mm(8 mm、10 mm、12 mm)的剪切过程中，靠近两端，大变形区域扩大，大变形带继续沿原来的方向中部扩展，中间变形带的扩展速度要大于两侧的变形带，从应变增量分布上看，靠近砂土模型中上部的区域，变形开始停止，而模型下部变形仍在继续，变形增幅有向中间收缩的趋势，中部的变形带从两端向中间加速扩展。而当 s=14 mm，变形的发展主要集中在中部，其他区域大变形带内的变形基本停止。从体积应变分布看，其变化发展趋势与最大剪应变基本保持一致，如果以剪切带内的剪胀特征和带内的变形持续发展为依据，可以判断 s=12 mm 时，两条最终剪切带基本形成。

　　(4) s=18 mm。砂土最终剪切带的位置基本固定不变，剪切带的宽度根据后面的定量分析有所变化，变形的增量集中在该剪切带内，而且剪应变与体积应变均保持较大的增速。

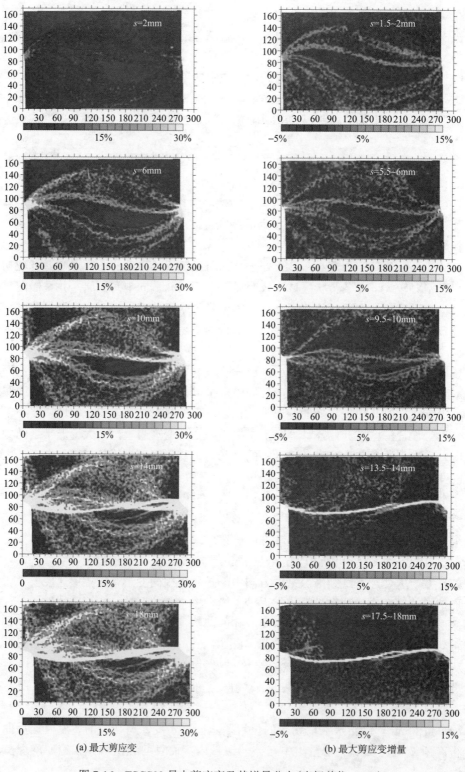

(a) 最大剪应变　　　　　　　　　　　　　　　(b) 最大剪应变增量

图 7-16　TSCS02 最大剪应变及其增量分布(坐标单位：mm)

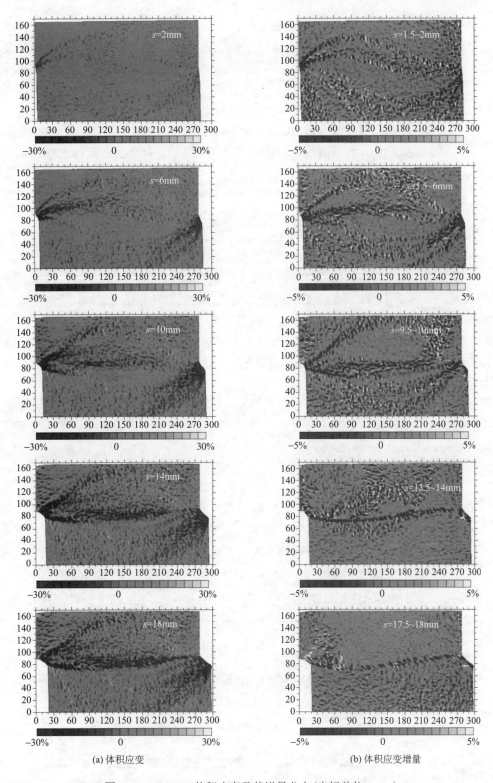

(a) 体积应变

(b) 体积应变增量

图 7-17　TSCS02 体积应变及其增量分布(坐标单位：mm)

进一步总结概括可以得出土体在剪切过程中具有以下特点：

(1)变形起源于砂土模型的端部，剪切位移初期，包含压缩与膨胀区域的变形带及变形模式开始形成。

(2)位于砂土模型上半部靠近中央的大变形带，在剪切过程中，剪应变的增量逐渐向模型水平中心线方向迁移，直到荷载-位移曲线峰值点附近，最终剪切带形成。

(3)在荷载-位移曲线峰值点以后，变形主要集中在砂土最终剪切带内，带外变形增速很小，甚至基本停止，而带内最大剪应变与体积应变仍在继续且变形增速较大。

从工程角度来说，对于基坑、边坡、隧道等土体结构的安全与稳定，在设计与施工过程中，应当考虑剪切带可能出现的位置，对该区域进行重点加固，并尽量阻止最终剪切带的形成，否则，土体结构会加速变形从而导致出现工程事故。

通过对比分析，发现 TSCS02 与 TSCS04 和 TSCS05 在变形发展演化方面有着许多共同点，主要表现为：①变形的模式和范围基本相同；②变形增量的位置和方向在剪切过程中不断变化，且最终剪切带与初始大变形带的方位并不完全一致；③最终剪切带在荷载-位移曲线峰后形成，峰值点处剪切变形增量开始向最终剪切带集中，其他区域变形明显减小；峰后，则剪切变形和体积应变基本上集中在最终剪切带内。不同之处在于：①最终剪切带的形状有所不同；②TSCS02 和 TSCS05 峰后两条最终剪切带贯通，所以表现为带内变形增大，而范围基本不变，TSCS04 峰后两条最终剪切带间隔一定距离，表现为变形范围沿横向继续延伸和发展。

从工程上来说，土体结构中如存在距离较近的多条剪切带，则在剪切变形过程中，这些剪切带有不断扩展并形成贯穿剪切带的倾向，造成岩土结构的条块分割，对工程稳定极为不利，应当及早采取措施。

7.3.2　剪切带内外变形定量分析

在 TSCS02 实验中，为了对砂土的变形场进行定量分析，如图 7-18 所示，分别选择 13 个测点，这些测点实际上是四边形测点单元的中心点，其应变数据代表单元的区域变形，分布在模型的大变形带、最终剪切带和中部小变形区中，具有一定的代表性。

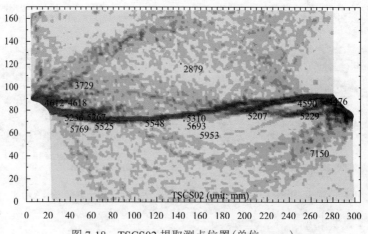

图 7-18　TSCS02 提取测点位置(单位：mm)

1) 砂土模型的右端部：大变形区的产生、迁移过程和不同区域的变形

测点 4618 和 5267 位于大变形带，测点 5256 位于最终剪切带内，而测点 5769 则位于模型下半部，剪应变、体积应变和剪切位移的关系曲线如图 7-19(a) 和图 7-19(b) 所示。通过比较这几点的变形特征，来考察大变形区的产生、迁移过程和不同区域的变形特点。

从图 7-19(a) 可以看出，测点 4618 在剪切位移 $s<8$ mm 时变形最大，其次为 5267 和 5256，而当接近峰值时 ($s=10$ mm)，5267 测点变形快速增大，但峰值以后有所减缓，剪切结束时则趋于稳定，而 5256 点在峰值前变形开始急剧增大，并持续变形。体积应变上 (图 7-19(b))，测点 4618、5769 和 5256 表现为初期体积压缩，而靠近峰值和峰后，体积表现为膨胀的特点。

以上分析表明，在剪切过程中，大变形带的位置是变化的，峰值前有多条大变形带出现，但部分在峰值前即终止扩展，部分则在峰后缓慢增长，且扩展范围有限。最终剪切带在剪切位移峰值前变形较小，$s=10$ mm 时，其 γ_{max} 仅为 20%，而接近峰值时，则急速持续增长。大变形带内剪切位移初期呈剪缩特征，而峰值附近和峰后则表现为剪胀特征。峰值以后，剪切变形主要集中在最终剪切带内。

测点 5769 则位于小变形区，$s>9$ mm 时，剪切变形与体积应变基本保持稳定，测点所在部位的砂土则表现为压缩特征。

2) 砂土模型的右半部：大变形区和最终剪切带变形以及演化过程

测点 4612 和 3729 位于砂土模型右端上半部的大变形带内，而测点 5256、5525 和 5548 则位于最终剪切带，它们均位于模型右半部。该区域测点的剪应变、体积应变和剪切位移的关系曲线如图 7-19(c) 和图 7-19(d) 所示。通过比较这几点的变形特征，来考察两个区域的变形特点和最终剪切带变形的演化过程。

从图中可以看出，4612 和 3729 在剪切位移初期 ($s=0\sim2$ mm)，最大剪应变和体积应变较小，然后随剪切位移的增大 ($s=2\sim10$ mm)，靠近端部的 4612 测点 γ_{max} 以较快的速度增加，而离端部较远的 3729 测点则变形相对较小，两测点所在区域体积应变均呈剪胀特征。而在 $s=0\sim10$ mm 的剪切过程中，位于最终剪切带内的 5256、5525 和 5548 测点变形很小，最大 γ_{max} 约为 22%，体积应变表现为压缩特征，最大 ε_V 约为 30%。当 $s\geq10$ mm，5256 点变形开始呈线性急剧增长，测点 5525 和 5548 滞后一段时间，变形立即以大致相同的斜率或速度快速增大，体积应变上表现为更为明显的剪胀特征，最大 ε_V 约为 67%。这说明在剪切过程中，砂土模型的初期变形较小，而后变形逐渐增大，接近峰值时，大变形转移到模型水平中线附近，急剧变形带或最终剪切带起始于峰值之前。峰值以后，最终剪切带内仍以较快的速度发展，而初期大变形带内的变形减缓，且最终趋于稳定。另外，由曲线图上可以发现，5256、5525 和 5548 3 个测点水平相隔一定距离，5525 和 5548 两点所在区域的急剧变形要滞后 5256 一定时间，但 5525 和 5548 两点开始急剧变形的时间差相对较短，说明剪切带产生以后的局部化变形扩展速度开始较小，然后明显加快。

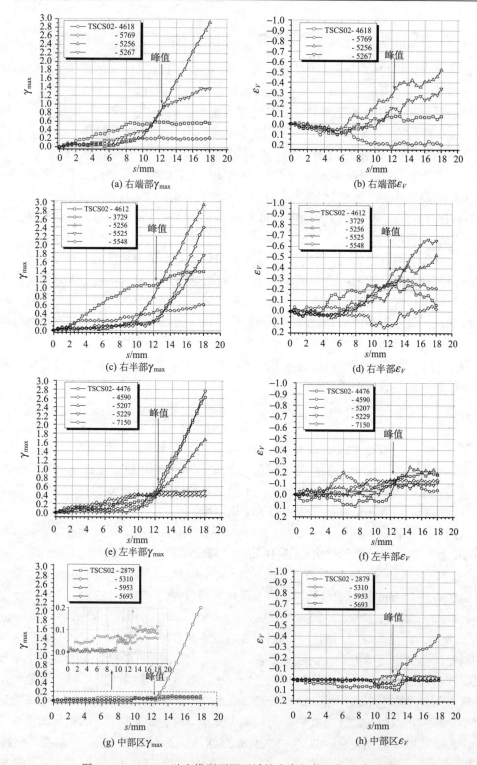

图 7-19　TSCS02 砂土模型不同区域的应变与剪切位移关系曲线

3) 砂土模型的左半部：大变形区和最终剪切带变形以及演化过程

测点 4476、4590 和 5207 位于最终剪切带内，测点 7150 位于初期大变形带内，测点 5229 则位于最终剪切带附近，它们均位于模型左半部。测点的剪应变、体积应变和剪切位移的关系曲线如图 7-19(e) 和图 7-19(f) 所示。

在峰值前，测点 7150 变形较大，接近峰值时($s=9$ mm)开始趋于稳定，最终应变 γ_{max} 约为 40%，而 5229 在峰值前($s<10$ mm)变形较小，γ_{max} 约为 10%，接近峰值时，变形很快增大，但峰值过后，很快趋于稳定。7150 测点所在模型区域表现为体积压缩，而 5229 测点在 $s=10$ mm 前后则分别表现为体积微小膨胀和压缩特点。位于最终剪切带内的 3 个测点在峰值前的变形均相对较小，而在靠近峰值时，变形开始急速增大，最大 γ_{max} 约为 45%，峰后剪切带内持续产生高速变形，其他区域内变形相对较小甚至中止。由此可以得知，在剪切过程中，模型大变形逐步向最终剪切带迁移，且最后集中在最终剪切带内。测点 4476、4590 和 5207 急剧变形的剪切位移起点 $s=10$ mm、11 mm、12 mm，从砂土模型的边缘到中部，剪切带的扩展速度逐渐加快。从体积应变曲线上看，5 个测点在剪切过程中的开始和峰后均表现为不同程度的剪缩和剪胀特征。

4) 砂土模型的中部：小变形区和剪切带内外变形特点

测点 2879、5310、5693 和 5953 位于砂土模型的中部区域，其中 5310 位于最终剪切带内，5693 则位于剪切带边缘，其他两点位于小变形区。剪应变、体积应变和剪切位移的关系曲线如图 7-19(g) 和图 7-19(h) 所示。

从图中可以看出，小变形区域及剪切带附近土体变形很小，在 $s \leqslant 10$ mm 时，测点 5693 和 5953 剪切应变几乎为零，其他两点变形在 $s \leqslant 10$ mm 时亦小于 8%；剪切过程结束时，4 个点的 γ_{max} 最大仅为 11%左右，说明模型剪切过程在初期大变形带之间存在变形相对很小的均匀变形区；另外，到达峰值时，位于最终剪切带内的测点 5310 剪应变很小，仅为 7.5%左右，其急剧变形在峰值过后，且变形速度及变形量远远大于其边缘测点 5693。由此说明，最终剪切带起始于峰值前，而在峰值处并未贯穿而仍在继续扩展，另外，剪切带附近的变形受剪切带影响较小，带内外变形差别很大，由此可以加深对剪切带内剧烈变形特点的认识和理解。从体积-应变曲线上看，中部小变形区两个测点所在区域表现为土体体积压缩的特点，剪切带内测点在急剧变形前表现为体积压缩，然后随变形急速发展转变为明显的剪胀特征，而剪切带的边缘则在峰值附近和峰后表现为微弱的体积膨胀现象。

进一步概括分析，可以得出砂土在剪切过程中的力学特性具有以下特点：

(1)在荷载-位移曲线上的峰值前，砂土不均匀变形产生，出现多条由剪胀与剪缩区组成的大变形带，在峰值点附近，部分变形带停止扩展，部分则继续缓慢增长。

(2)剪切过程中，砂土大变形的增量逐步向最终剪切带迁移，且最后集中在最终剪切带内，最终剪切带区域在峰值前变形较小，而在峰值点和峰后时间则变形急剧增大，范围由砂土模型的两端向中部快速扩展。

(3)砂土剪切带的内外变形梯度很大，剪切带的体积应变在急剧变形前后分别呈明显的剪缩与剪胀特征。

综上定性与定量分析，在垂直压力分别为 0.2 kgf/cm²、0.4 kgf/cm²、0.5 kgf/cm² 条件下，砂土在剪切过程中的总体变形模式和变形特点基本相似，不同之处在于最终剪切带的位置分布和扩展范围有些差别。

7.3.3 剪切总体变形特点的分析

7.3.3.1 总体变形区域

TSCS02、TSCS04 和 TSCS05 3 组实验的土体变形面积在剪切过程中的变化情况如图 7-20 所示。将最大剪应变 $\gamma_{max}>1\%$（理论情况下 $\gamma_{max}>0$，这里考虑图像分析的误差）假定为变形区，$\gamma_{max} \geqslant 30\%$ 一般可认为塑性变形已经产生。结果表明，在剪切位移初期($s \leqslant 2$ mm)，土体变形区域急剧增大，塑性区范围很小，说明土体主要处在弹性变形阶段；然后，变形区($s>2$ mm)有所减缓，到达峰值附近，变形区域范围基本保持稳定，但塑性区范围开始增加，并快速扩展；峰值以后，塑性区扩展速度减缓，剪切结束阶段则趋于稳定，说明这一阶段砂土的变形以塑性变形为主，而且范围快速扩展。对于 TSCS02 和 TSCS05 在荷载-位移曲线的残余阶段峰值过后 2 mm，塑性区范围开始趋于稳定，变形主要集中在剪切带内，而 TSCS04 仍以较快速度发展，主要是由于两条最终剪切带仍在继续扩展，这从定量分析角度验证了上述定性分析。

综上所述，模型变形可以划分为弹性变形、快速塑性变形和剪切带内残余塑性变形 3 个阶段，快速塑性变形持续到峰后。

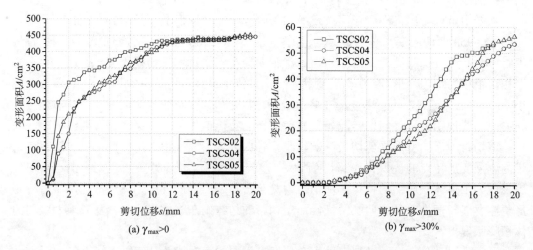

(a) $\gamma_{max}>0$ (b) $\gamma_{max}>30\%$

图 7-20   土体剪切变形区域在剪切过程中的演变曲线

7.3.3.2 总体平均应变

为考察剪切实验过程中的土体总体应变与剪切位移 s 的关系，按式(7-1)计算试样总体平均剪应变 $\overline{\gamma}_{max}$。

$$\overline{\gamma}_{\max} = \frac{\sum_{i=1}^{n} \gamma_{i\max} \times A_i}{\sum_{i=1}^{n} A_i} \tag{7-1}$$

式中，$\gamma_{i\max}$ 为四边形测点单元中心最大剪应变，$\gamma_{i\max} > 0$；A_i 为最大剪应变为 $\gamma_{i\max}$ 的四边形测点单元面积；n 为最大剪应变 $\gamma_{i\max}$ 大于零的四边形测点单元总数。

平均剪应变 $\overline{\gamma}_{\max}$ 与剪切位移 s 关系如图 7-21 所示。可以看出，对于 TSCS02、TSCS04 和 TSCS05 实验，$\overline{\gamma}_{\max}$ 和 s 有相似的关系：在剪切位移初期 $s \leqslant 1\,\text{mm}$ 时，$\overline{\gamma}_{\max}$ 增速较快，与 s 呈二次多项式拟合关系；在 $s > 1\,\text{mm}$ 时，$\overline{\gamma}_{\max}$ 增速有所降低，与 s 基本保持线性关系。TSCS02、TSCS04 和 TSCS05 3 组实验情况下，$\overline{\gamma}_{\max}$ 与 s 的拟合方程分别见式(7-2)~式(7-4)，公式中，R^2 表示 $\overline{\gamma}_{\max}$ 和 s 相关系数的平方。

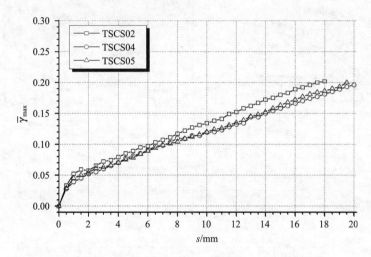

图 7-21　土体平均剪应变与剪切位移关系曲线

$$\begin{cases} \overline{\gamma}_{\max} = -0.028s^2 + 0.08s, & s \leqslant 1\,\text{mm}(R^2 = 1) \\ \overline{\gamma}_{\max} = 0.009s + 0.0438, & s > 1\,\text{mm}(R^2 = 0.9988) \end{cases} \tag{7-2}$$

$$\begin{cases} \overline{\gamma}_{\max} = -0.034s^2 + 0.073s, & s \leqslant 1\,\text{mm}(R^2 = 1) \\ \overline{\gamma}_{\max} = 0.008s + 0.0386, & s > 1\,\text{mm}(R^2 = 0.9953) \end{cases} \tag{7-3}$$

$$\begin{cases} \overline{\gamma}_{\max} = -0.026s^2 + 0.071s, & s \leqslant 1\,\text{mm}(R^2 = 1) \\ \overline{\gamma}_{\max} = 0.008s + 0.0377, & s > 1\,\text{mm}(R^2 = 0.9989) \end{cases} \tag{7-4}$$

7.3.4　剪切变形模式素描与分析

根据图像分析结果，利用 PostViewer 程序绘制出模型的应变分布矢量图，可对初期变形(剪切位移约为 5 mm)形状区域和最终剪切带进行素描。TSCS02、TSCS04 和 TSCS05 变形模式素描结果如图 7-22 所示。

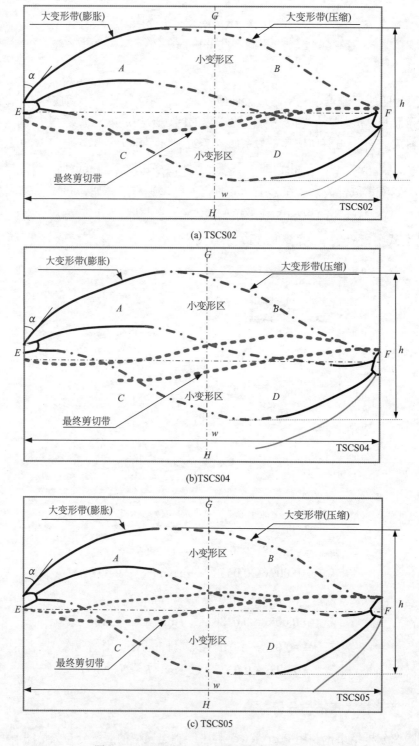

(a) TSCS02

(b) TSCS04

(c) TSCS05

图 7-22　不同围压下砂土模型的剪切变形模式

由图中可以看出，砂土模型的初期变形区域呈纺锤形。以模型中心为分界点，左上与右下部分、左下和右上部分大致对称，3 个实验变形区域高度比较接近，大约为 120 mm，横向分布范围则等于模型的宽度；纺锤形变形区内可以分为 3 条明显的大变形带(这里将 $\gamma_{max}\geqslant30\%$ 称作大变形)，变形带之间为小变形区域。每条变形带又可分为 2 个区域，这里称作膨胀变形带和压缩变形带。

实验结束时，仍在持续变形的区域集中在模型中部的带状区域，这里称作最终剪切带。在 3 组实验中，最终剪切带均包含上下两条。随着围压的增加，以左端为起点的剪切带位置不断上移，而以右端为起点的剪切带则不断向左延展，在竖向上亦有上移倾向。

此外，最终剪切带并不是位于初期大变形内，也就是说，砂土模型的剧烈变形区域位置在剪切过程中发生了转变。

7.4　砂土剪切带的专门识别结果与分析

7.4.1　剪切带的素描图

图 7-23 分别为变形前后两幅剪切实验照片，图中标出了为识别剪切带进行的图像分析范围，给出了变形后剪切带识别结果。

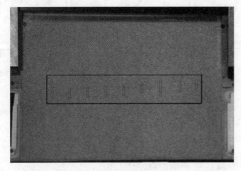
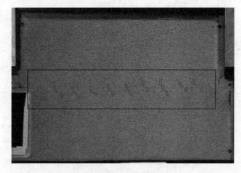

(a) 初始识别范围　　　　　　　　　　　　　　(b) 识别结果

图 7-23　剪切带的识别范围与识别结果

图 7-24 为 TSCS01 初始 ($s=0$)、峰前 ($s=6$ mm)、峰值点 ($s=12$ mm)、峰后 ($s=16$ mm)以及最终剪切带素描。从图中可以看出，在峰值点及以前时间段，砂土剪切带并不明显，而在峰值点以后，剪切带开始快速发展，且剪切带上下边缘错动量增大；另外，在剪切带形成的过程中，剪切带的宽度是不断变化的(如 1 点区域)，多数逐渐增大，部分(如 6 点区域)则开始增大然后减小。剪切带厚度的变化与剪切带上下边缘的错动量及错动方向有关。总体来看，砂土剪切带并不是平直的，剪切带厚度在长度方向上分布也有所不同。图中标注的 1,2,3,…为剪切带区域中心点的编号。为了对剪切带内变形进行定量分析，选择剪切带边缘 4 个点，根据等参四边形单元应变计算方法，计算出其中心点处的剪应变、正应变和体积应变等变形值。

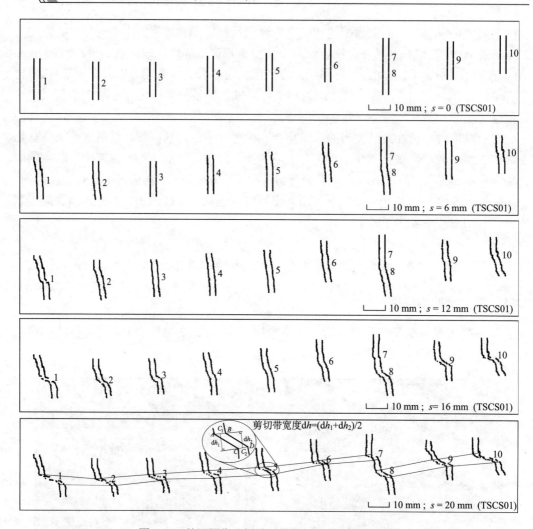

图 7-24 基于图像分析结果的剪切带素描(TSCS01)

7.4.2 剪切带内的变形

TSCS01 的剪切带中心点 2、3、4、5 变形位移曲线如图 7-25(a)~图 7-25(d)所示。从图中可以看出,在剪切过程中,x 和 y 方向上正应变呈现不同的发展特点,在峰值前,测点 2、3、4、5 处砂土模型 x 方向正应变基本上为大于或等于零,呈压缩状态,压缩量较小,而在峰后才逐渐由压缩状态转变为膨胀状态。y 方向上,峰前 $s<5.5$ mm 时,正应变接近零,但在峰值前($s=5.5\sim12$ mm),正应变产生,y 方向上呈体积膨胀状态,且膨胀量大于同期 x 方向的压缩量;然后 3、4、5 测点分别在 $s=13$ mm、15 mm、15.5 mm 膨胀量减小,但总体体积应变呈剪胀特点;表明这些点在峰前的前半部变形很小,或者说,最终剪切带并不是在初始大变形带基础上发展过来的;y 方向上的体积膨胀状态的出现要早于 x 方向。

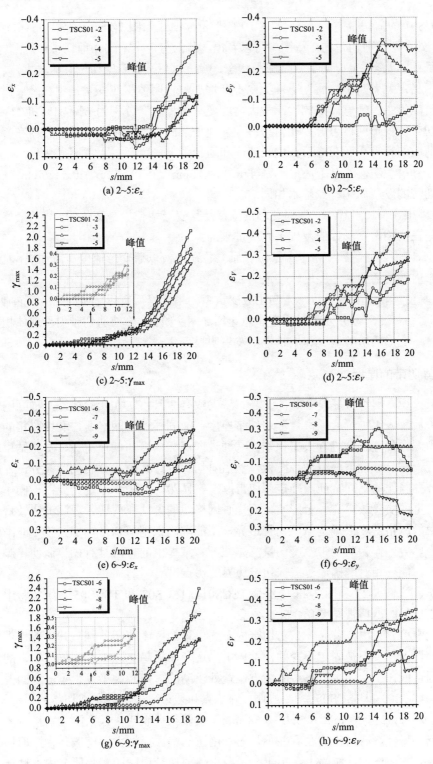

图 7-25 TSCS01 剪切带应变与剪切位移关系曲线

TSCS01 的剪切带中心点 6、7、8、9 变形位移曲线如图 7-25(e)~图 7-25(h) 所示，6、7、8、9 处在两条剪切带内。从图中可以看出，砂土剪切带末端在剪切带扩展到之前在 x 方向上呈压缩状态，y 方向上则呈膨胀状态；峰值以后，随着剪切位移的增大，y 方向正应变逐渐稳定或者减小，而 x 方向上则不断增加，说明体积应变增量中在峰后以 x 方向正应变贡献为主。峰值点处的砂土最大剪应变和体积应变分别为 6%~31% 和 2%~28%。各点剪切带的变形同样可分为相对缓慢和急速增加两个典型阶段。剪切带内在峰前即呈现体积剪胀的特点，而在峰后在增长速度和增长量上一般都发生了明显变化。

综上分析说明，砂土在垂直应力等于 0.1 kgf/cm^2、0.3 kgf/cm^2、0.5 kgf/cm^2 三种情况下，剪切带的发展演化特点基本相同：

(1) 砂土在剪切过程中，大的变形带位置及其变形增长量是变化的，峰后最终剪切带并不都是在初期大变形带的基础上发展过来的；

(2) 剪切带内的急剧变形起始于峰值前，且在峰值以后变形速度有所加快，此外，峰后剪切带内的剪切变形速度比较接近；

(3) 峰前体积应变增量以 y 方向正应变贡献为主，峰后则以 x 方向正应变贡献为主；

(4) 剪切带变形可分为相对缓慢和急速增加两个阶段，峰前剪切带内呈现体积剪胀的特点，峰后变形的增长速度和增长量则发生明显变化。

7.4.3　剪切带的厚度

一般来说，剪切带厚度观测的实验方法大致有 3 种：①在实验模型上描画网格线，实验结束后，人工进行素描，量测剪切带厚度；②同样使用网格线，利用照相的方法，然后使用图像处理软件进行人工识别；③通过向试样内灌注低速树脂，实验结束时，将试样切开，在显微镜下获得切片图像，然后对切片进行孔隙比分布的图像分析，根据剪切带内外孔隙比的不同特征，确定剪切带厚度。显然，方法 3 不足之处在于操作复杂，对实验模型的实验效果有一定影响，而描画网格线的方法在剪切带观测上比较直观，但是，有限的网格密度很难覆盖剪切带边界，不能准确识别剪切带，那么就不能准确地量测剪切带厚度。作为剪切带厚度的量测方法，本章提出的方法具有操作简便、测点布置密度灵活、能够相对准确地覆盖剪切带边界的优点。

图 7-26、图 7-27 和图 7-28 分别是 TSCS01、TSCS03 和 TSCS05 三组实验中上述剪切带中心点处的剪切带厚度(d_h)量测结果。

由图中可以看出，首先一条剪切带内不同位置的厚度有所差别，其次剪切带的厚度在峰后剪切过程中不是固定不变的，总体上呈逐渐增加趋势。少数部位剪切带的厚度减小，原因可能在于剪切带上下边界测点位置处错动的方向和大小发生了一定的改变。在 TSCS01、TSCS03 和 TSCS05 3 组实验中，峰值点和残余阶段的砂土剪切带的平均厚度(图 7-29)分别为 2.82~3.26 mm 和 3.45~3.68 mm。实验结果表明，残余阶段剪切带的厚度大于峰值点，另外，剪切带的厚度并不是随着围压的增大而增大。一般认为，剪切带的厚度随围压增大而增加，实际上，由于在一般土体剪切带厚度的实验研究中，试样多数被薄膜所包裹，剪切带的变形在低围压下受到薄膜约束相对较大，从而导致剪切带厚度较小，因此，从本实验结果来看，剪切带厚度随围压增大而增加的结论有待进一步考察。

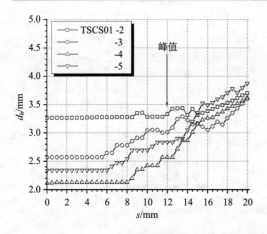

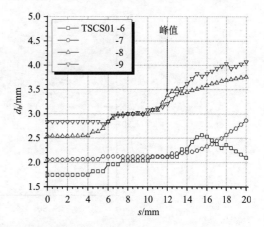

图 7-26　TSCS01 试验的剪切带厚度与剪切位移关系

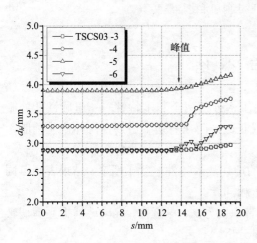

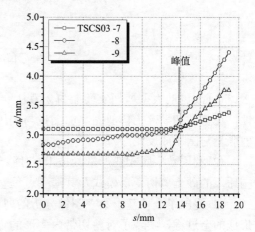

图 7-27　TSCS03 试验的剪切带厚度与剪切位移关系

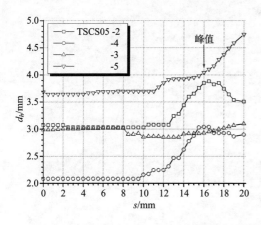

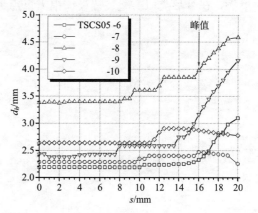

图 7-28　TSCS05 试验的剪切带厚度与剪切位移关系

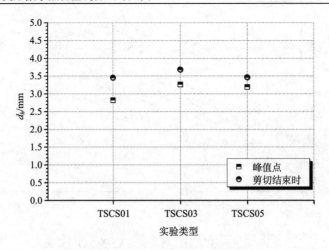

图 7-29 剪切实验中的砂土剪切带平均厚度

7.5 本 章 小 结

(1)改进的大型剪切实验装置宏观上再现了密砂的两个基本特性——压硬性和剪胀性，在剪切初期，土体剪缩，剪缩量与围压成正比，而在剪切中后期，土体产生剪胀，剪胀量与围压成反比。

(2)利用数字照相变形量测技术，对砂土的剪切变形特性进行了研究，结果表明不同围压下的砂土剪切变形模式及其演变过程基本相同。

(3)提出了一种基于数字图像分析的剪切带识别方法，可直接、准确地捕捉到剪切带形成的全过程，实现了对剪切带内变形的定量分析。

(4)大型剪切实验装置中，砂土试样在剪切过程中与模型玻璃盖板和底板间存在较大摩擦，在今后类似实验装置设计中需重点考虑解决。

第8章

隧道围岩破裂带的识别方法与应用

隧道围岩破裂带或松动圈是隧道所处应力环境与岩体强度综合作用的结果，其大小与分布是划分围岩稳定级别的一项重要指标。破裂带内岩体的碎胀变形被认为是围岩变形产生的主要原因，因此，隧道围岩破裂带也是决定隧道维护难易程度的一个重要指标，它的准确测量对隧道的支护设计与稳定性评价都具有重要意义。本章首先介绍基于数字图像相关分析的围岩破裂带的识别方法，然后介绍在两种隧（巷）道模型试验研究中的应用，一是断续解理岩体隧道的围岩松动圈与变形过程观测，二是沿空动压巷道围岩变形破裂过程的试验研究，以此展示数字照相变形量测在隧道相似模型试验中的应用方法与效果。

8.1　隧道围岩破裂带的识别方法

在相似模型试验研究中，通常用肉眼来观测围岩破裂范围，例如，试验结束时将模型封闭的加载板打开或将模型切开，然后进行人工素描和测量，这种方法虽然简单，但很难准确判断破裂带的实际边界，且只能在试验结束时量测，无法了解其演变过程。为此，研究提出一种基于图像相关分析的简单实用且精度较高的隧道围岩破裂带识别新方法，对破裂带的范围及其发展变化进行观测分析十分重要。

由于围岩破裂带内岩体的位移通常较大，而破裂带外的位移较小，另外，围岩裂缝和破裂处位移由于发生时间极短，而图像采集的时间间隔很难保证足够小，位移曲线在该处通常会出现明显的弯折点，因此，利用图像相关性分析，可以区别和判断破裂带的大小和范围。如在模型图像上划分常规测点网格，因测点间距较大，不能准确识别破裂带边界，而总体测点间隔太小，又会导致计算量过大。为此，本章提出一种"图像钻孔"方法，即沿隧道周边按径向等角度布置几组"钻孔"，每组"钻孔"实际上由间距为一个像素的测点组成，然后，利用图像相关分析，计算出"钻孔"点在各个试验阶段的位移，根据位移的突变点便可较为准确地判别围岩破裂带的范围。PhotoInfor 破裂带的识别参数设置如图 8-1 所示，在识别参数设置完成后，系统可以进行图像自动分析与破裂带识别矢量格式素描图的自动输出。

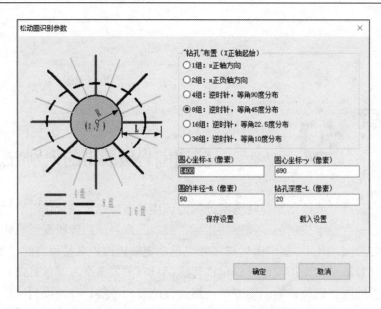

图 8-1　隧道围岩破裂带的识别参数设置

8.2　断续解理岩体隧道的围岩变形过程观测

围岩松动圈支护理论自提出以来，一直处于不断地改进、完善和发展过程中，而且在煤矿系统和铁路与公路交通系统中应用都十分广泛，然而，在模型试验、数值模拟和理论分析等一般研究中，均没有充分考虑解理对破裂区的形成机理与扩展深度等的影响。岩体中的解理是客观存在的，对围岩松动圈亦有重要影响，因此，研究解理岩体在开挖条件下巷道周边围岩破裂区形成和扩展机理具有重要意义。

8.2.1　试验系统

试验采用中国矿业大学真三轴隧道平面模型试验台，模型立式布置，可直接在台架内整体浇注和分层铺设模型，通过 3 套互相独立的液压枕对模型 6 面加载，3 个方向加载比例(本试验为 1∶1∶1)可任意调节，最大载荷为 10MPa。但由于原有试验系统相似模型 6 面全封闭，在试验过程中，无法对隧道围岩进行数字照相，因此，首先对原有试验台前面的加载板进行改装，重新加工制造一个开有窗口但外围大小尺寸和原件基本相同的加载板，窗口大小为 400 mm×400 mm(图 8-2)，如将顶部加载板去除，模型结构俯视如图 8-3 所示。在观测窗口的有机玻璃板紧贴模型的一面 4 个角上分别描画 1 个十字形标志，作为坐标转换的控制基准点，4 点组成一个 350 mm×350 mm 的正方形。

数字照相系统由有效像素为 1280 万的佳能 EOS5D 单反数码相机和两盏 200W 普通白炽灯组成。相机镜头与模型观测面的距离约为 1 m，采用红外遥控装置进行拍摄。

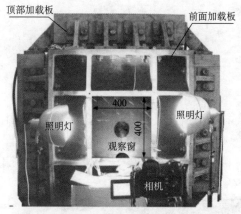

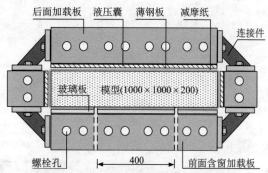

图 8-2　隧道模型试验系统图(单位：mm)　　　图 8-3　隧道模型俯视断面结构(单位：mm)

8.2.2　试验材料与模型制作

由于石蜡和砂的混合物具有良好的塑性，适合模拟隧道的压力显现与变形特征，可以作为模型相似材料。试验模型中的砂和石蜡的质量配合比为 100∶6(表 8-1)，相似材料主要力学指标——单轴抗压强度 σ 与弹性模量 E 分别是 1.3MPa 和 0.9GPa，黏聚力 c、内摩擦角 ϕ 和泊松比 ν 分别是 0.18MPa、27.1° 和 0.26，所对应的实际岩石力学指标分别为 64.1MPa、44.4GPa、8.9MPa、27.4° 和 0.26。

试验模型所确定的相似常数包括：C_L 为几何相似常数，根据模型试验台的几何尺寸取 $C_L=40$。为简化起见，取岩体的比重 $\gamma_p=2.5\times10^3$ N/m³，实测相似材料的比重为 $\gamma_m=1.60\times10^3$ N/m³，则比重相似比 $a_\gamma=1.56$，应力相似比 $a_\sigma=C_L\times a_\gamma=62.5$，时间相似比 $a_t=\sqrt{C_L}=8.3$。

表 8-1　相似材料和所模拟原岩的主要力学指标

配比	σ_c/MPa		E/GPa		c/MPa		ϕ/(°)		ν	
(砂∶石蜡)	模型	原型	模型	原型	模型	原型	模型	原型	模型	原型
100∶2	0.15	7.40	0.30	14.79	0.12	5.92	26.5	26.5	0.33	0.33
100∶4	0.70	34.50	0.50	28.58	0.14	6.90	26.5	26.5	0.28	0.28
100∶6	1.30	64.09	0.90	44.37	0.18	8.87	27.1	27.4	0.26	0.26
100∶8	1.70	83.81	1.15	56.69	0.25	12.32	27.4	27.4	0.25	0.25

模型制作时，先用电烘箱将砂子和石蜡加热至 150℃左右，然后，搅拌均匀后浇注到试验台架中，经振动捣实。选用厚度为 2.0~3.0 mm 的刀片按设计角度和密度插入模型后抽出，随后，将云母粉灌入刀片切缝中，形成宽为 1.0~1.5 mm 的窄缝来模拟断续解理，然后，再进行振实。模型的铺装连续进行，以防模型材料冷却后两层间出现分层现象。每一模型在自然压实、固结 72 h 后挖掘，然后增大围压(增量为 0.1 MPa)，15 min(围岩应力调整与稳定期)后进行照相，直至巷道失稳破坏。

8.2.3　试验过程

(1)零围压下，直径为 10 cm 的圆形隧道由人工开挖一次成型；

(2) 按围压增量为 0.1 MPa，对模型分级加载，然后静置 15 min，以使围岩应力分布均匀；

(3) 用相机采集一张照片，并记下试验阶段名称；

(4) 重复上述(2)~(3)步骤，直至隧道围岩破坏，结束试验。

8.2.4 围岩变形场的分析结果

根据由 4 个控制点组成的四边形的两对角线在模型空间和图像空间的长度之和的比值得到试验图像比例约为 0.12 mm/像素，图像有效分析范围设定为 280.6 mm(长)，232.6 mm(宽)，测点间距为 25 个像素(3 mm)，测点总数为 6497 个。图 8-4 为隧道在围压 σ 为 0 和 2.6 MPa 时的试验照片。

(a)围压 σ=0 　　　　　　(b)围压 σ=2.6 MPa

图 8-4　隧道试验模型照片

这里给出 σ=2.6MPa 时围岩位移矢量、位移场、体积应变与剪应变分布，如图 8-5~图 8-8 所示。图 8-5 清楚地反映出围岩位移方向和相对大小。结合图 8-6 和图 8-7，发现

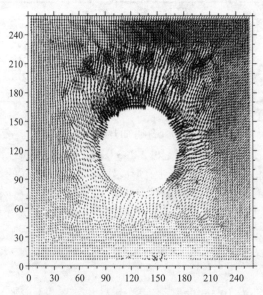

图 8-5　隧道围岩的位移矢量分布(单位：mm)

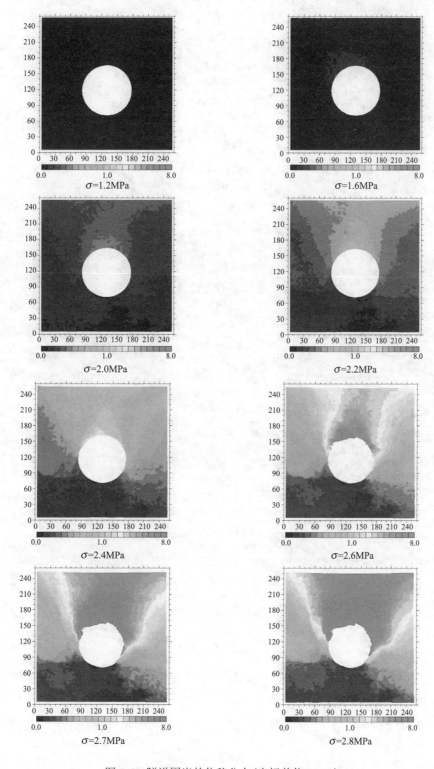

图 8-6　隧道围岩的位移分布（坐标单位：mm）

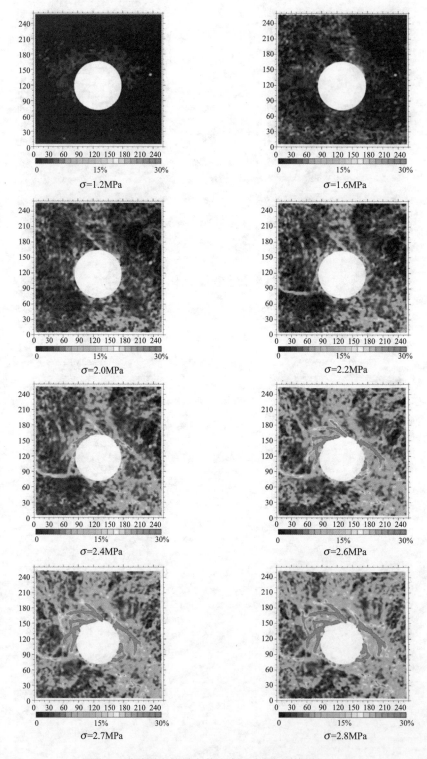

图 8-7　隧道围岩的最大剪应变分布(坐标单位：mm)

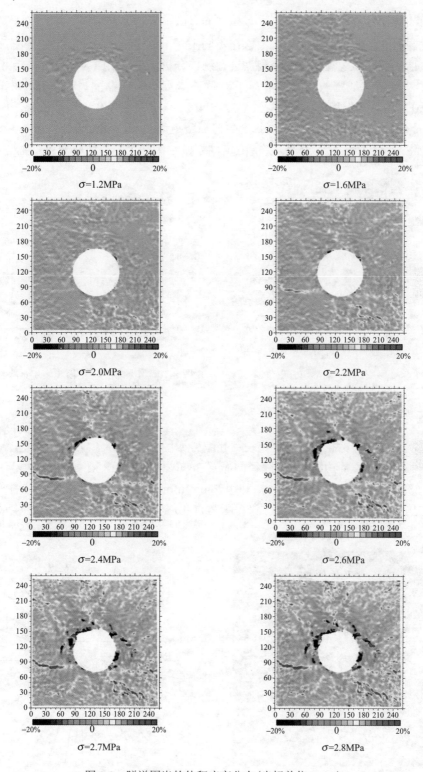

图 8-8　隧道围岩的体积应变分布(坐标单位：mm)

含有解理的隧道右侧围岩位移要大于左侧，并且隧道周边及解理附近变形较大，说明解理存在对围岩变形影响明显。为对围岩在不同围压下的变形演变进行定量分析，分别在隧道周边顶底板和两边墙选取 4 个测点进行统计分析，结果如图 8-9 和图 8-10 所示。由图中可知，隧道在低围压（$\sigma<1.4\text{MPa}$）下，位移量很小，而在围岩破裂带产生前（围压 $\sigma<2.4\text{MPa}$），位移开始增大，当围压增大到 2.4MPa，破裂带发生，除底板外，围岩位移急剧增加。图 8-10 反映了围岩破裂带产生前后隧道周边剪应变的明显差异，由此可知，破裂带产生后，不加支护或支护失效，隧道围岩则会因较大的剪切应变而发生变形破坏。

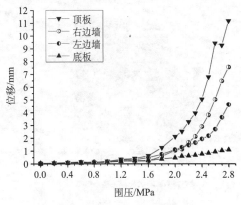

图 8-9　不同围压下的隧道表层位移

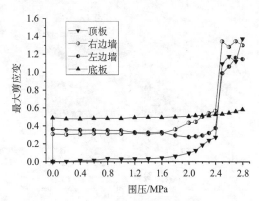

图 8-10　不同围压下的隧道表层最大剪应变

8.2.5　围岩破裂带分析结果

隧道围岩"图像钻孔"布置及代表钻孔编号如图 8-11 所示。在试验图像上，以隧道中心为圆心，沿隧道周边按 10°间隔径向布置 36 个"图像钻孔"，如图 8-11(a)所示，钻孔长度为 500 像素，相当于 60 mm，利用 PhotoInfor 软件分析后输出每组"图像钻孔"在不同围压下的位移文本数据和素描图。图 8-11(b)是在试验结束时软件自动生成的隧道加载前后的钻孔素描图。

(a) 图像钻孔布置

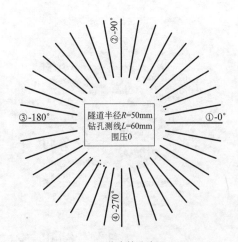

(b) 代表钻孔编号

图 8-11　隧道围岩"图像钻孔"布置及代表钻孔编号

不同围压下的试验照片如图 8-12 所示，对应的隧道"钻孔形状"素描如图 8-13 所示。图 8-13 表明，在围岩破裂带的边界处钻孔有明显弯折，由此可判定围岩破裂带的范围；同时，发现破裂带内有两类变形破坏现象，一类是破裂带内岩体位移成线性分布，如图 8-13 中的"①–0°"钻孔，一类是破裂带岩体发生了再破碎现象，导致岩块间发生较大的相对错动、滑移或转动，因此，图像相关性较小，表现出破裂带区域内像素测点分布比较散乱，如图 8-13 中的"②–90°"图像钻孔。

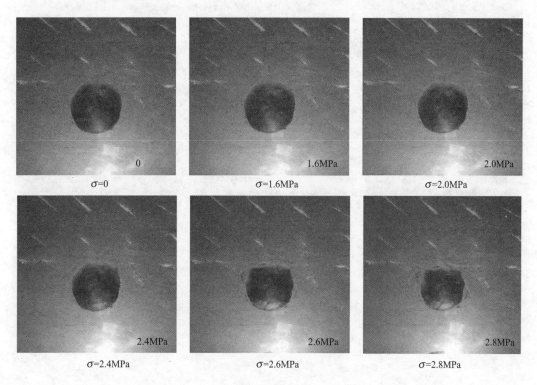

图 8-12　不同围压下的隧道试验照片

根据破裂带内外岩体位移差异，在钻孔深度范围内测点位移曲线图上可以确定破裂带的边界。本章给出 $\sigma=2.8MPa$ 时"①–0°"和"②–90°"两个钻孔的测点位移-钻孔深度曲线图（图 8-14）。从图中可以判定，隧道右边墙和顶板的围岩破裂带范围分别是33.2 mm 和 12 mm。对照图 8-13 中的破裂带素描图可以看出，围岩破裂带内岩体在破裂带刚刚发生时，其内部位移表现出一定的线性分布特征，而在围压继续增大时，岩体则发生了进一步的破碎，持续产生较大的位移和变形，这一发现有助于对岩体破坏后的力学行为进行深入分析。

数字照相量测中发现一个问题，即有机玻璃板在压力较大时，可能会发生"鼓肚"现象，设置在玻璃板上的控制基准点就失去了固定不动的意义。此时，可选择在加载框架上的几个点作为基准点进行图像分析，轻微"鼓肚"对观测目标的变形模式和相对变形大小影响很小。要解决"鼓肚"问题，可在观察窗表面增加加劲肋，加劲肋挡住区域的变形场可通过插值方法进行近似。此外，围岩变形较大的区域（如破裂带）内，因岩体破碎，块体间错动滑移，该区域在图像序列间的散斑相关性降低，图像相关分析结果的误差较大。因此，可在模型制作同时嵌入人工标点(如平头铝钉)，采用"标点法"和"无标点法"联合观测方式，以便对围岩在变形破坏前后的全域和局部范围内的变形进行全面细致的研究。

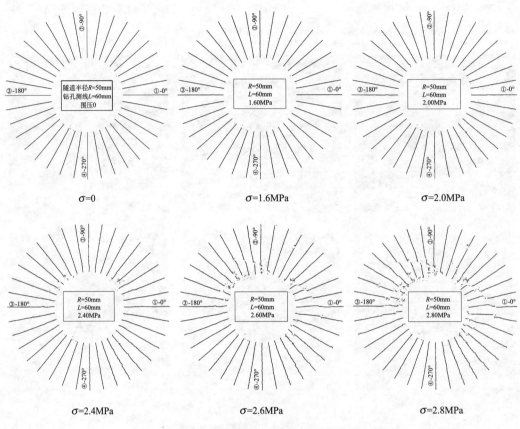

图 8-13　不同围压下隧道围岩"钻孔形状"素描

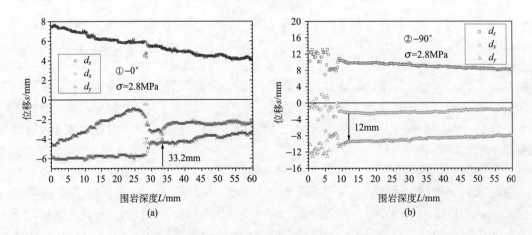

图 8-14　钻孔深度范围内围岩破裂带的定量测定

8.2.6　试验结论

(1)围岩破裂后会发生位移,而没有破裂的围岩只产生很小的弹塑性位移,因此根据隧道周围围岩位移的大小即可确定围岩破裂区范围。

(2)在断续解理影响下,隧道围岩破裂区的发展并不均匀,破裂首先产生于顶板解理附近,然后向隧道周边其他相邻部位发展,最终的破裂区在平行于解理方向最大,而在垂直于解理方向最小。

8.3　沿空动压巷道围岩变形过程的试验观测

考察围岩在掘进与采动过程中破裂带的发展变化规律是试验目的之一。试验中,同时记录所加荷载和测量巷道断面变形,并对围岩中裂隙的演变过程进行数字照相,为全面观察巷道围岩的破坏过程,荷载加至巷道模型完全破坏。

8.3.1　试验系统

深部复杂地质条件下地下工程综合模拟试验系统(图 8-15)是中国矿业大学建筑工程学院"十五""211"建设项目之一,主要用于深部地下工程围岩的变形机理与控制技术试验研究。系统主要特色表现在:①活塞式扁油缸加载和真空液压控制系统,真三轴六面同时加、卸载;②框架式组合结构,占用空间小;③巷道内部可通过气压加、卸载,真实模拟巷道开挖与支护过程;④采用自主研发的高精度数字照相变形量测技术。

(a) 试验台架系统

(b) 液压控制系统

图 8-15　地下工程综合模拟试验系统

①顶框架;②侧框架;③底座;④连接件;⑤传压板;⑥扁油缸;⑦螺栓孔;⑧油压表;⑨油路管;⑩底板

试验系统由两大部分组成,即试验台架和气控液压加、卸载控制系统。主体试验台为框架式可拆卸结构,框架之间用高强螺栓连接,前后加载板开有窗口,用以巷道开挖支护等试验操作和数字照相观测。框架外围尺寸为 2.1 m×2.1 m×1.35 m,模型试样尺寸为1.00 m×1.00 m×0.25 m。加载系统对模型 6 面可施加最大荷载为 10MPa,加载方式为活塞式单向扁油缸加载，单个油缸最大行程范围为 5 cm，采用真空回油系统返回油缸。

8.3.2　试验相似比

8.3.2.1　巷道原型

巷道原型为山西兰花科创公司大阳矿某综放沿空回风顺槽，该巷埋深为 250~360 m，沿煤层底板掘进。其顶、底板及两帮主要为泥岩、砂质泥岩和煤，围岩松软破碎，整体性差。巷道所在煤层厚为 8.5 m，由于巷道沿煤层底板掘进，为保证巷道位于模型的中部，且为了简化模型构建，设定顶、底板泥岩与砂岩的岩层厚分别为 14.2 m 和 9.3 m。原型岩石力学参数如表 8-2 所示。

表 8-2　岩石力学参数表

序号	岩性	厚度/m	抗压强度 σ_c/MPa	抗拉强度 σ_t/MPa	弹性模量 E/GPa	泊松比 ν	容重 γ /($\times 10^4$N/m^3)
1	砂岩	11.2	48.45	4	25.4	0.22	2.6
2	泥岩	3	24.37	2.37	12.956	0.17	2.5
3	煤层	8.5	10.08	3.72	3.97	0.3	1.44
4	泥岩	4.5	27	2	12.956	0.17	2.5
5	砂岩	4.8	54	4	35.4	0.22	2.6

根据矿井使用水压致裂法测得的地应力数据，试验实际垂直与水平地应力取值为：σ_V=8.00~9.15MPa，$\sigma_{h,\max}$=10.6~13.15MPa，$\sigma_{h,\min}$=5.52~8.41MPa。

8.3.2.2　相似比确定

相似比计算公式中的各参数定义为：L——长度，γ——容重，δ——位移，σ——应力，ε——应变，σ_t——抗拉强度，σ_c——抗压强度，ϕ——摩擦角，ν——泊松比，f——摩擦系数。试验模型中的各相似系数确定如下。

1）几何相似比

根据原型巷道尺寸（宽×高＝4200 mm×3000 mm）、开挖影响范围以及模型架尺寸（长×宽×高＝1000 mm×250 mm×1000 mm），选定几何相似比 C_L=30，按相似理论计算出模型巷道尺寸：宽 140 mm、高 100 mm，相当于实际岩层长×宽×高＝300 m×7.50 m×30 m。巷道围岩分层及模型尺寸如图 8-16 所示，上覆岩层施加的应力采用外力补偿法来实现。

2）相似力学指标

相似材料拉、压强度及弹性模量均与相似模型的几何相似比和容重相似比密切相关：

$$C_R = C_\sigma = C_E = C_L \times C_\gamma$$

相似材料的容重根据配比确定，压实后的砂和石蜡混合物的材料容重：$\gamma_p = 1.6 \times 10^4$N/m^3，则

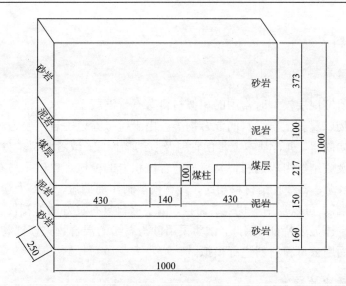

图 8-16　巷道模型围岩分层及模型尺寸(单位：mm)

$$C_{\gamma,\mathrm{av}} = \frac{\gamma_{\mathrm{p,av}}}{\gamma_{\mathrm{m}}} = \frac{22.9}{16} = 1.4$$

式中，$C_{\gamma,\mathrm{av}}$ 为平均容重相似比；$\gamma_{\mathrm{p,av}}$ 为原型材料平均容重，kN/m³；γ_{m} 为模型材料容重，kN/m³。

所以，相似比 $C_R = C_\sigma = C_E = C_\gamma C_L = 30 \times 1.4 = 42$，故模型材料的抗压与抗拉强度为原型的 1/42，由此可得模型相似材料的岩性指标，如表 8-3 所示。

表 8-3　试验模型的岩性指标表

序号	岩性	厚度/mm	抗压强度 σ_{c}/MPa	抗拉强度 σ_{t}/MPa	弹性模量 E/GPa	泊松比 ν	容重 γ /($\times 10^4$N/m³)
1	砂岩	373	1.15	0.095	0.843	0.22	
2	泥岩	100	0.58	0.056	0.308	0.17	
3	煤层	217	0.24	0.088	0.094	0.3	均取 1.6
4	泥岩	150	0.58	0.056	0.308	0.17	
5	砂岩	160	1.15	0.095	0.843	0.22	

3) 载荷相似参数

模型垂直外荷载：$P_{V\mathrm{m}} = \sigma_V / C_\sigma = (8 \sim 9.15)/42 = 0.190 \sim 0.218$ MPa。

最大水平外荷载：$P_{H,\mathrm{max}} = \sigma_{h,\mathrm{max}}/C_\sigma = 13.15/42 = 0.313$ MPa。

最小水平外荷载：$P_{H,\mathrm{min}} = \sigma_{h,\mathrm{min}}/C_\sigma = 5.52/42 = 0.131$ MPa。

8.3.3 相似材料

8.3.3.1 原料选取

国内外在研究地层模型时常用的相似材料有石膏混凝土、水泥混凝土、石蜡或树脂与骨料的混合物以及黏土与骨料的混合物等。由于模拟巷道围岩主要为沉积岩地层，而大部分沉积岩如砂岩、页岩基本上是由骨料及胶结物构成，或者骨料本身包含胶结颗粒，因此，用骨料及胶结物组成的相似材料最适合沉积岩的模拟。以砂子与石蜡胶结的相似材料与砂子、水泥、石膏胶结材料相比，具有模型制作周期短、材料力学性能稳定(不受湿度变化的影响)、可以复用等优点。而且，由于材料具有良好的弹塑性，更适合模拟矿井软岩巷道的矿压显现特征。因此，试验采用砂与石蜡的混合物来模拟巷道围岩及煤层，各岩层间的弱面用云母粉材料进行模拟。

8.3.3.2 材料配比的确定

试件骨料选用级配良好的河砂，石蜡为固体工业石蜡，在进行相似材料配比试验时，先将砂子和石蜡按质量配比称量好装入盆中，然后放到烘箱内加热到 140℃左右，待石蜡充分融化后，将其取出混合均匀并做成 10 cm 见方的正方体试件，每种配比制作 3 块，共 15 块试件，然后在压力机上对试件进行力学参数测试。在试件单轴压缩实验中同时发现，试件破坏时呈现明显的剪切破坏特征(图 8-17)。不同配比的相似材料的物理参数如表 8-4 所示，根据测得的数据绘制出试件的"强度-配比"曲线，如图 8-18 所示。

图 8-17　相似材料试件及其单轴压缩破坏形态

表 8-4　砂和石蜡混合物的组分和物理参数

试件编号	配比 砂子：石蜡	单轴抗压强度 /MPa	平均强度/MPa	质量/g	平均密度/(kg/m³)
1		0.189		1583	
2	38：1	0.243	0.21	1555	1568.667
3		0.198		1568	
4		0.326		1646	
5	35：1	0.201	0.281	1600	1619.667
6		0.315		1613	

续表

试件编号	配比 砂子：石蜡	单轴抗压强度 /MPa	平均强度/MPa	质量/g	平均密度/(kg/m³)
7		0.538		1580	
8	30：1	0.627	0.558	1620	1597
9		0.51		1591	
10		0.765		1604	
11	27：1	0.764	0.714	1602	1622.333
12		0.614		1661	
13		0.999		1583	
14	23：1	1.087	0.983	1594	1594.667
15		0.864		1607	

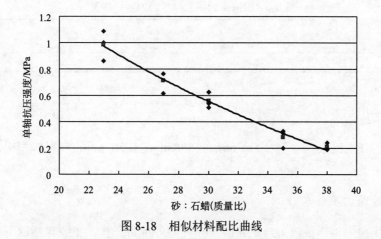

图 8-18　相似材料配比曲线

　　根据实验结果和模型围岩强度要求，选用 38：1 的配比来模拟煤层，30：1 的配比来模拟泥岩，23：1 的配比来模拟砂岩。

　　图 8-19 为两个试件的单轴压缩荷载-位移曲线。由图中可以看出，在相似材料中，砂和石蜡的胶结物具有优良的复合性能，和现场岩体历经弹性、塑性和脆性的破坏过程与特征基本相似。

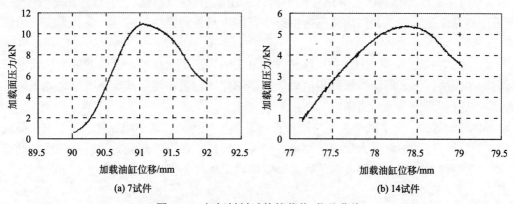

(a) 7试件　　　　　　　　　　(b) 14试件

图 8-19　相似材料试件的荷载-位移曲线

8.3.3.3　巷道支架模拟与制作

　　巷道中常用的国产 U 型钢和 U 型钢支架及模拟材料的力学性能如表 8-5 和表 8-6 所示。模拟支架选用纯铝丝加工，通过原型与模型等效抗弯刚度 EI(材料弹性模量和截面惯性矩的乘积)相似的方法进行模拟。试验中使用 ϕ3.0 mm 铝丝作为模型钢架材料。

表 8-5　国产 U25 型钢的力学参数表

钢号	截面面积 /cm²	断面主要参数		延伸率 /%	屈服极限 σ_s /MPa	强度极限 σ_b /MPa
		I_x/cm⁴	I_y/cm⁴			
U25	31.54	455.1	506	不小于 18	350	520

表 8-6　模拟支架相似材料的力学参数表

材料	直径 /mm	抗拉强度 σ_b/MPa	屈服点 /MPa	延伸率 /%	弹性模量 E /GPa
纯铝	3.0	80~100	—	40	69

8.3.4　模型制作

　　试验台内模型铺设尺寸为 1000 mm×1000 mm×250 mm，试验模型采用多次碾压成型。

8.3.4.1　试验前的准备工作

　　由于制作模型工作量较大，试验前应充分做好准备工作，主要包括以下 4 个方面：

　　(1)相似材料。采用砂和石蜡混合物作为模型材料时，由于砂的含水率直接影响试验配比精度及砂和石蜡的胶结程度，因此，试验前应对砂进行充分晾晒，将含水率控制在 2%以内，对砂的级配控制主要通过过筛，筛除直径 5 mm 以上的颗粒。石蜡需预先捣碎并称量好，以便加热均匀避免石蜡烤煳，将加热好的砂子和石蜡用搅拌机搅拌均匀后冷却备用，如图 8-20 所示。

　　(2)试验系统。试验前需对试验控制系统和加载系统进行调试，检查油路是否畅通、气压平衡系统是否漏气、加载板在自由行程范围内是否能自由伸缩等，确认系统各组成部分运转正常。

　　(3)测试系统。采用 YHD 型位移计量测巷道内表面围岩位移，试验前对位移计进行标定，在模型正面采用佳能数码相机采集数字图像，相机在使用前要在试验灯光下进行调试，以确保采集图像的清晰度。

　　(4)其他方面。为了减小模型与试验框架之间的摩擦力，减小边界效应，预先在荷载板内部铺设一层减小摩擦力用的青稞纸，另外，青稞纸还可以起到封闭模型间隙，利于模型成型的作用。同时，要准备足够的烘烤用具，以保证模型制作的连续实施。

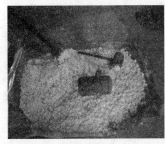
(a)石蜡捣碎

(b)材料搅拌

(c)材料冷却

图 8-20　模型试验材料的准备工作

8.3.4.2　模型制作基本流程

根据试验具体情况，采用夯实与碾压成型相结合的方式制作模型。具体步骤如下：

(1)组装模型框架，为减小边界摩擦力，模型内铺设一层减摩纸并涂上薄层凡士林进行润滑；

(2)将按比例配好的砂子和石蜡放入烤箱内加热至 140℃左右；

(3)待石蜡充分融化后，将热砂和石蜡倒入搅拌机中进行热搅拌；

(4)迅速将热混合料倒入模型架中摊平，分层捣实，层面撒一层细干砂及云母粉来模拟层理面，在制作每一分层过程中，根据试验设计来确定是否在预定位置埋设锚索；

(5)逐层往上铺设，直到设计高度，最后安装顶部荷载板和框架。

8.3.4.3　模型制作工艺

模型制作工艺具体包括材料称重、配料、初步搅拌、加热、搅拌、摊铺、碾压夯实、埋设锚索、封顶等过程，详细制作流程如图 8-21 所示。

(a)材料称重

(b) 配料

(c)材料加热

(d)材料搅拌

(e)架设前后挡板、铺设青稞纸　　　　　(f)材料摊铺

(g)模型夯实　　　　　(h)模型分层

(i)埋设锚索结构　　　　　(j)台架封顶与模型冷却

图 8-21　相似材料模型的制作流程

8.3.4.4　量测设备

巷道围岩表面位移采用数字照相量测技术。由于试验历时几天几夜，为避免昼夜环境光线强弱的变化对图像采集明暗与清晰度的影响，如图 8-22 所示，试验中采用遮光布将试验架包裹起来，形成一个相对封闭的空间，使外界光线变化对照相的影响降至最低。试验过程中，根据加载步数设定图像采集间隔，并记录下每张图像所对应的试验阶段名称，以便进行后续数据分析。

8.3.4.5　试验注意事项

(1)相同岩性的各分层连续浇注时，注意每次捣固次数和捣固力大小应尽量相同，且应根据设计的模型密实度而定；当分次捣固时，在倒入混合料之前，应将已捣实的混合料表面用工具将其疏松，保证接茬处相似材料模型力学性质的连续性。

(2)自然条件下养护，气温较低时一般需养护 2~3 天。

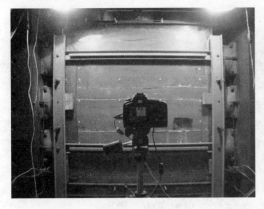

(a)相机与光源　　　　　　　　　　　　(b)遮光棚

图 8-22　数字照相量测试验系统的布置

(3)每组试验材料的密实度尽量保持一致,可通过控制单位厚度的砂重来控制模型的密实度。

8.3.5　试验结果

通过对巷道围岩变形破坏模式和不同围压作用下破裂演变过程的图像分析,特别是应用围岩破裂带分析方法,获得了以下试验结果。

8.3.5.1　实体煤巷的变形破坏规律

模型加压至原岩应力后稳定 2 h,然后拆除模型后挡板左边的预留小挡板,在其中心位置以手工方式开洞,模拟实体煤中沿煤层底板全煤巷道的开挖。取 5 次试验中的有代表性的 1 次来分析开挖后实体煤巷无支护情况下的围岩破坏扩展规律。

1)巷道围岩破坏形态

实体煤巷主要破坏扩展过程如图 8-23 所示,由图中可以看出,无支护情况下,围岩首先在两帮靠近顶角处产生斜裂缝,并逐渐向顶板和两帮扩展,随着两帮松动范围变大,两帮对顶板的支撑作用减小,导致顶板垮落或离层。由于巷道两帮及直接顶均为力学性能参数较低的煤层,底板为岩性较好的泥岩,因此,巷道破坏主要表现为顶板和两帮裂缝扩展及破坏,底板维护状态良好。

图 8-23　实体煤巷围岩裂隙的扩展过程

2) 围岩破裂带识别

通过在巷道顶板与左帮围岩各选择 100 mm 深度的"钻孔",利用 PhotoInfor 中的围岩破裂带识别分析,根据在围岩破裂带边界处"钻孔测线"的明显弯折以及破裂带内外岩体的位移差异,在钻孔深度与测点位移关系曲线上可以确定破裂带边界。

巷道左帮和顶板两个钻孔的测点位移-钻孔深度关系曲线如图 8-24 所示,由于破裂带岩体发生了再破碎现象,导致岩块间发生相对错动、滑移或转动,使得破碎区的图像相关性变小,破裂带区域内像素测点位移呈散乱分布,而破坏区外位移曲线比较规则,由此可以判定,实体煤巷左帮和顶板围岩的破裂带范围分别是 58.4 mm 和 90.0 mm(相当于实际 1.7 m 和 2.7 m)。显然,巷道顶板围岩的破坏范围大于两帮围岩。

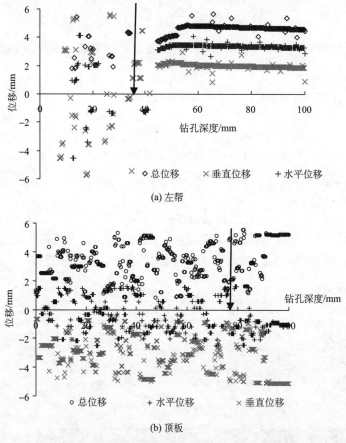

(a) 左帮

(b) 顶板

图 8-24　钻孔深度范围内的围岩破裂带测定

为对实体煤巷围岩在开挖卸压后的变形演变规律进行分析,利用 PostViewer 的测点数据提取功能,在旁巷周边的顶、底板和左帮选取 3 个测点进行统计分析,结果如图 8-25 所示。其中底板变形不明显,而巷道顶板、左帮表面位移大致可以划分为 3 个阶段:

(1) AB 加速变形阶段。巷道开挖后初期,围岩卸压后裂缝扩展迅速,围岩变形急剧增加。

(2)*BC* 缓慢变形阶段。裂缝扩展缓慢，围岩变形趋缓，围岩表现为一段暂时的自稳状态。

(3)*CD* 二次加速变形阶段。顶板在自重及水平应力作用下，伴随顶板右肩部出现局部小块冒落，顶板和两帮裂缝再次加速扩展，围岩变形继续增加，但变形速度小于开挖初期 *AB* 段。最后顶板在 *D* 点处失稳垮落。

由此可见，围岩顶板的破碎结构在新的位置形成短暂的平衡后，随着巷道围岩支承作用的弱化，围岩变形进一步发展，围岩的平衡结构被打破，顶板冒落以及帮部岩体垮落也随之发生。

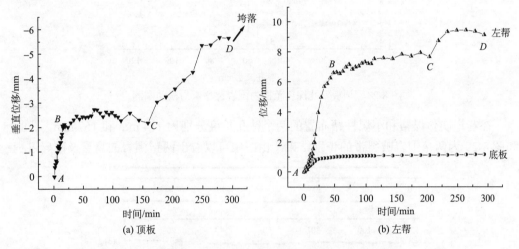

图 8-25　实体煤巷顶板表面位移随开巷后时间关系曲线

8.3.5.2　无支护情况下沿空巷道和小煤柱的变形破裂规律

在实体煤巷破坏稳定后，在试验模型中部开挖中巷模拟沿空巷道。图 8-26 为模型中巷开挖后巷道围岩的主要破坏过程照片，从中可以看出围岩的裂缝扩展及破坏过程。中巷开挖后，巷道两帮靠近角部位置首先破坏，角部裂缝沿约 45°向围岩深部延伸，两帮破碎区逐渐向深部扩展，同时顶板围岩逐渐弱化，随着围岩内部裂缝扩展，巷道浅部围岩的岩块与深部离层，然后，伴随着围岩裂缝向深部继续扩展，已离层的岩块破坏后再破坏(即大块变小块)。围岩破裂带的结果表明(图 8-27)，未受采动前的巷道顶板松动范围为 54.3 mm(相当于实际 1.6 m)。

图 8-26　围岩采动过程中变形破坏情况

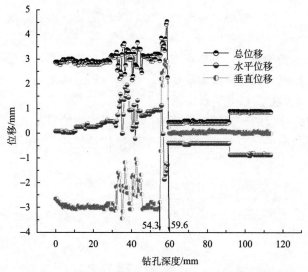

图 8-27　顶板钻孔深度范围内围岩位移量与松动圈测定

在巷道实体煤帮和小煤柱帮布置的两个钻孔长度分别为 114 mm 和 167 mm，图 8-28 和图 8-29 为两帮围岩破裂带的识别结果。由图中可以看出两帮围岩的离层及破碎过程：

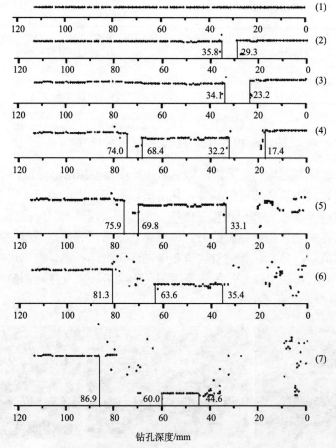

图 8-28　实体煤帮钻孔测线"破裂带"识别结果

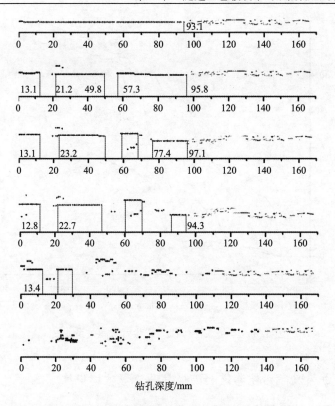

图 8-29　小煤柱帮钻孔测线"破裂带"识别结果

（1）未受采动前巷道实体煤帮松动范围逐渐向深部移动，从初期的 35.8 mm 增加到 86.9 mm（相当于实际 2.6 m）。

（2）实体煤帮围岩从初期的一处离层（距巷表 35.8 mm）扩展到两处离层（距巷表 32.2 mm、74.0 mm 处），浅部裂缝宽度从 8.5 mm 扩展到 14.8 mm 直至破碎；小煤柱帮比实体煤帮破坏块度更小（图 8-29），97.1 mm 深度内煤柱由初期的 2 处离层发展为 3 处。

（3）裂缝产生后，实体煤帮围岩被裂缝划分为 3 段，并且浅部围岩先破碎，中间段围岩后破碎；小煤柱帮正好与此相反，内部裂缝产生后，首先在小煤柱的中部发生围岩破碎，靠近沿空巷的浅部围岩后破碎。

由两帮裂隙的分布特征可以看出，帮部围岩的破坏具有渐进性：即先大块离层，后小块破碎。由此可以推断，实际巷道如果浅部围岩破碎，则深部围岩有可能已经离层。

利用 PostViewer 的测点数据提取功能，分别在巷道顶、实体煤帮和煤柱帮围岩表面选取 3 个测点进行统计，结果如图 8-30 所示。由图中可知，在巷道变形初期，煤柱帮收敛最为剧烈，实体煤帮在煤柱帮位移 4.3 mm 后才开始加剧，而顶板在煤柱帮位移达到 8.7 mm、实体煤帮位移达到 3.3 mm 后才开始加速。由此可以得出，巷道围岩剧烈变形的顺序为：煤柱帮→实体煤帮→顶板，顶板变形滞后于两帮，两帮产生大的裂隙带后顶板才离层，帮的位移量大于顶板下沉量。

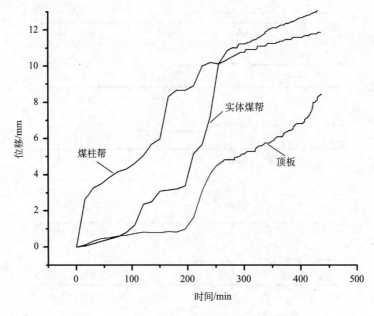

图 8-30　巷道表面位移随开巷后时间关系曲线

8.3.5.3　支架支护情况下沿空巷道和小煤柱的变形破坏规律

为模拟工作面采动引起的支承压力，垂直荷载每隔 2 h 增加 0.2 倍，模拟荷载集中系数 K=1.2~2.0。

从煤柱的钻孔测线"破裂带"的识别结果（图 8-31）可以看出：①支护完 1 h 时，煤柱中产生的"V"形剪切带将煤柱围岩分割成 3 段，即 0~28.6 mm、28.6~99.7 mm 和>99.7 mm

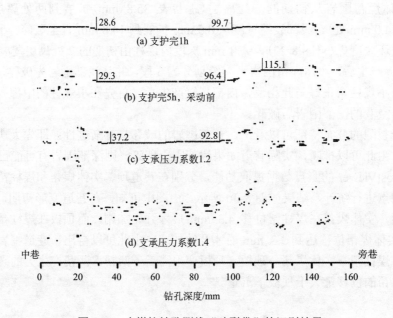

图 8-31　小煤柱钻孔测线"破裂带"的识别结果

段；②当支护完 5 h 后，距中巷表面大约 0~29.3 mm 范围的煤柱围岩已经破坏，煤柱内部距中巷表面 96.4~115.1 mm 范围煤体发生松动，距巷道表面约 29.3~96.4 mm 范围内煤体处于相对稳定状态；③当支承压力系数为 1.2 时，煤柱中部稳定宽度缩小为距巷道表面约 37.2~92.8 mm 范围；④当支承压力系数达到 1.4 时，煤柱全部破坏。

图 8-32 为采动前后巷道表面位移曲线，可以看出：①未受采动影响时，巷道表面收敛量大小顺序为煤柱帮>顶板>实体煤帮，支护完 8 h 后，围岩变形趋于稳定；②当采动支承压力系数为 1.2 时，煤柱帮表面位移急剧增加，从采动前的 7.4 mm 增加到 13.9 mm，为采动前位移值的 187%，顶板和实体煤帮分别增加 3.03 mm 和 2.63 mm；③当采动支承压力系数为 1.4 时，围岩位移均急剧增加，以实体煤帮位移最为剧烈，当采动支承压力系数为 1.6 时，两帮围岩由于十分破碎，顶板下沉更为剧烈。

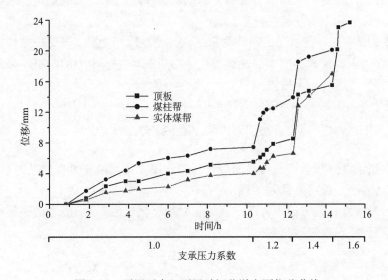

图 8-32　不同压力、不同时间巷道表面位移曲线

巷道变形照片(图 8-33)显示，未受采动影响时，煤柱帮的变形较大，顶板下沉，但巷道整体维护状况良好。受采动影响后，随着支承压力的逐步加大，巷道断面收缩严重。当支承压力系数达到 1.4 时，巷道顶板倾斜下沉(向煤柱帮倾斜)、两帮垮塌与底臌现象均十分明显。

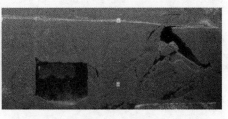

(a) 支护前　　　　　　　　　　　　　　　(b) 支护完 5 h，采动前

 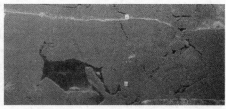

(c)支承压力系数 1.2   (d)支承压力系数 1.4

图 8-33　围岩采动过程中变形破坏情况

8.3.6　试验结论

（1）无支护情况下，开挖引起采动巷道的表面位移急剧增长，浅部围岩受力超出强度极限而发生破坏，丧失对深部围岩径向变形的约束作用，无法形成稳定的承载结构。围岩因此发生岩体垮落、冒落等失稳现象。

（2）有支护情况下，巷道在掘巷期间虽然收敛变形比较明显，但支护结构能有效防止已破碎围岩塌落，保证掘巷期间的巷道稳定；由于采动支承压力的作用，采动期间的沿空巷道围岩的变形远远大于掘进期间。

8.4　本 章 小 结

（1）数字照相量测适合相似材料的变形与破裂模式及其演变过程的准确观测，它是隧道模型试验研究的一项重要量测手段。

（2）提出的围岩破裂带识别方法在隧道相似模型试验中，对于围岩的破裂模式和分区破裂特点能够进行有效的观测和分析。

第9章

岩体内部变形观测的透明模型试验方法

在常规岩土工程相似物理试验中，模型采用的大都是不透明材料，致使岩土体内部的变形与破裂的发生、发展及其演变过程无法进行全面细致的直接观测，只能采取诸如声发射、CT 扫描以及钻孔摄像等技术，而这些都属于接触、间接、局部的内部观测方法，测点数据量十分有限，难以满足对岩体内部全域变形破裂的时间效应与空间特征分析的要求。

透明岩体实验方法的研究构想来自透明土研究思路的启迪、方法拓展和"硬土与软岩性质相近"的理解。现有透明土相关研究表明，采用无定形硅粉合成和无定形硅胶或熔融石英合成的两类透明土密度与模拟软岩相似材料的密度比较接近，使得透明岩体的人工合成成为可能。但由于透明岩体与透明土材料的性质并不完全相同，透明岩体的透明度与内部数字散斑形成等方面，可供直接借鉴的成功经验极其有限。因此，围绕透明岩体实验方法探索与研究，本章以软岩相似材料为突破口，基于当前研究成果的借用、改进或创新，研究了透明岩体实验的关键问题——材料选择、模型制作、加载系统、数字照相量测方法以及试验应用，希望以此为基础促进透明岩体实验方法的进一步研究与发展。

9.1 透明岩体物理相似材料研制

当前主要借鉴透明土的实验方法，由于研制的透明岩体强度不高，因此首先以强度较低的软岩为相似模拟对象。在透明岩体相似材料研制中，透明度是首先要考虑的问题，它取决于 3 个方面：固体颗粒(骨料)与孔隙流体(胶结料)折射率的匹配度、混合物中的气体含量以及各组成物质的纯度和透明度。

9.1.1 透明岩体制备材料

岩土试样的制备及其与原型材料的相似性是相似材料模拟的两个关键点，对于透明岩体相似材料而言，其透明度和与岩体的强度相似性则是首先要研究解决的两大难题。

已有研究表明，透明土试样的透明度仅在最大厚度为 5 cm 左右较佳，而这一厚度对于岩土模型试验来说偏小，因此，需要研究解决的首要问题是较大厚度(如 8~10 cm)的透明度问题。一般来说，透明岩样由骨料和胶结料配制而成，透明岩体常用骨料与胶结料的特性参数如表 9-1 所示。

表 9-1   透明岩体常用骨料与胶结料的特性参数

序号	材料名称	用途	材料特性
1	熔融石英砂（粉）	骨料	高温熔炼得到的石英制品，热导率极低和热稳定性极好，纯度高，化学性质和粒度分布稳定。密度在 2.21 g/cm³ 左右，莫氏硬度约为 7，pH 约为 6，折射率约为 1.46
2	硅粉		密度约为 2.2 g/cm³，折射率一般在 1.41~1.46 之间。具有高纯度、高透明度、低热膨胀系数和很强的耐化学腐蚀等稳定的物理化学特性且具有强大的吸附能力
3	玻璃砂		外观是细小不规则的颗粒状，比重约为 2.5，莫氏硬度为 6~7，折射率为 1.5
4	溴化钙溶液	胶结料	浓度从 47.37%增至 72.22%（接近上限值）时，折射率相应地从 1.428 按线性关系升至 1.493，曲线斜率为 0.0026
5	矿物油溶液		由液状石蜡与正十三烷混合而成，其折射率随两者的质量配比成线性增长关系，折射率可调节范围在 1.422~1.464

参考透明土实验相关研究成果，透明岩体骨料可选取的种类主要有熔融石英砂(粉)、硅粉和硅胶等。

1) 熔融石英砂

熔融石英砂是熔融石英经进一步破碎或超细粉磨制成的产品，具有纯度高、粒度分布均匀、化学性质稳定以及极低的热导率和极好的热稳定性等特性。其外观为无色透明颗粒或白色粉末，在粒度较小的情况下，由于光的折射和衍射会呈现为白色，折射率为 1.46。熔融石英砂密度一般在 2.21 g/cm³ 左右。由于熔融石英砂具有良好的透明度，其在透明土和透明岩体相似材料模型试验中的应用潜力较大。

2) 硅粉和硅胶

无定型硅石粉末具有高纯度、高透明度、低热膨胀系数、高耐湿性、良好的电磁辐射性和很强的耐化学腐蚀等稳定的物理化学特性。其折射率在 1.41~1.46。硅石凝胶是硅石的胶状形式，颗粒形态一般呈圆珠形和有角微粒，其密度约为 2.21 g/cm³。在相同的孔隙流体中，相对于硅胶粉末，硅石凝胶具有更好的透明度。硅石凝胶由于在它的固体聚合物中有许多细小孔道，因此，具有很强的吸附能力。

用于模拟胶结料的材料，应具有稳定的物理化学性质以及良好的透明性。到目前为止，试验证明可以用来模拟透明岩体胶结料的混合溶液主要包括溴化钙水溶液、蔗糖水溶液、矿物油混合溶液(由液状石蜡与正十三烷以一定质量比混合而成)。有研究表明(曹兆虎等，2014)，矿物油在透明材料制成后的稳定性与透明度效果相对最好。

综上考虑，选取硅粉(粒径 50μm)作为透明岩体相似材料的骨料，选取矿物油溶液(由表 9-2 中的液状石蜡与正十三烷混合而成，质量比为 0.855)作为胶结料。

表 9-2   液状石蜡与正十三烷技术指标

指标	正十三烷	液状石蜡
CAS 号	629-50-5	8042-47-5
生产厂家	抚顺北源精细化工有限公司	徐州市云龙区腾狮化工厂
性状	无色透明液体	无色透明液体

续表

指标	正十三烷	液状石蜡
分子式	$C_{13}H_{28}$	—
密度/(g/mL)	0.756	0.835~0.855
折射率 (25℃实测)	1.4220	1.4637
闪点/℃	79	185
沸点/℃	235	≥300

9.1.2　透明岩体试样配比

依据表 9-1，透明岩体的骨料可选取的种类有熔融石英砂(粉)、硅粉以及玻璃砂，而胶结料可选取的种类有溴化钙溶液以及矿物油溶液。骨料与胶结料搭配的原则是，两者应同时具有较好的透明性和安全稳定性且折射率应尽量相近或相同。为此，研究中先后尝试了 4 种方法，具体材料组合与关键配比参数如表 9-3 所示，得到不同材料配比的试样透明度如图 9-1 所示。

表 9-3　透明岩体试样制作的材料配比

编号	选用材料	配比参数
1#	玻璃砂+矿物油	玻璃砂：液状石蜡：正十三烷=1.295：1：0.855
2#	熔融石英粉+矿物油	熔融石英粉：液体石蜡：正十三烷=0.925：1：0.855
3#	硅粉+液状石蜡	硅粉：液状石蜡=0.65：1
4#	硅粉+矿物油	硅粉：液状石蜡：正十三烷=1.11：1：0.855

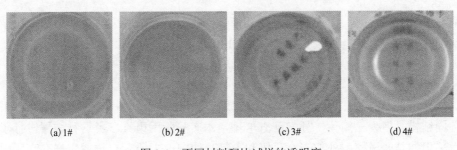

　　(a) 1#　　　　　(b) 2#　　　　　(c) 3#　　　　　(d) 4#

图 9-1　不同材料配比试样的透明度

经研究发现，影响材料透明度的因素主要有材料的纯度、骨料与孔隙流体折射率的相近程度、材料内气体的含量以及材料在空气中的稳定程度等。由于熔融石英粉和玻璃砂中存在较多的杂质，其配制得到的试样透明度较低，而采用硅粉配制的试样透明度较好。为此，采用硅粉为骨料，对不同液状石蜡与正十三烷质量比下配制得到的试样透明度进行了对比(图 9-2)。结果表明，液状石蜡与正十三烷的质量比取为 0.855 时，制成的矿物油溶液与硅胶粉配制的试样透明度相对最好。

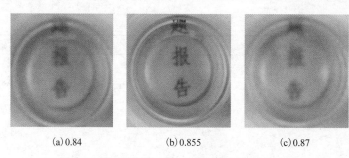

（a）0.84　　　　　（b）0.855　　　　　（c）0.87

图 9-2　液状石蜡与正十三烷配制试样的透明度

9.2　透明岩体基本物理力学性质

9.2.1　实验设计

1）骨料与胶结料

硅粉与矿物油混合溶液质量比的选取对试样制备影响甚大。质量比过大，混合溶液太稠，难以均匀搅拌，且不利于空气的抽排；质量比过小，混合溶液太稀，容易流失，不利于固结成样。实际经过多次配比试验，最终选取 0.60 和 0.65 两种配比。

2）固结压力

试样固结采用 1MPa、1.5MPa、2MPa 和 2.5MPa 4 种不同固结压力，以获得不同的固结压力与试样强度的关系。

3）固结时间

研究表明，固结时间在 5 d 以上才能使试样具有一定的强度和岩体特性。固结时采用分级加载和卸载方式，加载 2~3 d，卸载 1~2 d，固结总时间为 9 d。

9.2.2　试样制作过程

试样采用标准圆柱体，直径为 50 mm，高为 100 mm。常规土工三轴实验中采用的圆柱体固结模具多为三瓣模，外部配有卡箍，本实验所用模具参考这种装置进行了改进设计，采用的是两瓣模，外加一个底座和卡箍，如图 9-3 所示。透明岩样在高压固结过程中会被压缩，导致试样成型高度不足 100 mm，因此在设计圆柱体模具时，高为 130 mm，留有一定的压缩量。该模具外围呈圆台形，上细下粗，与之相匹配的卡箍则是上粗下细。

透明岩样的具体制作过程如图 9-4 所示，步骤说明如下：

（1）配制矿物油溶液，液状石蜡与正十三烷的质量比为 0.855，混合溶液搅拌均匀；

（2）按硅胶粉与矿物油溶液的质量比（0.60 或 0.65）称取硅胶粉；

（3）向矿物油溶液中缓慢加入硅胶粉并用搅拌机不断搅拌，保证硅胶粉与矿物油溶液混合均匀，如图 9-4（a）所示；

卡箍

两瓣模　　两瓣模

底座

(a)拆分图

(b)组合图

图 9-3　圆柱体试样模具结构

(4)为使固液混合物中的气体完全排除，分多次用小勺将其缓慢浇入模具中，浇入过程中轻轻晃动模具，使其分布均匀，如图 9-4(b)所示；

(5)每次浇模后，用真空箱和真空泵对试样进行抽真空 15 min 左右，直至试样表面无气泡产生为止，如图 9-4(c)所示；

(6)整个试样浇模完成后，用三联高压固结仪分多次加砝码对试样进行分级加载固结，如图 9-4(d)所示；

(7)达到预定固结时间以后，分多次减砝码进行分级卸载；

(8)试样拆模成型，如图 9-4(e)所示。

(a)混合料搅拌

(b)试样浇注

(c)试样抽真空

(d)试样固结

(e)拆模成型

图 9-4　透明岩样的制作过程

9.2.3 实验系统

单轴实验采用自行研制的透明相似材料试验仪，轴向最大荷载为 100 kN；三轴实验则采用南京土壤仪器厂生产的 TSZ30-2.0 型台式三轴仪，围压范围为 0~2.0 MPa，最大轴向加载能力为 30 kN，满足实验要求。

单、三轴实验按操作要求进行，其中，单轴压缩实验中，试验加载速率为 0.1 mm/min；三轴实验轴向加载按速率 0.18 mm/min，直至试样破坏或者出现峰值后，再继续加 3%~5%轴向应变，若测力计读数无明显减少，则加载至轴向应变达 15%~20%。

9.2.4 结果分析

9.2.4.1 单轴压缩试验结果

单轴压缩试验主要是获得透明岩样的单轴抗压强度和弹性模量。硅胶粉与矿物油溶液质量比为 0.60 和 0.65 时，不同固结压力下透明岩样的应力-应变曲线分别如图 9-5 所示。由图可知，不同固结压力下，透明岩样的单轴压缩应力-应变曲线与岩石相似材料具有较好的一致性，并且在峰值后会出现明显的应变软化段，与软岩和深部高应力环境下围岩的变形破坏特征基本一致。

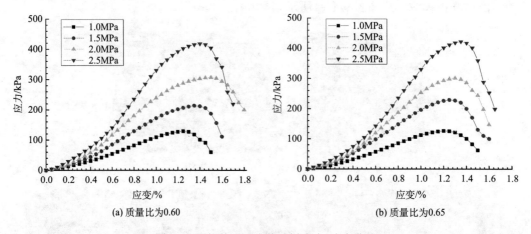

(a) 质量比为0.60　　　　　　　　(b) 质量比为0.65

图 9-5　圆柱体透明岩体试样应力-应变曲线

1)固结压力对抗压强度的影响

如图 9-6 所示，不同固结压力下制成的透明岩样的单轴抗压强度随硅胶粉与矿物油溶液的质量比变化很小，而随固结压力的增大而增大。透明岩样的单轴抗压强度 $\sigma(\mathrm{kPa})$ 与固结压力 $P(\mathrm{MPa})$ 近似呈线性关系。根据图 9-6(a)中给出的经验公式可知，有望通过调节固结压力制成不同抗压强度的透明岩样，来模拟工程中的一些强度较大的岩体。

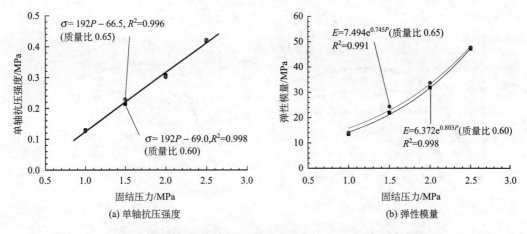

图 9-6　透明岩样单轴抗压强度和弹性模量与固结压力关系曲线

2) 固结压力对弹性模量的影响

不同固结压力下制成的透明岩样的弹性模量如图 9-6(b) 所示。在相同固结压力作用下，改变硅胶粉与矿物油溶液的质量比对试样的弹性模量影响较小，但试样的弹性模量 E 随着固结压力 P 的变化比较明显，两者近似呈指数关系。

9.2.4.2　三轴试验结果

三轴试验主要是获得透明岩样的密度、三轴抗压强度、黏聚力和内摩擦角。1.5 MPa 和 2.5 MPa 两种固结压力下制成的透明岩样在不同围压下(0.30 MPa、0.45 MPa 和 0.60 MPa)的三轴压缩实验的全应力-应变曲线如图 9-7 和图 9-8 所示(硅胶粉与矿物油溶液质量比分别为 0.60 和 0.65)。由图可知，透明岩样在三轴压缩下呈明显应变软化特征，围压越大，试样的三轴压缩强度与峰值应变越大，其峰值强度前和峰值强度后的应力-应变曲线越陡，即脆性特征越明显。

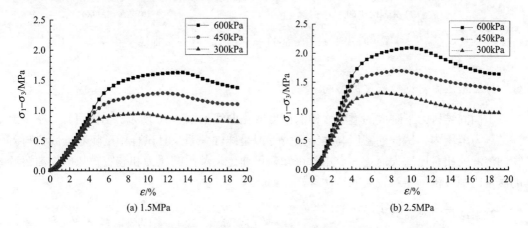

图 9-7　不同固结压力下岩样全应力-应变曲线(质量比为 0.60)

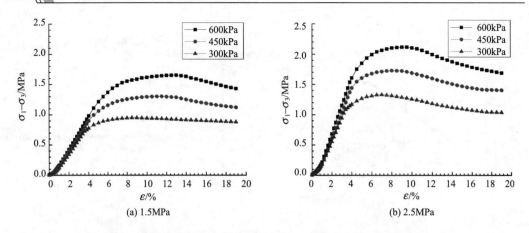

(a) 1.5MPa   (b) 2.5MPa

图9-8　不同固结压力下岩样全应力-应变曲线(质量比为0.65)

　　将围压 600 kPa 时不同固结压力下的透明岩样三轴应力-应变曲线进行对比,如图 9-9 所示,可以看出,随着固结压力的增大,透明岩样在各级围压下的三轴抗压强度也逐渐增大,且试样的峰值应变随固结压力的增大而明显前移,峰值强度前和峰值强度后的应力-应变曲线斜率均变大,透明岩样的脆性增强。

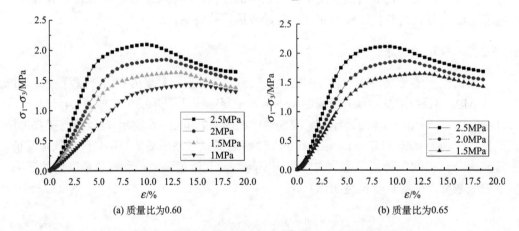

(a) 质量比为0.60   (b) 质量比为0.65

图9-9　岩样在围压 600 kPa 时的全应力-应变曲线

1)固结压力对试样密度的影响

　　不同固结压力下制成的透明岩样的密度变化曲线如图 9-10 所示。由图可知,在一定固结压力范围内,试样的密度与固结压力近似呈线性关系,且试样密度随着硅胶粉与矿物油溶液的质量比增大而增大。由此可知,可通过调节固结压力和硅胶粉与矿物油溶液的质量比制成密度相对较大的透明岩样。

2)固结压力对黏聚力的影响

　　根据透明岩样的三轴压缩试验结果,绘制相应的莫尔强度包络线,得到透明岩样在不同固结压力下的黏聚力如图 9-11 所示。在相同固结压力作用下,改变硅胶粉与矿物油溶液的质量比对试样的黏聚力影响较小,但试样的黏聚力 c 随着固结压力 P 的变化显著。试样的黏聚力与固结压力近似呈线性关系,通过调节固结压力可制成不同黏聚力的透明岩样,且可通过调节硅胶粉与矿物油溶液的质量比对黏聚力进行微调。

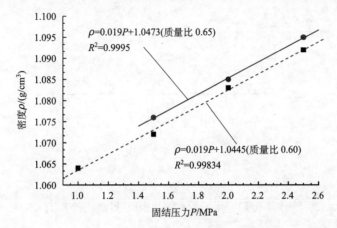

图 9-10　岩样密度与固结压力的关系曲线

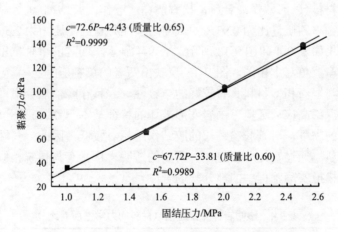

图 9-11　透明岩样黏聚力与固结压力的关系曲线

3) 固结压力对内摩擦角的影响

同样,根据透明岩样的三轴压缩试验结果,绘制相应的莫尔强度包络线,得到透明岩样在不同固结压力下的内摩擦角变化曲线如图 9-12 所示。由图中可知,透明岩样的内摩擦角随固结压力的增大而增大,改变硅胶粉与矿物油溶液的质量比对试样内摩擦角的影响甚微。而试样内摩擦角与固结压力近似呈线性关系,因此,通过调节固结压力有望制成不同内摩擦角的透明岩样。

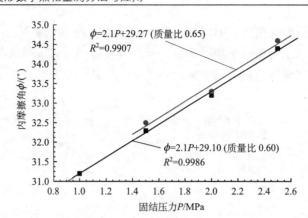

图 9-12　透明岩样内摩擦角与固结压力的关系曲线

9.3　透明岩体材料的相似性分析

9.3.1　物理力学性质

为了研究研制的透明岩样与岩体的相似性，将透明岩样的物理力学性质与一种常用的传统岩体相似材料(以河砂作为骨料，松香酒精溶液作为胶结剂)进行对比分析。根据现有研究，当松香与砂质量比为 0.93％的试样力学性质与固结压力为 2.5 MPa 的透明岩样的对比分析结果如表 9-4 和图 9-13 所示。表 9-4 显示，两者的单轴抗压强度、弹性模量、黏聚力及内摩擦角基本相同，图 9-13 反映出两者的单轴压缩应力-应变曲线也基本相似，透明岩样与岩石相似材料具有较好的一致性，并且在峰值后会出现明显的应变软化段，与软岩和深部高应力环境下围岩变形破坏的特征基本一致。只不过透明岩样由于胶结料含有一定的黏度，对硅胶粉颗粒的胶结作用相对较低，因此，其峰值应变要相对大于传统相似材料。通过对比分析可知，研制的透明岩样具有与传统相似材料相应的岩体特性，可用来模拟实际工程中的部分软弱岩体。

表 9-4　透明岩样与普通相似材料的力学性质对比

试样制作条件	单轴抗压强度/kPa	弹性模量/MPa	黏聚力/kPa	内摩擦角/(°)
松香与砂 0.93％*	433	48.69	141.2	45.7
透明岩样 0.60**	418	47.27	136.8	34.4
透明岩样 0.65**	422	47.79	138.8	34.6

*为质量比；**为硅胶粉与矿物油溶液的质量比。

此外，如图 9-14 所示，在模拟原岩方面，已配制的透明岩体与一种膨胀性泥岩常规三轴试验的应力-应变曲线变化趋势相近。透明岩体试样与膨胀性泥岩一样呈明显的应变软化特征，但峰值应变要较膨胀性泥岩大 20%，其总体的受力变形特性与膨胀性泥岩基本一致。

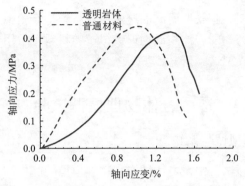

图 9-13　透明与普通试样单轴压缩应力-应变曲线对比

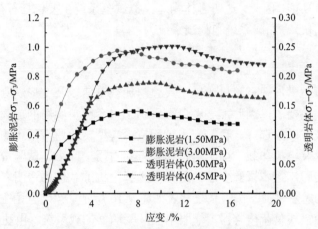

图 9-14　透明岩体三轴压缩应力-应变曲线

图中括号内的数值(1.50MPa 等)代表侧向压力值

9.3.2　变形破裂特征

利用研制的透明岩体相似材料，在隧道透明岩体模型试验应用中，观察到在加载过程中，隧道周围出现了岩体特有的破裂特征(图 9-15(a))，其与采用砂和石蜡制作的普通相似材料获得的破裂特征(图 9-15(b))十分相近，这也是透明岩体材料与透明土(变形特

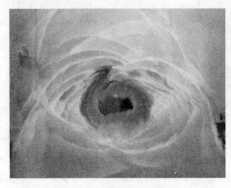

(a)透明岩体材料　　　　　　　　　(b)普通相似材料(陈坤福，2009)

图 9-15　岩体相似材料的变形破裂特征现象

性)的一个重要区别。同时,也说明研制的透明相似材料适合模拟岩体(特别是软岩)的变形与破裂特征,是一种有效的岩体相似物理模拟试验材料,可用于实际工程中软岩变形特性与机理的相似物理模型试验研究。

9.4 透明岩体物理模型试验方法

9.4.1 透明岩体物理模拟试验系统

在透明岩体相似模拟试验中,岩体试样和物理模型的制作和普通相似材料的一个主要区别是,需借助真空箱和固结仪进行真空排气和固结排液,同时,模型箱在设计加工时要考虑固结排液功能。因此,透明岩体物理模拟试验系统主要包括试样制备系统(模型箱、真空箱和固结仪)、加载系统和测试系统。

9.4.1.1 试验加载装置

由于常规岩石力学加载试验机在模型尺寸与加载量值以及变形观测等方面不能很好地满足透明岩体实验要求,因此,著者自行研制了一套简单实用的加载系统。其中,首先要考虑的是加载方式的选择。目前岩土工程室内模型试验通常采用的加载方式有重力加载、油缸加载以及电机加载。由于电机加载方式占用空间小、试验费用低、可电脑控制、操作方便和能够满足本试验要求,因此,选择电机加载作为透明岩体实验系统的加载方式。经综合考虑,研制的试验系统装置如图 9-16 所示,该装置由主机框架、全数字测量控制系统、轮辐式负荷传感器、伺服电机及驱动器加载系统、电动缸+丝杠+减速器的传动系统、光栅尺等组成,最大轴向加载为 10 t,对于较小尺寸的相似物理模型,可以模拟深部岩体的受力条件。此外,通过改变台座上激光光源的固定位置,可以获得模型的不同散斑切面,而改变和换接不同尺寸的压头则可以适应模型尺寸的变化。

9.4.1.2 模型箱设计与制作

对于透明岩体材料,由于其所用骨料或多或少会存在一些杂质且不能做到与胶结料的折射率完全一致,致使透明岩体模型的透明度会随尺寸的加大而逐渐降低。通过初步试验发现,当透明岩体厚度大于 15 cm 时,可视化效果不够理想。因此,为了保证模型内部观测面的清晰度,对于隧道模型试验来说,透明岩体模型沿隧道开挖方向的厚度应小于 0.15 m,隧道表面至横向和竖向两个方向的距离也不宜大于 0.15 m。

根据相似理论准则可知,隧道开挖物理模型尺寸由其与原型工程的几何相似比确定,几何相似比越小,试验结果越能真实反映实际工程,其试验成本更高。因此,综合考虑,一般取隧道开挖物理模型的几何相似比为 20~50。另外,为便于开挖,将原型非圆隧道简化为圆形,根据圣维南原理以及有关实验结果,当模型横向和竖向尺寸大于隧道三倍直径时,边界效应影响可忽略不计。综上,假定圆形隧道开挖直径为 3.0 m 时,取几何相似比为 40,则透明岩体隧道物理模型尺寸可取为:厚 0.12 m,横向宽 0.3 m,高 0.3 m,模型隧道的开挖直径为 0.075 m。

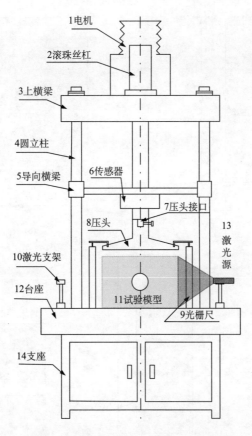

图 9-16　透明岩体试验的模型加载装置

　　为较好地模拟隧道围岩边界条件且保证透明岩体围岩内部的变形破裂状况不受视线遮挡，隧道模型试验装置拟采用"玻璃箱+外围钢框架"结构，并根据观测平面的不同，分为隧道横断面变形观测试验装置和隧道纵断面变形观测试验装置两种。

　　隧道横断面变形观测试验装置中，玻璃箱由 5 块 15 mm 厚的透明有机玻璃用玻璃胶粘接而成，并考虑隧道开挖和模型排液固结等要求，分别在正面、背面和底部玻璃板上钻 1 个 $\phi75$ mm 的圆孔、1 个 $\phi16$ mm 的小孔以及多个 $\phi2$ mm@12 mm 的排液孔洞，如图 9-17 所示。

　　模型箱的外围钢框架包括 8 根 $\phi10$ mm、1 根 $\phi15$ mm 的螺杆和 4 块 15 mm 厚的切割钢板(图 9-18)。当对透明岩体进行固结排液时，为防止玻璃箱在高压荷载作用下发生鼓肚变形，外围钢框架由前板、后板 I 与左右两个侧板用 8 根 $\phi10$ mm 的螺杆组装而成；当固结完成后，对隧道模型进行开挖时，由于隧道顶部荷载相对较小，为满足数字照相量测对模型进行变形量测的要求，外围钢框架由前板、后板 II (卸掉后板 I 中心处的"十字架")与左右两个侧板用 8 根 $\phi10$ mm 的螺杆组装而成；当隧道开挖完成后，如隧道周边岩体未发生较大变形破裂，则在隧道模型顶部逐步施加荷载直至隧道发生破坏，此时，钢框架由前板、后板 II、左右两个侧板、8 根 $\phi10$ mm 螺杆以及 1 根从隧道中心位置穿插前后板的 $\phi15$ mm 螺杆组装而成。透明岩体隧道物理模拟试验的横断面观测实物装置如图 9-19 所示。

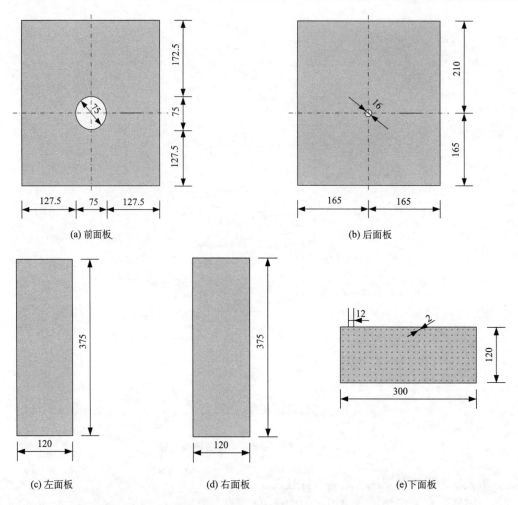

(a) 前面板   (b) 后面板

(c) 左面板   (d) 右面板   (e)下面板

图 9-17   隧道横断面变形观测试验装置的玻璃箱结构(单位：mm)

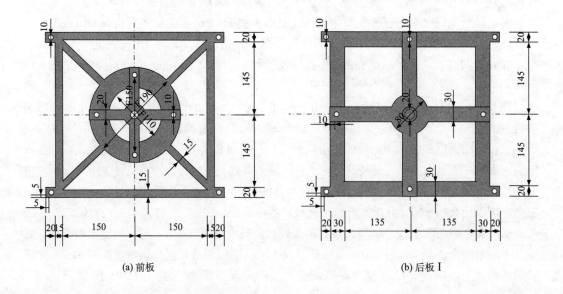

(a) 前板   (b) 后板 I

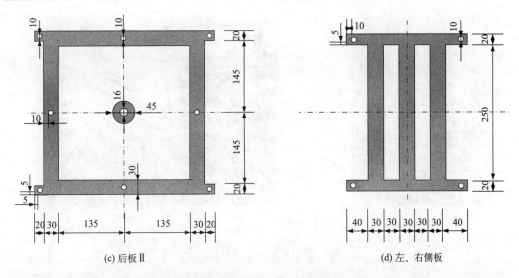

(c) 后板Ⅱ　　　　　　　　　　　　　(d) 左、右侧板

图 9-18　隧道横断面变形观测试验装置的外部钢架结构（单位：mm）

(a) 固结时　　　　　　　　　　　　　(b) 加载时

图 9-19　隧道横断面变形观测试验装置

9.4.1.3　隧道开挖装置

　　为较好地模拟隧道的掘进开挖过程，根据隧道模型试验装置设计了如图 9-20(a) 所示的掘进开挖装置，主要由刀盘、固定盘、丝杠、手轮组成。其中，刀盘的主要作用是切削透明岩体，并使透明岩体从刀盘间的孔洞排出；固定盘的作用是将整个开挖装置固定于隧道模型试验装置上，且其上也预留几个孔洞以方便切削透明岩体的排出，如图 9-20(b) 所示；丝杠和手轮的作用是摇动手轮使刀盘能够前后自由移动对岩体模型进行开挖，即手轮每转一圈则刀盘前进或后退 3 mm。另外，为对不同直径的隧道进行掘进开挖，刀盘与丝杠间通过螺丝固定的方式连接在一起，当隧道开挖直径不同时，只需替换相应直径的刀盘即可。

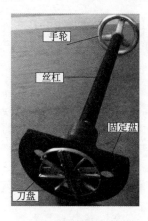

(a) 结构组成　　　　　　　　　　　　　(b) 掘进开挖

图 9-20　隧道模型掘进开挖装置示意图

9.4.2　模型相似分析与相似参数

本试验以一条埋深约 980 m 的软岩隧道为工程背景，该隧道上覆岩层平均容重为 24.5 kN/m³，掘进断面形状为直径 3000 mm 的圆形。隧道开挖速度为 6 m/d。隧道所处地层为单一性质泥岩，泥岩的基本物理力学参数如表 9-5 所示。

表 9-5　泥岩基本物理力学参数

岩性	单轴抗压强度 σ_c/MPa	抗拉强度 σ_t/MPa	弹性模量 E/GPa	泊松比 ν	黏聚力 c/MPa	内摩擦角 ϕ/(°)
泥岩	21.5	1.28	2.68	0.23	1.8	42.8

要使隧道及地下工程物理模拟试验得到的物理现象或者相关规律与现场相似，则其模型的材料选用、尺寸大小及加载条件等都需与原型成一定的比例关系，即物理模型设计需遵循相似理论准则。在相似理论准则中，原型和模型各相同物理量间的比值称为相似比(C)，各相似比间存在如下关系：

$$\begin{cases} C_\nu = C_\varepsilon = C_\phi = 1 \\ C_{\sigma_c} = C_{\sigma_t} = C_c = C_E = C_X = C_\sigma \\ C_\delta = C_L \\ C_\sigma = C_L \cdot C_\gamma \\ C_T = \sqrt{C_L} \end{cases} \tag{9-1}$$

式中，ν 为泊松比；ε 为应变；ϕ 为内摩擦角；σ_c 为抗压强度；σ_t 为抗拉强度；c 为黏聚力；E 为弹性模量；X 为边界面力；σ 为应力；δ 为位移；L 为尺寸长度；γ 为容重；T 为时间。

隧道模拟试验模型的长、宽、高为 300 mm×120 mm×300 mm，开挖直径大小为 75 mm，透明岩体相似材料的容重大约为 10.7 kN/m³，物理模拟试验的几何相似比 C_L 和

容重相似比 C_γ 分别为 40 和 2.29，模拟实际岩体范围大小为 12 m×4.8 m×12 m。根据式 (9-1)可计算得到模型其他相似比如表 9-6 所示。

表 9-6　物理模型试验的相似比

物理参数	相似比
位移 δ	$C_\delta = C_L = 40$
弹性模量 E	$C_E = C_\sigma = C_L \cdot C_\gamma = 40 \times 2.29 = 91.6$
泊松比 ν	1
边界面力 C_X	$C_{\sigma_t} = C_\sigma = 91.6$
抗拉强度 σ_t	$C_{\sigma_t} = C_\sigma = 91.6$
抗压强度 σ_c	$C_{\sigma_t} = C_\sigma = 91.6$
应变 ε	1
内摩擦角 ϕ	1
黏聚力 c	$C_{\sigma_t} = C_\sigma = 91.6$

由于模型试验很难做到与原型各指标保持完全相似，加上试验所使用的是透明岩体这种新的相似材料，因此，为更好地重现隧道周边岩体的变形破裂时空演化过程，以泥岩的单轴抗压强度为主要参考指标来进行模型材料的配制。实际模型所用的透明岩体相似材料的单轴抗压强度 σ_{cm} 为 0.235MPa，模型固结时间为 30 d、固结应力为 1.0MPa，其基本力学参数如表 9-7 所示。此外，由边界面力相似比可得，模型隧道开挖过程中，模型顶部应施加的荷载大小为 0.262MPa。

表 9-7　透明岩体相似材料基本力学参数

名称	单轴抗压强度 /MPa	侧压力系数	黏聚力 /MPa	内摩擦角/(°)	弹性模量/MPa	泊松比 ν
固结压力为 1.0MPa、固结时间为 30 d 的透明岩体	0.235	0.3	0.095	33	30	0.3

9.4.3　透明岩体试验模型制作过程

透明岩体模型的制作方法与过程控制是其是否满足透明性与强度相似性两个基本问题的关键。这里，以采用硅粉与矿物油材料为例，说明透明岩体模型的制备过程及注意事项。模型制作过程包括配料、抽真空、固结、卸载、拆模 5 个关键步骤，如图 9-21 所示。另外，研究发现，由于透明岩体试样制作过程中，某个细节稍不注意就会导致透明岩体的透明度发生整体下降，因此，在制作时应特别注意以下事项：

(1)制作前的准备工作。应先用喷雾器向室内喷洒少量水分，并将烧杯和吸管等仪器用清水和清洁剂清洗风干，避免灰尘和水等影响透明试样的透明度；为防止透明材料混合不均匀或发生离析，应选用大功率和高转速的搅拌机，当分多次对试样进行浇注抽真空时，需在每次浇注前再对透明材料进行搅拌。

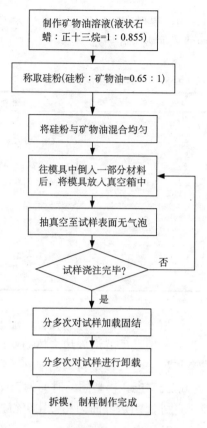

图 9-21 透明岩体试验模型的制作流程

(2)制作散斑点。如图 9-22 所示，采用彩色喷漆罐分别对透明硅粉颗粒(与模型材料同质)进行喷漆处理并晾干，形成各种单一颜色的彩色硅粉颗粒，然后将各色硅粉颗粒按相同质量比进行混合，得到彩色的混合硅粉颗粒。

图 9-22 模型内部的人工制斑

(3)组合玻璃箱。将各块玻璃板组合成一个不含前面板的一个玻璃箱体，并采用铁丝将其四周箍紧；在玻璃箱的四个拐角垫上一层硬纸，并在该玻璃板外侧贴上一层透明胶带。

(4)配相似材料。首先将液状石蜡和正十三烷溶液按质量比 0.855 进行混合得到矿物油溶液，其次根据质量比 0.65(硅粉：矿物油)称取相应量的硅粉倒入矿物油溶液中，最后对这三者的混合液进行搅拌，初步配制出透明岩体相似材料。

（5）抽真空与制斑。将组合后的玻璃箱体放进真空箱后，先往玻璃箱体中倒入初步配制出的透明岩体材料，每次倒入量约为填满箱体厚度 2~3 cm，抽真空时间约为 20~30 min；当模型浇注高度达到人工制斑面的预定位置时（距箱底约 3.5 cm），在玻璃箱内均匀撒上一层彩色混合硅粉颗粒，形成人工制斑面；接着，继续往玻璃箱内倒入岩体材料进行抽真空，直至模型整体浇注完成；考虑后续固结压缩量，模型浇注高度一般要大于试验模型设计高度，如图 9-23 所示。

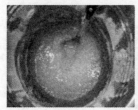

图 9-23　透明岩体模型的制作

（6）加固玻璃箱。模型浇注完成后，盖上玻璃箱体的前面板进行模型封顶，然后将前后两块玻璃钢框架用 4 根螺杆连接起来，立正玻璃箱，剪断铁丝，将贴在排液孔洞玻璃板上的一层透明胶带去除；最后，将左右两侧的钢框架连接起来后，卸掉玻璃箱的顶板。

（7）模型固结。将透明岩体模型搬到透明岩体加载实验系统上进行固结，固结压力按分级进行加载，并在 3 d 后达到预定压力值 1.0MPa；在预定压力值加载 30 d 后，然后进行逐级卸载，直至满足隧道开挖时模型顶部应施加的压力边界条件要求。

9.5　透明岩体数字照相量测方法

如果说透明岩体试样的制备是透明岩体实验技术的基础，那么，数字照相量测则是透明岩体实验中的必备关键技术。数字照相量测包含图像采集和图像分析两个方面，而图像分析尤其是二维图像分析与应用已经比较成熟，因此，当前符合图像分析要求的图像采集成为数字照相量测在透明岩体应用的关键问题和难点问题。

已有研究表明，透明岩体的激光切面（图 9-24）图像在满足数字散斑相关分析要求方面，普遍存在切面图像散斑相关度低的问题，导致图像变形分析的结果很不理想，这一

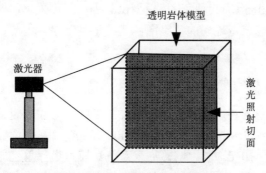

图 9-24　透明土采用的激光切面方法

困难也得到了一直从事这方面研究的学者加拿大瑞尔森大学(Ryerson University)Jinyuan Liu 的认同。究其原因，可能是：①硅胶粉颗粒细小，在较大的固结压力下发生紧密堆积，形成了一个致密结构，使得硅胶粉颗粒对激光的散射作用减弱，进而导致激光切面图像散斑相关性的降低；②硅胶粉颗粒粒径比激光的线宽要小得多，导致激光切面(正面观察)一个点上会在纵向出现多个硅胶粉颗粒的情况，进一步降低了激光切面图像的散斑相关性。

经分析，提出 3 种改进方法并付诸试验，即提高硅胶粉颗粒的粒径、模型内置人工测点和进行透明岩体模型内部的人工制斑。制作了 3 种不同模型，如图 9-25 所示。下文的图像分析结果表明，内置人工测点或数字散斑面是两种有效的方法，而大粒径在固结过程中存在排液过快，导致模型胶结性能变差，强度不能满足要求。该问题有待于进一步研究解决。

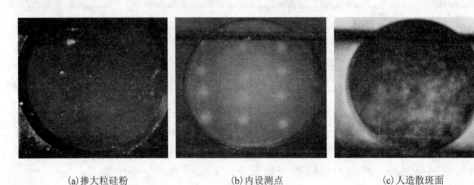

|(a)掺大粒硅粉|(b)内设测点|(c)人造散斑面|

图 9-25　透明岩体模型内部测点的制作方法

相对而言，透明岩体内部变形的数字照相观测比普通相似材料的表面观测要困难。前期研究发现，对于内部没有布置测点的透明岩体，采用激光切面的数字散斑相关性有时并不理想。图 9-26 所示的一组透明岩体模型照片进行分析的结果或许能够说明一些原因，当红色片状激光照射透明模型时，由于模型所用硅粉颗粒过细，在右半部分很难看出明显的"数字散斑"，导致数字散斑相关分析结果(图 9-26(a)网格变形)不理想，对应图 9-26(b)右半部分位移矢量离散性较大；而左半部分之所以有较好的位移矢量分析结果，原因在于该部分在加载过程中，硅粉颗粒产生了错动滑移或破裂，形成了比较明显的数字散斑区域。由于，在透明岩体模型试验中，直接采用已发表文献中的透明土相关试验方法，未必都能获得理想的数字图像变形量测结果，因此，探索尝试了以下两种方法。

9.5.1　"激光照射+模型内布设散点"法

采用液状石蜡与正十三烷的质量比为 0.855 和粒径为 300 目的硅粉材料，制作一个中间含有 ϕ30 mm 孔洞的 100 mm×100 mm×100 mm 立方体透明岩体模型。模型固结压力为 1MPa，固结时间为 10 d。利用试验加载系统对模型进行垂直加载(图 9-27)，加载速率为 5N/s。照相采用佳能 EOS6D 数码相机，按每隔 5 s 的采集频率进行，图像比例为

0.022 mm/像素。采用红色激光源，功率为 70 mW，线宽为 1 mm。

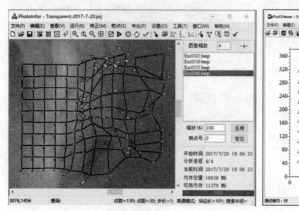
(a)模型图像分析

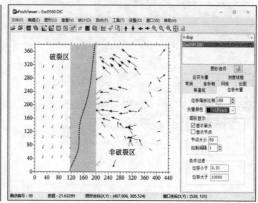
(b)位移矢量图

图 9-26　透明岩体激光切面的数字散斑分析

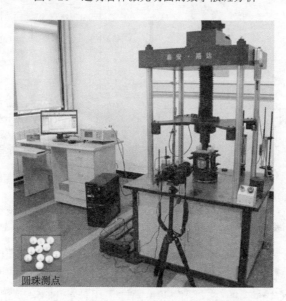

图 9-27　透明岩体加载试验系统布置图

　　针对前文激光切面出现的数字照相量测问题，提出一种在观测位置布置人工测点的方法，测点采用粒径 6 mm 的染色圆珠。利用 PhotoInfor 软件，通过分析一组 25 张照片，发现位移观测效果取得明显改善。图 9-28 为在内置圆形人工测点区域选择的 5 个图像分析"测点"在开始和结束时的位置变化图。由图 9-29(a)的测点位移在加载过程中的变化曲线以及某个阶段的位移值可以看出，5 个测点在加载过程中呈现比较一致的变化趋势，而从图 9-29(b)位移矢量图进一步可以看出，测点位移方向以及相对大小比较接近。因此，初步研究表明，在透明岩体内部布置人工测点是解决透明岩体内部数字散斑相关分析的有效途径之一。但这种方法本质属于标点法，不足之处在于虽然局部点位移可测，但由于能够布设的测点数量有限，模型内部全域变形的精细分析比较困难。

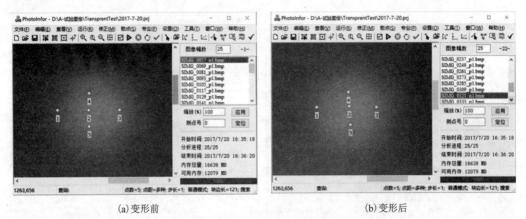

(a) 变形前 (b) 变形后

图 9-28 透明岩体内置测点变形前后图

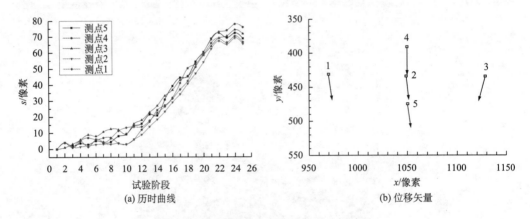

(a) 历时曲线 (b) 位移矢量

图 9-29 透明岩体内置测点位移分析结果

9.5.2 "白光照射+模型内设散斑面"法

首先，制作一个中间含有 $\phi 90$ mm 孔洞的 400 mm×350 mm×150 mm 透明岩体模型，模型固结压力为 1.0MPa，固结时间为 25 d。试验过程中，模型底部和四周进行位移约束，顶部按力速率为 10N/s 进行加载。图像采集同样采用佳能 EOS6D 相机，按每隔 5 s 的速度进行，采集的图像比例为 0.08 mm/像素。

由于著者和其他研究人员事先都多次采用透明土实验方法所应用的激光直接照射切面的方法，发现试验图像数字散斑相关性较低，因此，改变一下思路，提出一种"白光照射+模型内部设人工散斑面"的方法，即模型照明采用白光替代红色激光源，在透明岩体内部距离模型外部表面 4 cm，布置一层与制作透明岩体所用的几种染色的同质混合硅粉作为人工散斑面(图 9-30)，采用白光照亮，人的肉眼能够清晰识别。这种方法与前述"激光照射+模型内布散点"相比，属于无标点法，主要优点是能够有效地分析透明模型内部的全场精细变形特征。

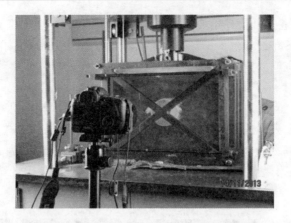

图 9-30　透明岩体模型内置散斑面的试验场景

9.6　试验过程与应用效果

通过基本力学实验，根据岩体应力应变关系与变形特征以及与一种常用的模拟软岩的相似材料的对比，说明透明岩体在模拟软岩方面的适用性；同时，通过模型试验，研究建立透明岩体内部变形的数字照相量测方法并给出透明岩体物理模拟试验方法的应用效果。

9.6.1　试验过程

当隧道模型固结完成后，就可进行隧道的开挖加载试验，具体步骤为：

(1)试验系统布置。包含试验加载装置、试验模型、数码相机、摄影灯具和计算机控制系统的试验系统布置，如图 9-31 所示。

图 9-31　透明岩体的试验系统布置图

(2)模型开挖准备。试验开始前，首先确保模型顶面恒定加载压力为 0.26MPa，然后在模型观测面两侧各布设一台摄影灯，保证试验过程中人工制斑面始终光照均匀；同时，在模型观测面正前方约 0.5 m 处布设一台高分辨率数码相机，调整数码相机参数，使采集到的图像清晰。

(3)隧道开挖。如图 9-32 所示，取下模型前方(背对观侧面)的隧道封堵块，将隧道掘进装置固定于模型外围的钢框架上，摇动手轮对隧道进行无支护掘进开挖，模型隧道厚度 12 cm(模拟实际进尺 4.8 m)，共分 3 次完成，每次开挖时间为 60 min(10 min 用于隧道掘进，50 min 用于掘进后模型应力调整)；开挖过程中，采用计算机控制数码相机进行图像自动采集，采集频率为 5 s 一张。

(a)开挖处封堵块取下前   (b)掘进装置安装后   (c)隧道开挖完成

图 9-32 模型隧道三维开挖场景

(4)隧道加载。隧道掘进开挖完成后，对模型顶部进行分级加载(每级荷载递增 0.12MPa，时间为 40 min)直至隧道周边岩体发生失稳破坏；加载过程中，也采用计算机控制数码相机进行图像自动采集，采集频率为 10 s 一张。

(5)试验图像整理。将存储在电脑的原始试验照片首先进行查看和精简，其次将精简后的原始图像转换为 BMP 格式，再按照命名规则进行图像文件命名，最后存储备份供后续图像分析使用。

9.6.2 应用效果

模型隧道的开挖及停置情况如图 9-33(a)所示，人工制斑观测面距离模型的观测表面为 3.5 cm。试验结束后，采用 PhotoInfor 对格式转换(RAW 转 BMP)后的一系列隧道开挖加载试验图像进行分析，测点网格则采用 ANSYS 进行单元划分后导入，如图 9-33(b)所示。图 9-34 为隧道开挖及两个加载阶段的模型变形状态。

9.6.2.1 隧道开挖过程中的围岩位移

1)竖向位移分布

隧道开挖几个关键时间段下的制斑观测面处岩体的竖向位移分布如图 9-35 所示(L 为开挖面距制斑观测面的距离，当开挖面未通过制斑平面时，$L>0$；反之，$L<0$)。

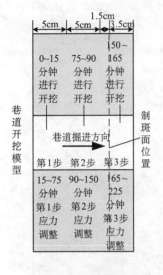

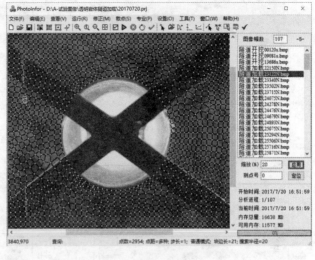

(a) 制斑观测面位置　　　　　　　　　　　(b) 测点分析网格

图 9-33　模型的人工制斑面位置与图像分析测点网格

(a) 开挖完成　　　　　　　　(b) 加载阶段 1　　　　　　　(c) 加载阶段 2

图 9-34　试验过程中隧道模型的变形图像

　　总体看来，隧道开挖通过观测面前，两边墙竖向位移基本不变，而顶底板产生较小的往隧道内的竖向位移（图 9-35（a）~图 9-35（c））；当隧道通过观测面至开挖结束，顶底板往隧道内的竖向位移随时间增长很快，两侧拱腰处岩体也因发生破裂产生较大的竖向位移（图 9-35（c）~图 9-35（e））；开挖结束后，隧道围岩竖向位移总体随时间变化很小（图 9-35（e）~图 9-35（f））。不同开挖时间下，隧道顶底板竖向位移大都在拱顶处最大，往围岩深处则逐渐减小。

　　图 9-36 给出了整个开挖过程中，隧道顶部和底部不同深度测点的竖向位移历时曲线（d 为距隧道表面的距离，1G 表示第 1 步掘进开挖阶段，1S 表示第 1 步开挖完成后应力调整阶段……）。总体而言，随着隧道的前进开挖，顶底板竖向位移值逐渐增大，且距隧道表面距离越近，其值变化越明显。

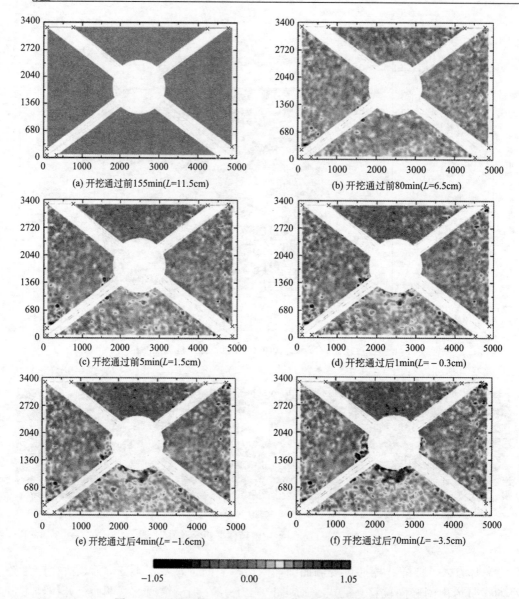

(a) 开挖通过前155min(L=11.5cm)

(b) 开挖通过前80min(L=6.5cm)

(c) 开挖通过前5min(L=1.5cm)

(d) 开挖通过后1min(L=−0.3cm)

(e) 开挖通过后4min(L=−1.6cm)

(f) 开挖通过后70min(L=−3.5cm)

-1.05　　　　　　0.00　　　　　　1.05

图 9-35　不同开挖时间段下隧道横断面岩体的竖向位移场

2) 水平位移分布

图 9-37 为隧道开挖几个关键时间段下制斑观测面处岩体的水平位移分布云图。隧道在开挖通过观测面前(图 9-37(a)~图 9-37(c))，观测面水平位移基本不变；隧道在通过观测面至开挖结束期间(图 9-37(c)~图 9-37(e))，观测面处的隧道两侧拱腰处因发生破裂而产生了向隧道内的水平位移且随着隧道向前开挖而逐渐增大，除该位置外，其余围岩水平位移随隧道开挖的变化则很小；当开挖结束后(图 9-37(e)~图 9-37(f))，在顶部保载状态下，隧道围岩的水平位移基本不变。

观测面处隧道左边墙测点的水平位移随隧道开挖的历时曲线如图 9-38 所示。从图中可以看出：①与隧道顶底板类似，边墙部位水平位移在各分步开挖阶段变化较大，在应力调整阶段则基本不变；②当隧道开挖通过观测面时，拱腰处 20 mm 内的岩体发生了破裂，两边墙水平位移主要发生在 d 小于 22 mm 的区域；③总体来看，边墙部位往隧道内的水平位移随开挖而逐渐增大，且距隧道表面距离越近，其值增长越快。

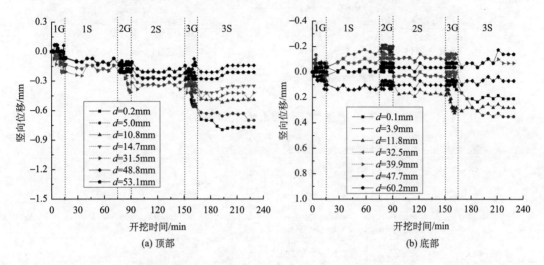

(a) 顶部　　　　　　　　　　(b) 底部

图 9-36　隧道顶底部岩体竖向位移随开挖时间的变化曲线

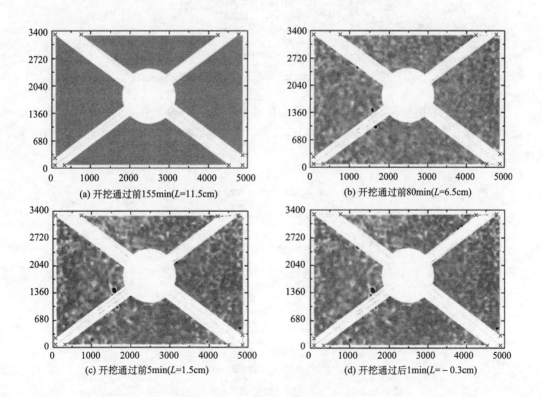

(a) 开挖通过前155min(L=11.5cm)　　　(b) 开挖通过前80min(L=6.5cm)

(c) 开挖通过前5min(L=1.5cm)　　　(d) 开挖通过后1min(L=−0.3cm)

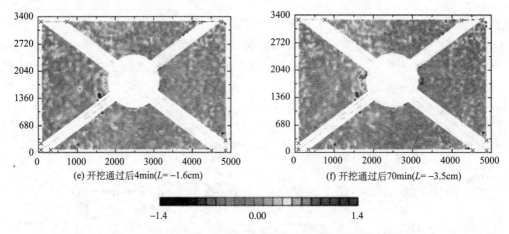

(e) 开挖通过后4min(L= -1.6cm)　　(f) 开挖通过后70min(L= -3.5cm)

-1.4　　　　0.00　　　　1.4

图 9-37　不同开挖时间段下隧道横断面岩体的水平位移场

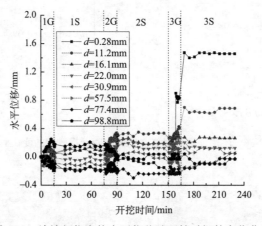

图 9-38　边墙部位岩体水平位移随开挖时间的变化曲线

开挖结束后，隧道顶、边墙及底板径向位移分布如图 9-39 所示，开挖对周边岩体变形影响范围 s_u 为 32 mm（约 0.35 倍洞径），且顶、边墙及底板径向位移 u 大致与其距隧道表面距离 d 呈指数衰减关系。

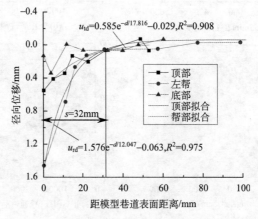

图 9-39　隧道开挖完成后周边岩体径向位移分布图

9.6.2.2　隧道加载过程中围岩位移

隧道开挖完成后，对其顶部继续进行垂直加载，加载速率为 9.3 kPa/min，如图 9-40 所示。图中顶部荷载随时间出现瞬间跌落回弹的位置代表此时模型可能发生破裂扩展或外围钢框架和玻璃板因压力变化而产生轻微移动调整。可以看出，顶部荷载在 0.55~0.70MPa 期间，其瞬间跌落回弹最为频繁，表明隧道周边岩体在这段时间内变形破裂扩展可能最为迅速。

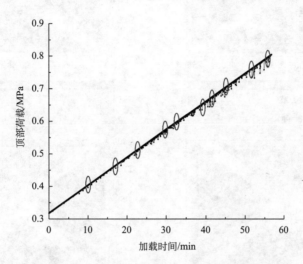

图 9-40　模型顶部荷载随试验时间的变化曲线

1) 竖向位移

图 9-41 为不同顶部荷载作用下，隧道模型的人工制斑观测面处岩体的竖向位移云图。由于只在模型顶部对隧道进行加载，因此，随着荷载的增加，隧道顶底板竖向位移虽然都逐渐增大，但顶板竖向位移变化要比底板明显；不同荷载作用下，顶板竖向位移在拱顶附近最大，往围岩深处，其值逐渐减小，但幅度很小，表明顶板围岩随荷载增大，其位移以整体滑动为主。由图 9-41(e)可知，顶板围岩沿两侧拱腰斜向上 33°~37°的两条弧线而向隧道内发生滑动。此外，隧道两边墙浅部岩体随荷载增大，其破裂程度和破裂范围也逐渐增大，在图中表现为竖向位移呈无规律性(具有突发性)的增大，而两边墙深部岩体则因荷载是从模型上部往下传递，竖向位移会向下缓慢增大，进而缓慢挤压隧道底部岩体，使其朝隧道内部方向发生隆起。

不同顶部荷载下，隧道模型的观测面处顶底板竖向位移分布曲线如图 9-42 所示。从图中可以看出，随着荷载的增大，隧道顶底板竖向位移逐渐增大且速率越来越快。不同荷载作用下，隧道顶底板围岩竖向位移 u 与其距隧道表面的距离 d 都大体呈指数衰减关系，其中，当顶部荷载为 0.75MPa 时，顶板岩体径向位移 u_{td} 与 d 的关系式为：$u_{td} = -3.492 e^{-d/19.414} - 9.75, R^2 = 0.948$。

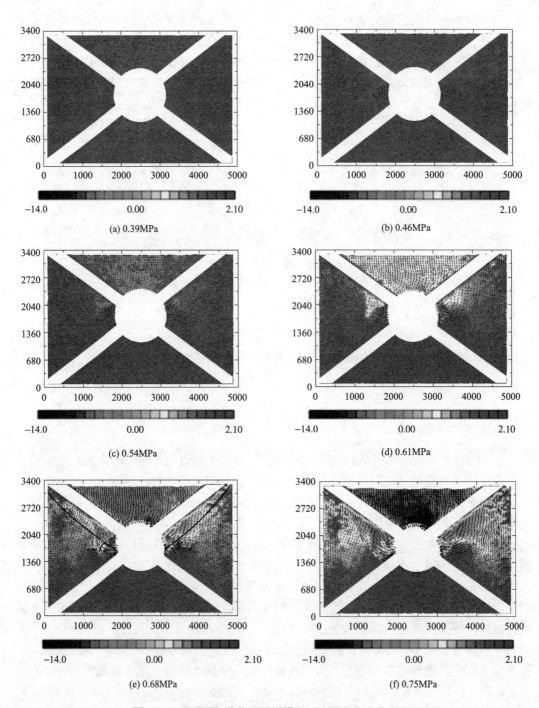

图 9-41 不同顶部荷载下隧道横断面岩体的竖向位移场

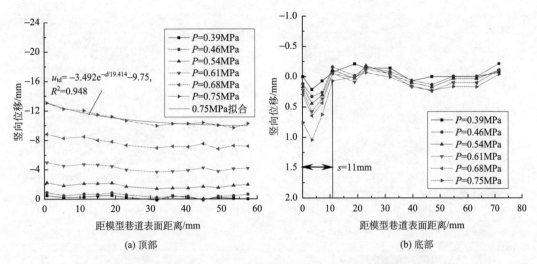

图 9-42　不同顶部荷载下隧道横断面顶底部岩体的竖向位移曲线

2) 水平位移

不同顶部荷载作用下的制斑观测面处岩体的水平位移分布如图 9-43 所示。由图可知，隧道开挖后，围岩水平位移主要发生在两侧拱腰附近，随着荷载增大，隧道两侧拱腰水平位移逐渐增大且快速往拱顶方向扩展，当荷载大于 0.61MPa 时，围岩水平位移主要集中在隧道表面左上或右上约 36 mm 范围内的区域(图 9-43(e))，这进一步表明，随着荷载的增加，隧道顶板岩体可能是沿着两侧拱腰斜向上 30°左右的两条弧线而向隧道内发生滑动，导致隧道失稳破坏，究其原因，应该是随着顶部荷载的增加，隧道两边墙破裂逐渐往深处及拱顶扩展，其破裂程度和范围逐渐增大，围岩承载能力逐渐降低，导致隧道顶部在拱腰处"立足不稳"，于是在顶部不断增大的荷载作用下发生滑动失稳。

图 9-44 为右边墙水平位移随顶部荷载的变化曲线。随着荷载的增大，右边墙水平位移逐渐增大，如不考虑右边墙周围 20 mm 以内岩体随荷载发生的严重破裂部分，不同荷载作用下的右边墙水平位移 u_{rd} 与其距隧道表面的距离 d 则呈指数衰减关系(变形影响范围 s=62 mm，约为 0.7 倍洞径)，其中，当顶部荷载为 0.75MPa 时，u_{rd} 与 d 的关系式为 $u_{rd} = -25.279e^{-d/19.17} + 0.065, R^2 = 0.988$。

图 9-45 为隧道拱顶、拱底、左腰和右腰处围岩径向位移随顶部荷载的变化曲线。由图可知，这 4 个位置岩体径向位移 u 都与顶部荷载 P 呈指数递增关系，其中隧道拱顶径向位移 u_{tp} 与 P 的关系式为 $u_{tp} = -20.163 / (1 + e^{(P-0.698)/0.082}) + 20.131, R^2 = 0.999$，隧道右边墙径向位移 u_{rp} 与 P 的关系式为 $u_{rp} = -11.109 / (1 + e^{(P-0.696)/0.102}) + 10.648, R^2 = 0.997$。

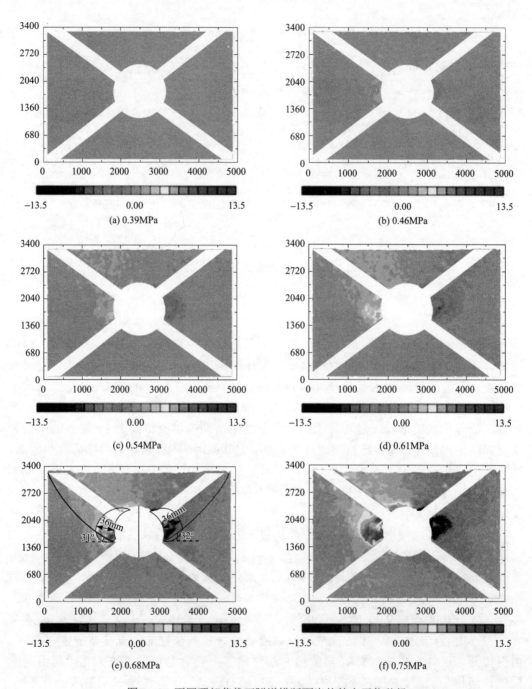

图 9-43　不同顶部荷载下隧道横断面岩体的水平位移场

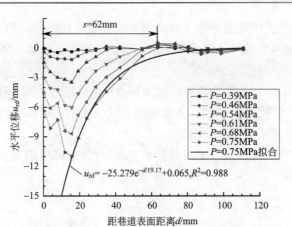

图 9-44 隧道右边墙水平位移与荷载关系曲线

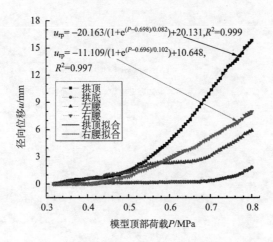

图 9-45 隧道表面径向位移与荷载关系曲线

9.7 本章小结

(1)分析了透明岩体相似材料制作的关键影响因素,即材料选择和配比、岩样固结压力与固结时间以及实验室空气环境;提出了软岩相似透明岩体试样的制备方法,获得了试样透明度较为理想的硅胶粉骨料、液状石蜡以及正十三烷与胶结料组分配比参数,研制了一种透明相似材料,其强度和一种常用的普通软岩相似材料接近,适合模拟软岩的变形特征。

(2)说明了透明岩样内部变形数字照相观测与分析的难点问题,由于透明材料粒径过小导致光源照射下的数字散斑形成比较困难,提出了通过透明岩体试样内置制造散斑面,采用白光照射,获得的观测区域数字散斑相关性明显得到提高,初步解决了透明岩样内部位移的数字照相量测难题。

(3) 研制开发了适用透明岩体试样或模型的试验加载系统装置，包括主机框架、加载电机、试样轴向位移光栅尺、透明模型内部切面激光照射定位装置等，其稳定性和可靠性在既有试验应用中得到充分检验。

(4) 建立了透明岩体相似物理模拟试验新方法，包括透明岩体组成材料选择、试样制作材料配比、制作过程要素控制、基本物理力学性质测试、模型内部人工制斑、数字照相量测分析以及配套加载试验系统等。

(5) 透明岩体内部变形的数字照相量测方法、含软岩在内的更多类型岩体的相似性模拟以及透明岩体的试验应用等问题，都值得进一步研究。

第10章

隧道围岩松动圈数字照相测试方法与应用

围岩松动圈支护理论最早由中国矿业大学董方庭教授等提出,在中国煤矿巷道支护工程实践中有着坚实的应用基础,同时,在隧道工程领域也已得到了广泛的认同,被用来分析与评价围岩的稳定性以及支护的难易程度。该理论成功应用的一个前提是围岩松动圈厚度的准确测定。针对常用声波测试法和地质雷达等测试手段,存在满孔注水耦合或测试图像结果判别难等诸多问题,在全景数字钻孔照相技术基础上,研究适合隧(巷)道特殊环境要求的松动圈测试技术,主要包括摄像硬件系统改进、钻孔图像采集方法与围岩松动圈图像分析算法及软件开发,通过一个矿山巷道现场实测研究分析,开发出基于数字钻孔照相的准确、直观的隧(巷)道围岩松动圈测试技术,使围岩松动圈支护理论更好地应用于矿山与隧道工程建设中。此外,利用全景数字钻孔照相对隧(巷)道围岩的完整性或破裂情况进行调查,对于工程建设亦具有重要意义。

10.1 钻孔全景数字照相的基本原理

围岩钻孔全景数字照相系统主要由硬件和软件两大部分组成,硬件系统用于图像采集,软件系统则用于图像采集控制、图像显示和图像处理分析。其中,图像处理分析又分为两方面,一是数字钻孔图像的一般处理,如对全景锥面反射系统采集的环状图像进行平面展开和拼接,三维变换虚拟岩心图生成等,这部分软件一般硬件系统自带,另外一部分则是专业应用分析,一般需要自行研制。

钻孔照相测量系统硬件部分由摄像探头、主机、电缆绞车和笔记本等组成(图10-1)。其中全景摄像探头内部包含可获得全景图像的截头锥面反射镜、提供探测照明的光源、用于定位的磁性罗盘以及微型 CCD 摄像机。全景摄像探头采用了高压密封技术,可以在水中进行探测。深度脉冲发生器是该系统的定位设备之一,它由测量轮、光电转角编码器、深度信号采集板以及接口板组成,可以用来确定探头的准确位置。由于购置的硬件系统主要用于地层或桩基等结构物的垂直钻孔探测,没有考虑水平孔的应用,因此,在隧(巷)道围岩水平孔测试中,专门制作了辅助摄像探头进出水平孔的推拉杆和探头沿孔壁滑动的滑轮(图10-2)。

实际采用的 RS-DTV 数字式彩色钻孔照相系统主要技术参数有:探头采用 450 线低照度高性能摄像头,水平分辨率 795 像素,垂直分辨率 0.1 mm,探头长度为 70 cm,探头外径 50 mm,光源采用自发白超亮二极管(冷光源),图像分辨率 0.1 mm,图像记录格式为 MPG,同时可以保存为 BMP 格式。

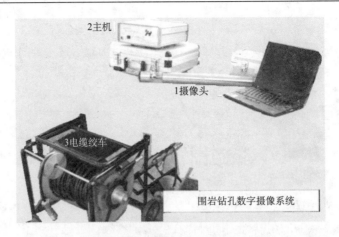

图 10-1　围岩钻孔数字照相硬件系统

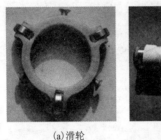

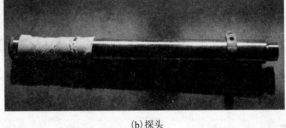

(a)滑轮　　　　　　　　　　　　　　　(b)探头

图 10-2　探头沿钻孔滑移的自制滑轮附件

　　围岩钻孔图像采集的工作原理是由探头结构组成所决定。位于探头前部玻璃窗内有反射锥面和 CCD 摄像头(图 10-3),探头进入围岩钻孔中,在摄像光源照射下,孔壁图像经锥面反射镜变换后通过 CCD 摄像头形成全景环状图像,如图 10-4 所示,全景图像经过几何变换还原成平面展开图,然后,根据展开图与圆孔图的对应关系,可以生成三维虚拟岩心图,其中,平面展开图可用来对松动圈进行判别分析。

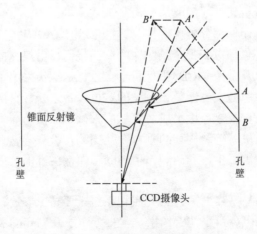

图 10-3　围岩钻孔照相原理示意图

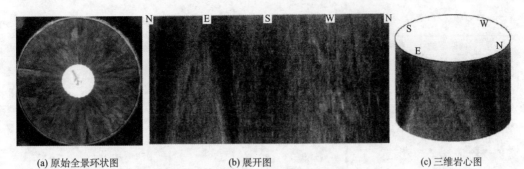

(a) 原始全景环状图　　　　　　　(b) 展开图　　　　　　　(c) 三维岩心图

图 10-4　围岩钻孔照相中的图像变换

现场图像采集首先用地质钻机钻出比摄像头外围直径大 10 mm 左右的钻孔，以便探头能顺利进出。由于使用的笔记本内置电池使用时间有限，因此，事先要将电池充足电，使用过程中注意节约用电。在所有缆线连接好，摄像头深入钻孔时，开启笔记本进行采集程序调试和图像采集。

在现场图像采集过程中，关键注意两点：一是钻孔壁要清理干净，避免孔内浮渣的影响；二是探头推拉速度尽可能保持慢速和匀速。实际应用中发现图像采集时先将探头送至孔底，然后向外拉时摄像效果好于推进过程中摄像。总而言之，要保证能够采集到足够清晰和真实的围岩钻孔壁图像，以确保后续图像分析的有效性和准确度。

10.2　隧道围岩松动圈识别程序研制

10.2.1　松动圈识别基本原理

基本图像采集程序由全景钻孔照相硬件系统厂家提供，这里主要介绍基于围岩钻孔照相的松动圈识别程序研制。松动圈内外一个明显的差别是，松动圈内岩体通常松动破坏，完整性较差，围岩裂缝较多，而松动圈外的塑性区和弹性区岩体相对完整，裂缝相对较少。因此，通过对孔壁图像上裂缝特征的提取和分析，可以确定松动圈的边界，从而确定松动圈的范围或厚度。这里，先通过对图像的预处理和二值化，然后，借助能够反映岩体裂缝特征的圆形度指标 C 来判别和分析松动圈的大小。

圆形度 C 的计算公式如下：

$$C = \frac{P^2}{4\pi A} \tag{10-1}$$

式中，P 为围岩裂缝的周长；A 为围岩裂缝的面积。

围岩裂缝可能出现多种形状，表 10-1 给出了圆形度 C 与常见的几种图形之间的关系。圆形度 C 的变化，反映了围岩裂缝的复杂程度。当围岩图上表现为圆形时，其圆形度 $C=1$；当围岩图上表现为椭圆时，其圆形度 $C>1$。

表 10-1　圆形度与围岩裂缝形状关系表

围岩裂缝图	圆形度 C	围岩裂缝图	圆形度 C	围岩裂缝图	圆形度 C
圆形	1	椭圆 1：2	1.190	长方形 1：2	1.432
正六边形	1.103	椭圆 1：2.28	1.275	长方形 1：3	1.697
正五变形	1.156	椭圆 1：3	1.518	长方形 1：4	1.989
正方形	1.273	椭圆 1：4	1.891	长方形 1：5	2.292
正三角形	1.654	椭圆 1：5	2.288	长方形 1：8	3.223
等腰直角三角形	1.855	椭圆 1：6	3.125	长方形 1：10	3.852
直角三角形 3：4：5	1.910				

从表 10-1 可以看出：圆形度 C 值越大，围岩裂缝的形状越接近针状，此裂缝可能是真裂缝；圆形度 C 值越小，表明围岩裂缝的形状越接近圆形，此裂缝可能是伪裂缝。真裂缝是由于破碎区形成的裂缝，其形状毫无规则，C 值较大；而伪裂缝是由于地质取钻过程中部分碎石脱落所形成的空洞，其形状接近于圆形，C 值接近于 1。实际应用中，主要是根据圆形度 C 值随孔深变化特征，即孔内某个位置两边 C 值发生了明显变化的地方，可以推断为松动圈与弹塑性区的分界点，以此来确定围岩松动圈的厚度值。

10.2.2　数字图像处理方法

用计算机进行数字图像处理的目的包括产生更适合人类视觉观察和识别的图像以及让计算机自动识别和理解的图像。要理解和识别这些图像信息，就需要对包含有大量各式各样物体信息的图像进行分解，分解的最终目标就是将图像分成一些具有各种特征的最小成分及其组合。图像中最小成分称为图像的基元或像素，每个像素有两个重要的特征参数，一是坐标，二是颜色。数字图像的处理主要是针对像素的这两个特征进行各种变换。下面对松动圈图像识别系统用到的几个基本数字图像处理方法进行简要说明。

1) 图像灰度化

数字图像灰度化是指将彩色图像通过一定算法转化为灰度图像的过程，彩色图像中的每个像素点可以有 1600 多万种颜色变化范围，而灰度图像只有 256 种，所以，数字图像处理一般先将各种格式的图像转化为灰度图像以使后续的图像处理计算量降低，而灰度图像的描述与彩色图像一样仍然能够反映整幅图像的整体和局部色度和亮度等级的分布和特征。图像灰度化的处理根据 YUV 颜色空间中 RGB 与 YUV 的变换关系，建立亮度 Y 与 R、G、B 三个颜色分量的对应关系：Y=0.3R+0.59G+0.11B，将一幅数字图像中每个像素的 R、G、B 值都用这个变换后的亮度值替代，然后重新绘制一遍，彩色图像就变成了灰度图像。

2) 图像二值化

图像二值化在数字图像处理中占有非常重要的地位，数字图像二值化通常先将图像灰度化，然后，根据设定的灰度阈值，根据图像上像素点的灰度值大于或不大于这个阈值，将图像上点的灰度值设置成"非此即彼"两种值，通常是 0 或 255，这样整个图像重新绘制出来，就是常见的黑白图像。图像二值化后，图像的集合性质只与像素值 0 或 255 的点位置有关，不再涉及像素的多级值，使图像处理变得更加简单。为了得到理想的二值化图像，采用阈值分割技术，对物体与背景有较强对比度的图像分割特别有效，如裂缝图像，裂缝的颜色通常比背景要深一些，在含有裂缝的图像上，选择合适阈值，通过图像二值化可以将裂缝有效分割出来。

3）图像滤波

图像信息在采集过程中往往受到各种噪声源的干扰，这些噪声在图像上常常表现为一些孤立的像素点。通常，一般的前置图像处理后的图像仍然带有后续处理所不希望夹带的孤立像素点，这种干扰或孤立像素点如不经过滤波处理，会对以后的图像区域分割和判别带来影响。

对受到噪声污染的图像可以采用线性滤波的方法，但是很多线性滤波在去噪声的同时也使得图像边缘模糊了。而中值滤波在某些情况下可以做到既去除噪声又保护图像边缘，它是一种非线性去除噪声的方法。中值滤波的实现原理是把数字图像中一点的值用该点所在一个区域各个点的值的中间值代替，中值的定义如下：

一组数 x_{i1}，x_{i2}，x_{i3}，x_{i4}，$\cdots$，x_{in}，假如其排序为 $x_{i1} \leqslant x_{i2} \leqslant x_{i3} \leqslant x_{i4} \leqslant \cdots \leqslant x_{in}$，则中间值 Y 为

$$Y = \mathrm{med}\left\{x_{i1}, x_{i2}, x_{i3}, x_{i4}, \cdots, x_{in}\right\} = \begin{cases} x_{i((n+1)/2)} \\ \left[x_{i(n/2)} + x_{i(1+n/2)}\right]/2 \end{cases}$$

如果把一个点所在区域的特定长度或形状的领域称为窗口，那么，在一维的时候，中值滤波器就是一个奇数个像素组成的滑动窗口，窗口正中间的值用窗口内各个像素的中值代替；对于二维的中值滤波，一般采用 3×3 或者 5×5 的窗口来进行滤波运算。

4）图像边缘检测

边缘的获取是所有基于边界的图像分割方法的第一步，也是描述图像区域最重要的特征之一。边缘是像素的亮度值或灰度不连续的结果，这种不连续常可利用求导方便地检测到，常用技术是用梯度算子和拉普拉斯算子进行求取。其中，常用的梯度算子有 Roberts 算子、Prewitt 算子和 Sobel 算子，而拉普拉斯算子属于二阶导数算子，它对图像中的噪声相当敏感，为了去除噪声，首先要用高斯函数对图像进行滤波，然后对滤波后的图像求二阶导数。

5）图像腐蚀与膨胀

图像的腐蚀与膨胀实际上是数学形态学在计算机数字图像处理中的应用。数学形态学是分析几何形状和结构的数学方法，形态学的用途主要是获取物体拓扑和结果信息，它通过物体和结构元素相互作用的某些运算，得到物体更本质的形态。它在图像处理中的主要应用包括：一是利用形态学的基本运算，对图像进行观察和处理，从而达到改善

图像质量的目的；二是描述和定义图像的各种几何参数和特征，诸如面积、周长、连通度、颗粒度、骨架和方向性。数学形态学包括一组基本的形态学算子：腐蚀、膨胀、开、闭等，运用这些算子及其组合可进行图像形状和结构的处理与分析。

数学形态学的基本运算是腐蚀和膨胀，由二者的复合运算可产生开运算和闭运算。在膨胀和腐蚀过程中附加一定条件，可以产生对图像进行收缩、细化、抽骨架、剪枝和粗化等处理。

图像腐蚀的机理就是将一个物体沿边界减小的过程，即在物体的周边减少 1 个像素，比如物体是一个圆，进行一次腐蚀运算后，它的直径将减少 2 个像素。可见腐蚀运算是消除图像边界点的一个过程，其结果使剩下的图像沿其周边比原来图像小若干个像素。如果图像在某处像素很少，那么使用腐蚀运算后，图像将会在该处变为非连通的，即变成两个独立的图像区域，而像素足够少的图像可能被删除，从而达到了去噪的目的。

一般意义上的膨胀是将与物体边界接触的背景像素合并到物体中的过程。它是将目标物体接触的所有背景点合并到物体中的过程，结果是目标增大，空洞缩小，填补目标物体中的空洞，形成连通域。

6）图像开运算与闭运算

图像腐蚀运算后再进行膨胀运算的组合运算称为图像开运算。图像开运算有删除小物体、将大物体拆分为小物体、平滑大物体边界而不明显改变物体的面积等作用。

图像膨胀运算后再进行腐蚀运算的组合运算称为图像闭运算。图像闭运算的效果包括填充物体的小洞、连接相近的物体和平滑物体的边界而不明显改变物体的面积。

另外，还有基于图像腐蚀和膨胀的其他衍生运算，如收缩、细化和加厚等。其中，收缩是保持单个像素的物体不变的腐蚀运算过程，细化则是修改腐蚀计算过程而保持物体不被分开。对于细化来说，首先是进行有条件的常规的腐蚀过程，只将要删除的像素打上标记而不真正删除，然后逐步访问打上标记的像素，如果标记像素不会分开物体，就删除它，否则就保留它，这一过程就是细化。细化的结果是把曲线型物体变成一个像素宽的线型图，显然，这些衍生算法及其组合可以适应实际的图像分析与处理的应用。

基于围岩钻孔照相的松动圈识别程序研制中将应用上述数字图像处理方法。

10.2.3　松动圈识别程序研制

围岩松动圈识别软件系统 PhotoInfor for Cracks 的功能结构设计如图 10-5 所示。程序系统主要功能包括以下 4 部分。

1）图像预处理

图像预处理的目的是采用图像中值滤波、图像锐化、孤岛去除等数字图像处理方法来消除图像噪声，然后将彩色图像转换为用于图像二值化的灰度图。

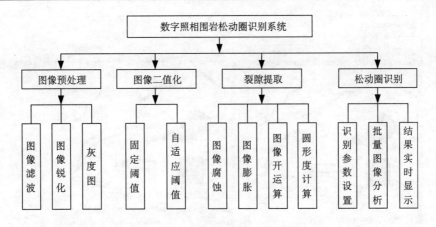

图 10-5　围岩松动圈识别软件系统功能结构

2)图像二值化

这一步以灰度图像为基础，在整个图像处理方法中至关重要，图像二值化的目的是将裂缝区从图像背景中分割出来。全局二值化图像分析比较简单，但对于实际钻孔图像来说，由于相同位置或不同深度的钻孔孔壁的颜色深浅并不相同，使用全局固定阈值，很难将裂缝全部准确地识别出来，因此，不同深度或同一深度的不同区域，应选择不同的阈值，采用局部区域的动态阈值进行二值化是一个合理的方法。图像二值化是裂缝识别的一个关键技术，要根据图像特征来研究有效的阈值选取方法。

3)裂隙提取

以二值化图像为基础，与图像二值化同样重要。图像二值化并不能将裂缝完全清晰地从图像背景分割开来，因此，需要借助图像腐蚀、图像膨胀和由图像腐蚀与膨胀组合的方法，对二值化图像进一步处理，然后，通过计算出裂缝区域的面积和周长，来计算出一张钻孔截图的圆形度指标。

4)松动圈识别

对于上述几个方面，可以先对一张或几张图像做试分析，以选定较为合适的处理方法组合和分析参数。一组钻孔图像的数量依赖于钻孔照相的深度和单幅截图的长度，按 5 m 孔深和 1 cm 一幅截图算，一组待分析的图像共计 500 张。这项功能主要用于图像的自动分析，同时实时显示圆形度 C 与孔深的计算曲线，分析结束后将结果及分析参数自动保存在文本文件中。

利用高级开发工具开发出的程序系统如图 10-6 所示。

松动圈识别程序包括以下几项功能：

(1)单幅图像可以同时在 3 个窗口显示彩色原图、二值化图和边缘检测图，或者说钻孔的孔壁展开截图、裂隙区域图和裂隙周长图，如图 10-6 所示。

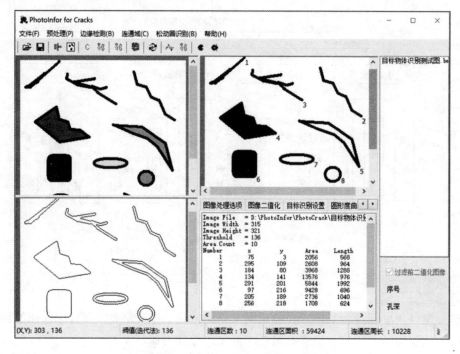

图 10-6　围岩松动圈识别程序系统

(2)对于多幅图像，在图 10-7 右边用鼠标点击不同的图像文件名时，能够动态计算并显示被选择的图像的圆形度和灰度直方图；灰度直方图的作用是辅助用户选择合适的阈值进行二值化。

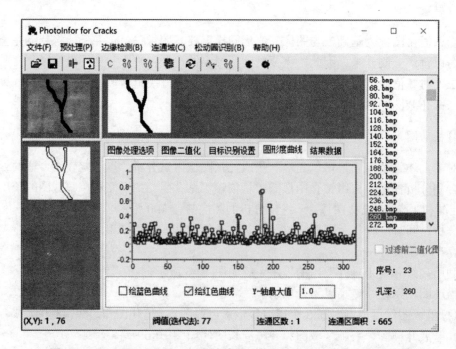

图 10-7　PhotoInfor for Cracks 程序中的图像处理与圆形度曲线实时显示

（3）在图像试分析时，一般会选择不同的分析参数进行对比，所以，程序设定了两条圆形度-孔深曲线，供用户进行对比使用。

（4）分析结果观察，有时局部圆形度值过大，而小的圆形度区域在曲线上显示变化较小，因此，用户可以设定最大圆形度范围，来观察不同范围的圆形度曲线的变化情况。

下节以武广客运专线大瑶山隧道和兖州矿业集团东滩矿某巷道为工程背景，分别说明钻孔全景数字照相在围岩完整性调查与松动圈测试中的应用情况。

10.3　应 用 实 例

10.3.1　铁路隧道的超前地质探测

武广（武汉—广州）客运专线是中国"四纵四横"客运专线网中第一个开通时速 350 km 的高速铁路。其在修建过程中，途经乐昌大瑶山一号隧道开挖到 DK1909+612 里程时，遇到大型溶洞，溶洞向隧道内大量涌水，并夹杂着大量的石块，对施工安全造成严重影响。为探明工作面前方地质情况，确保下一步工程施工安全，当时暂停向前开挖，而采用各种手段对该区域围岩地质情况进行详细调查，其中包括地质雷达探测、TSP 和 HSP 探测等。这些方法在地质超前预报中得到广泛应用，通过不同岩层地质界面对于声波或电磁波的反射强弱，生成伪彩色图像，然后，通过对伪彩色图像进行分析，得出围岩地层的岩性分布，但它们对于地质情况探测是间接的，存在一定的局限性，那么，最理想的方法是能够直接对围岩进行观察，钻孔数字照相技术的出现使得这种愿望变成可能。

2006 年 11 月 17 日，中国矿业大学应邀在大瑶山一号隧道进口正洞进行了数字钻孔围岩地质探测，目的是调查工作面前方围岩解理、裂隙以及围岩的完整性，并对钻孔数字照相在隧道地质调查中的适用性进行研究。

10.3.1.1　现场测试过程

测试地点位于 DK1909+612 隧道工作面，测试掌子面已揭露的岩性为中-厚层状灰岩，岩体较完整，岩层产状 298∠57°。摄像钻孔利用现有超前地质探测钻孔（图 10-8），该孔孔径约为 120 mm，孔深约为 30 m。初次试验测试，因受电缆线长度限制，实际测试深度约为 5 m。

现场测试时，孔位离隧道地面较高，以钻机支撑棚架作为工作平台。由于右侧溶洞导管仍在出水（图 10-8），水花飞溅，同时，工作面附近在进行初喷，测试时需要做好系统防水和防尘工作。图 10-9 为现场钻孔照相测试的实景。

测试工作程序如下：

（1）围岩钻孔，钻孔直径一般略大于摄像探头直径为宜，如 50 mm 直径探头，考虑到滑轮尺寸，整个探头外围最大直径约为 75 mm，那么钻孔直径 90 mm 较为合适；

（2）钻孔内浮渣或淤泥用水或用风清洗干净，确保钻孔内壁表面清洁干净；

（3）事先在室内将钻孔照相系统的主机充满电，并检查一遍系统硬件和软件工作是否正常，要确保探头的玻璃窗清洁干净；

(a) 地质钻孔

(b) 工作面右侧溶洞导水

图 10-8　隧道工作面围岩超前地质钻孔

(a) 测试者手持发光摄像探头

(b) 现场钻孔照相

图 10-9　现场钻孔照相测试实景

（4）人员事先组织分工，一般要 3 人配合，1 人操作计算机，1 人负责推拉探头进出孔洞，1 人负责传递探头的接杆；

（5）现场准备好测试仪器系统放置的平台，并将主机、探头、深度计数器和笔记本电脑数据线连接好；

（6）将探头放入钻孔内，准备工作完毕，开启笔记本电脑，进行图像采集软件参数设置，主要是初始深度、采集图像孔段长、保存图像格式、文件保存路径及文件名等；

（7）钻孔图像采集测试开始，人工匀速将探头向孔内推进，软件自动进行图像采集，每隔 1 m，人工接长探头推杆，直至到达测试深度，然后，图像采集停止；重新设置图像采集文件名，当向孔外匀速拉出探头时，进行二次钻孔图像采集，推杆每出 1 m，可相应卸下 1 节推杆；

（8）图像采集结束时，关闭电脑，探头用软布擦拭干净，收拾到仪器箱内。

10.3.1.2　测试结果

利用钻孔照相系统配套的图像处理程序，将钻孔图像进行拼接，钻孔全长拼接图像如图 10-10 所示。从钻孔壁图像可以看出（为更清楚地进行观察，可以在图像程序中打开，进行放大查看），从隧道掌子面开始，前方 0~6.4 m 范围内的围岩比较完整，没有明显裂隙，岩体比较致密，图像中白色线状或斑块可能是地质钻头在抽出时对孔壁的擦痕或一些水线水迹较强的光反射引起。该测试结果与中铁隧道勘测设计院同期进行的 TSP 测试结果一致(TSP 测试结果表明掌子面前方 0~14.7 m，围岩强度较硬，岩体较完整)。不足之处在于因钻孔测试深度不够大，未能对工作面前方 0~50 m 的大范围进行钻孔图像采集和分析。

图 10-10　围岩钻孔壁全长图像展开图(孔深范围 0~6.42 m)

现场测试试验表明，围岩数字钻孔照相能够比较清晰地采集到孔壁图像，当加大钻孔测试深度，同时在掌子面增加测试钻孔数，通过对掌子面前方岩体的基本情况的调查，可为基于围岩地质条件变化的设计参数优化和施工方案的调整，提供直观可靠的参考依据。

10.3.2 矿山巷道围岩松动圈测试

10.3.2.1 钻孔测点布置

矿山巷道围岩松动圈的现场首次测试选择在东滩矿三采区轨道上山，共布置 4 个测站，其中测站 1、测站 3 为钻孔数字照相测站，测站 2、测站 4 为超声波测站，如图 10-11 所示。测站 1 至测站 2 的距离为 2 m，测站 3 至测站 4 的距离为 2 m。每一测站共设 4 个测孔，具体详见图 10-12。超声波测点采用 $\phi42$ mm 的孔，孔深为 2.5 m；钻孔数字照相测点采用 $\phi89$ mm 的孔，孔深为 3 m。声波测试目的是用来对比钻孔数字照相的测试结果。

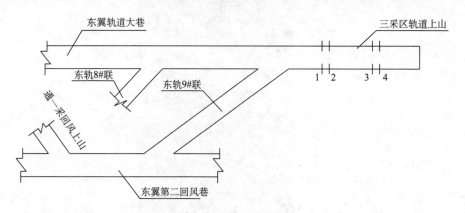

图 10-11 东滩矿三采区轨道上山松动圈测站布置图

1,3.钻孔数字照相测站；2,4.超声波测站

10.3.2.2 图像采集过程

为获得比较清晰的图像：①先对钻孔孔壁清洗，然后用高压风管将孔壁粉尘吹清；②保持探头筒内的清洁，尤其是玻璃筒及反光镜处干净；③为保持实时记录摄像过程中探头所处的位置，须用光缆线紧紧缠绕在绞车滑轮上。

10.3.3.3 测试结果分析

钻孔数字照相采样步距为 12 mm，对于一个 3 m 深的孔，共需拍摄约 250 张图片。这里给出采用 PhotoInfor for Cracks 分析获得的 1 孔和 4 孔的松动圈量测结果，如图 10-13 和图 10-14 所示。从图 10-13 中可以看出，在 1 孔中围岩松动圈的厚度值约为 1.19 m；图 10-14 表明，4 孔中围岩松动圈的厚度值约为 1.09 m，因此，采用钻孔数字照相测量东滩煤矿三采区轨道上山围岩松动圈厚度值为 1.1~1.2 m，而 1 孔和 4 孔采用传统声波测试方法得到的松动圈厚度分别为 1.3 m 和 1.4 m，以声波测试结果为基准，两者相差约 14%~15%，基本相近。

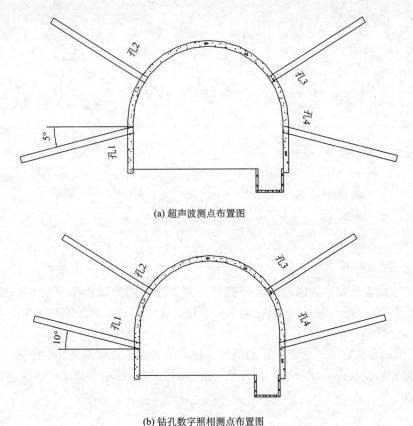

(a) 超声波测点布置图

(b) 钻孔数字照相测点布置图

图 10-12　巷道中围岩松动圈的测点布置图

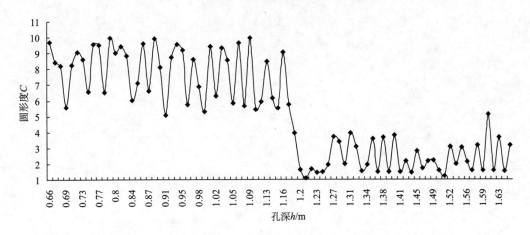

图 10-13　钻孔数字照相 1 孔中圆形度 C 与孔深 h 的关系曲线

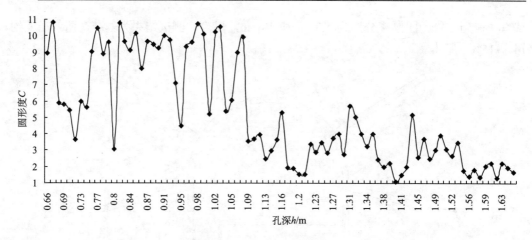

图 10-14　钻孔数字照相 4 孔中圆形度 C 与孔深 h 关系曲线

10.4　本　章　小　结

（1）研制了基于数字图像特征分析的钻孔围岩松动圈测试程序系统 PhotoInfor for Cracks，工程现场应用表明，围岩松动圈数字钻孔测试和传统声波测试结果基本相同，方法具有实用价值。

（2）基于钻孔数字照相的围岩松动圈测试技术的关键是孔壁高清图像的采集，同时，松动圈图像分析软件是技术核心，涉及数字图像处理与分析相关算法，值得进一步深入研究与开发。

参 考 文 献

白义如. 2000. 相似材料模型位移场的光学测量技术研究及应用[D]. 武汉: 中国科学院武汉岩土力学研究所.

宝剑光, 秦强, 柴葳, 等. 2017. 基于非接触法的 1200℃高温应变测试技术研究[J]. 科学技术与工程, 17(6): 117-121.

曹亮, 刘文白, 李晓昭, 等. 2012. 基于数字图像的砂土压缩变形模式的试验研究[J]. 岩土力学, 33(4): 1018-1024.

曹彦彦, 马少鹏, 严冬, 等. 2012. 岩石破坏动态变形场观测系统及应用[J]. 岩土工程学报, 34(10): 1939-1943.

曹兆虎, 孔纲强, 刘汉龙, 等. 2014. 基于透明土材料的沉桩过程土体三维变形模型试验研究[J]. 岩土工程学报, 36(2): 395-400.

陈德文. 2008. 锚固机理的模型试验研究及其颗粒流数值模拟[D]. 济南: 山东大学.

陈凡秀, 陈旭, 谢辛. 2015. 多相机 3D-DIC 及其在高温变形测量中的应用[J]. 实验力学, 30(2): 157-164.

陈建峰, 许强, 郭鹏辉, 等. 2017. 基于透明土技术的加筋地基模型试验[J]. 同济大学学报(自然科学版), 45(3): 330-335.

陈俊达, 马少鹏, 刘善军, 等. 2005. 应用数字散斑相关方法实验研究雁列断层变形破坏过程[J]. 地球物理学报, 48(6): 1350-1356.

陈坤福. 2009. 深部巷道围岩破裂演化过程及其控制机理研究与应用[D]. 徐州: 中国矿业大学.

陈思颖, 黄晨光, 段祝平. 2004. 数字散斑相关法在高速变形测量中的应用[J]. 中国激光, 31(6): 735-739.

陈运贵. 2014. 利用数字图像处理技术监测隧道变形的探索研究[D]. 广州: 广东工业大学.

程效军, 杨世渝. 2002. 应用近景摄影测量检测大型工业设备变形[J]. 同济大学学报(自然科学版), 30(11): 1346-1349.

崔晓荣, 郑炳旭. 2007. 建筑爆破倒塌过程的摄影测量分析(Ⅰ)——运动过程分析[J]. 工程爆破, 13(3): 8-14.

代树红, 马胜利, 潘一山, 等. 2012. 数字散斑相关方法测定岩石Ⅰ型应力强度因子[J]. 岩石力学与工程学报, 31(12): 2501-2507.

方新秋, 张玉国, 郭和平, 等. 2000. 采场多裂隙直接顶破坏的模拟研究[J]. 采矿与安全工程学报, (2): 36-38.

冯琦, 王佳. 2015. 基于图像分析的变形监测技术在天津地铁 9 号线隧道监测中的应用[C]//2015 中国(天津)区域轨道交通发展及装备关键技术论坛暨第 24 届地铁学术交流会论文集: 458-467.

高建新. 1997. 变形测量的数字图像相关分析法[J]. 同济大学学报, 25(1): 98-103.

高建新, 周辛庚. 1995. 数字散斑相关方法的原理与应用[J]. 力学学报, 27(6): 724-731.

高建新, 周辛庚, 章玮宝, 等. 1996. 用数字图像法测量混凝土成形早期的变形特性[J]. 实验力学, 11(3): 334-338.

高文艺. 2015. 深部复合地层 TBM 隧道变形时空演化规律研究[D]. 徐州: 中国矿业大学.

高岳. 2015. 化学注浆扩散机理的透明土试验研究[D]. 徐州: 中国矿业大学.

葛宇龙, 李晓星. 2013. 多种群遗传算法在数字散斑相关搜索中的应用[J]. 工程与试验, 53(3): 6-8.

宫全美, 周俊宏, 周顺华. 2016. 透明土强度特性及模拟黏性土的可行性试验[J]. 同济大学学报(自然科学版), 44(6): 853-860.

郭彪, 李果, 张发春, 等. 2015. 路基边坡支挡结构物大比例模型试验系统的开发[J]. 公路, (2): 6-11.

郭钢, 刘钟, 李永康, 等. 2013. 扩体锚杆拉拔破坏机制模型试验研究[J]. 岩石力学与工程学报, 32(8): 1677-1684.

郭文婧, 马少鹏, 康永军, 等. 2011. 基于数字散斑相关方法的虚拟引伸计及其在岩石裂纹动态观测中的应用[J]. 岩土力学, 32(10): 3196-3200.

洪宝宁, 赵维炳. 1999. 利用图象序列测量土工模型位移场的数学模型[J]. 土木工程学报, 32(3): 61-65.

胡育佳, 杨震远, 王曜宇, 等. 2016. 基于数字散斑相关法的材料高温性能测试[J]. 应用激光, 36(1): 102-106.

黄磊, 张李超, 鄢然, 等. 2015. 数字散斑识别算法中的 GPU 高性能运算应用研究[J]. 应用光学, 36(5): 762-767.

黄琳洁, 刘文白, 原媛, 等. 2017. 基于数字照相量测技术的风荷载作用下玻璃幕墙变形量测研究[J]. 硅酸盐通报, 36(2): 625-628.

黄青松, 李青, 张金锋, 等. 2016. 基于图像分割的尾矿坝干滩长度监测[J]. 计算机测量与控制, 24(1): 67-70.

江泽慧, 费本华, 张东升, 等. 2003. 数字散斑相关方法在木材科学中的应用及展望[J]. 中国工程科学, 5(11): 1-7.

金观昌, 孟利波, 陈俊达, 等. 2006. 数字散斑相关技术进展及应用[J]. 实验力学, 21(6): 689-702.

靖洪文, 李元海, 梁军起, 等. 2009. 钻孔摄像测试围岩松动圈的原理与实践[J]. 中国矿业大学学报, 38(5): 645-649.

孔纲强, 刘璐, 刘汉龙, 等. 2013. 玻璃砂透明土变形特性三轴试验研究[J]. 岩土工程学报, 35(6): 1140-1146.

孔亮, 陈凡秀, 李杰. 2013. 基于数字图像相关法的砂土细观直剪试验及其颗粒流数值模拟[J]. 岩土力学, (10): 2971-2978.

孔宪宾, 何卫忠, 佘跃心. 2000. 测量土体内部位移场的一种新方法[J]. 力学与实践, 22(3): 41-44.

寇新建, 宋计棉. 2001. 数字化摄影测量及其工程应用[J]. 大坝观测与土工测试, 25(1): 33-35.

雷冬, 乔丕忠. 2011. 混凝土压缩破坏的数字图像相关研究[J]. 力学季刊, 32(2): 173-177.

李飞, 周健, 张姣. 2012. 土工合成材料加筋边坡宏细观机理模型试验研究[J]. 岩土工程学报, 34(6): 1080-1087.

李国琛. 1988. 剪切带状分叉的力学条件[J]. 力学学报, 24(4): 305-312.

李华文, 刘冠军, 吴世棋. 1989. 近景摄影测量在铁路桥梁变形观测应用中的研究[J]. 铁道勘察, (1): 8-14.

李佳. 2011. 基坑开挖位移场试验研究[D]. 北京: 中国地质大学.

李镜培, 李雨浓, 张述涛. 2011. 成层地基中静压单桩挤土效应试验[J]. 同济大学学报(自然科学版), 39(6): 824-829.

李龙姣. 2010. 机织物双向拉伸实验方法与力学性能研究[D]. 北京: 北京服装学院.

李天子, 郭辉. 2013. 多基线近景摄影测量的平面地表变形监测[J]. 辽宁工程技术大学学报(自然科学版), 32(8): 1098-1102.

李文涛. 2015. 基于人工合成透明土盾构隧道壁后同步注浆模型试验研究[D]. 北京: 北京交通大学.

李霞镇, 任海青, 马少鹏. 2012. 基于数字散斑相关方法的竹材变形特性[J]. 林业科学, 48(9): 115-119.

李晓军, 孙仕敏, 朱合华. 2013. 自动判别基坑支撑位置的图像识别方法[J]. 同济大学学报(自然科学版), 41(9): 1298-1305.

李妍, 于承新. 2002. 基于数字摄影的钢结构变形监测系统研究[J]. 测绘信息与工程, 27(2): 14-15.

李元海. 2004. 数字照相变形量测技术及其在岩土模型试验中的应用[D]. 上海: 同济大学.

李元海, 靖洪文. 2008. 基于数字散斑相关法的变形量测软件研制及应用[J]. 中国矿业大学学报, 37(5): 635-640.

李元海, 林志斌. 2015. 透明岩体相似物理模拟试验新方法研究[J]. 岩土工程学报, 37(10): 645-649.

李元海, 干晓蓉, 彭辉. 2007a. 数字照相在混凝土变形量测中的实验研究[J]. 昆明理工大学学报, 32(4): 43-47.

李元海, 贾冉旭, 杨苏. 2015a. 基于岩土渐进变形特征的数字散斑相关优化分析法[J]. 岩土工程学报, 37(8): 1490-1496.

李元海, 靖洪文, 曾庆有. 2006a. 岩土工程数字照相量测软件系统研发与应用[J]. 岩石力学与工程学报, 25(S2): 3859-3866.

李元海, 靖洪文, 陈坤福, 等. 2016a. 深部隧道框架式真三轴物理试验系统研制与应用[J]. 岩土工程学报, 38(1): 43-52.

李元海, 靖洪文, 林志斌. 2012a. 一种基于数字照相的岩土工程变形实时监测与预警方法[P]: 中国, CN201110349408. 6, 2012-06-20.

李元海, 靖洪文, 刘刚, 等. 2007b. 数字照相量测在岩石隧道模型试验中的应用[J]. 岩石力学与工程学报. 26(8): 1684-1690.

李元海, 靖洪文, 王文龙. 2011. 隧道工程施工监测信息管理系统研究现状与发展趋势[J]. 中国科技论文在线学报, 6(11): 863-870.

李元海, 靖洪文, 朱合华, 等. 2006b. 数字照相量测在地基离心试验中的应用[J]. 岩土工程学报, 28(3): 306-311.

李元海, 靖洪文, 朱合华, 等. 2007c. 基于图像相关分析的土体剪切带识别方法[J]. 岩土力学. 28(3): 522-526.

李元海, 林志斌, 靖洪文. 2012b. 含动态裂隙岩体的高精度数字散斑相关量测方法[J]. 岩土工程学报, 34(6): 1060-1068.

李元海, 林志斌, 秦先林, 等. 2015b. 透明岩体相似材料研制及其物理力学特性研究[J]. 中国矿业大学学报, 44(6): 977-982.

李元海, 林志斌, 喻军. 2016b. 深埋圆形巷道围岩变形规律的透明岩体试验研究[J]. 中国矿业大学学报, 45(6): 1104-1110.

李元海, 杨帆, 刘继强, 等. 2017. 基于 SuperMap Objects 的地铁施工安全监测信息系统研制与应用[J]. 现代隧道技术, 54(1): 153-159, 167.

李元海, 杨苏, 喻军, 等. 2016c. 大型溶洞对隧道开挖稳定性的影响分析[J]. 现代隧道技术, 53(4): 52-60.

李元海, 朱合华, 靖洪文, 等. 2007d. 基于数字照相的砂土剪切变形模式的试验观测[J]. 同济大学学报. 35(5): 685-689.

李元海, 朱合华, 上野胜利, 等. 2003. 基于图像分析的实验模型变形场量测标点法[J]. 同济大学学报, 31(10): 1141-1145.

李元海, 朱合华, 上野胜利, 等. 2004. 基于图像相关分析砂土实验模型变形场量测[J]. 岩土工程学报, 26(1): 36-41.

李湛, 李鹏飞, 韦韩, 等. 2015. 基于数字图像相关法的桥梁模型自振频率测试[J]. 工程抗震与加固改造, 37(3): 49-54.

梁菲. 2010. 近景摄影测量在桥梁变形监测中的应用[D]. 重庆: 重庆交通大学.

林磊, 叶列平, 程锦. 2003. 数字摄影技术在结构试验变形测量中的应用[J]. 实验技术与管理. 20(1): 34-38.

林志斌. 2014. 深部岩体变形破裂时空演化规律与机理研究[D]. 徐州: 中国矿业大学.

林志斌, 李元海, 高文艺, 等. 2015a. 非构造应力下圆形巷道的内部变形破裂规律研究[J]. 采矿与安全工程学报, 32(3): 491-497.

林志斌, 李元海, 高文艺, 等. 2015b. 基于透明岩体的深埋软岩巷道变形破裂规律研究[J]. 采矿与安全工程学报, 32(4): 585-591.

凌道盛, 徐泽龙, 蔡武军, 等. 2015. 压实黏土梁弯曲开裂性状试验研究[J]. 岩土工程学报, 37(7): 1065-1072.

刘宝会, 王喜强, 秦玉文. 2006. 混凝土结构CFRP加固界面粘接质量DSSPI无损检测研究[J]. 地震工程与工程振动, 26(3): 162-164.

刘大刚, 王明年. 2007. 基于数码摄影技术的隧道围岩变形非接触量测方法研究[J]. 现代隧道技术, 44(3): 22-29.

刘颢文, 张青川, 于少娟, 等. 2007. 数字散斑法在局域剪切带三维变形研究中的应用[J]. 光学学报, 27(5): 898-902.

刘换换. 2014. 混凝土裂缝损伤断裂分析及试验研究[D]. 天津: 河北工业大学.

刘敬辉, 洪宝宁, 张海波. 2003. 土体微细结构变化过程的试验研究方法[J]. 岩土力学, 24(5): 744-747.

刘宁, 赵颖华, 金观昌. 2004. 碳纤维布加固钢筋混凝土梁的 DSCM 实验研究[J]. 工程力学, 21(4): 179-183.

刘萍. 2013. 隧道围岩变形破裂时空演变规律的透明相似模拟试验初步研究[D]. 徐州: 中国矿业大学.

刘涛, 沈明荣, 袁勇. 2007. 连拱隧道模型试验中的量测方法应用研究[J]. 中国铁道科学, 28(2): 44-49.

刘文白, 曹亮, 邓一兵. 2009. 基于 DPDM 技术的某黏性土侧限压缩试验变形场分析[J]. 水运工程, (10): 36-40.

刘文白, 张辉, 邓一兵. 2008. 基于 DPDM 技术的砂土直剪试验剪切过程的应力场分析[J]. 中国水运, 8(7): 235-237.

刘学增, 叶康. 2012. 隧道衬砌裂缝的远距离图像测量技术[J]. 同济大学学报(自然科学版), 40(6): 829-837.

刘学增, 桑运龙, 罗仁立. 2011. 基于亚像素圆心检测法的变形监测技术[J]. 岩石力学与工程学报, 30(11): 2303-2313.

刘招伟, 李元海. 2010. 含孔洞岩石单轴压缩下变形破裂规律的实验研究[J]. 工程力学, 27(8): 133-139.

罗仁立, 刘学增. 2011. 基于数字照相技术的边坡变形自动化监测技术研究[J]. 石家庄铁道大学学报(自然科学版), 24(3): 69-74.

马莉, 朱永全. 1997. 隧道变形的近景摄影测量精度的试验研究[J]. 铁道建筑, 2: 28-30.

马少鹏, 金观昌 潘一山. 2002. 岩石材料基于天然散斑场的变形观测方法研究[J]. 岩石力学与工程学报, 21(6): 792-794.

马世虎, 李鸿琦, 邢冬梅, 等. 2003. 数字散斑相关法在高聚物领域中的应用[J]. 高分子材料科学与工程, 19(3): 21-25.

孟丽媛. 2015. 合肥地铁二号线基坑变形监测中近景数字摄影测量中非量测数码相机检校及控制点布设的研究[D]. 合肥: 合肥工业大学.

牛鹏. 2010. 数字摄影测量在桁架结构承载变形监测中的应用研究[J]. 赤峰学院学报(自然科学版), 26(10): 105-107.

潘兵, 谢惠民. 2007. 数字图像相关中基于位移场局部最小二乘拟合的全场应变测量[J]. 光学学报, 27(11): 1980-1986.

潘兵, 吴大方, 高镇同. 2010. 基于数字图像相关方法的非接触高温热变形测量系统[J]. 航空学报,

31(10): 1960-1967.

潘兵, 吴大方, 高镇同, 等. 2011. 1200 ℃高温热环境下全场变形的非接触光学测量方法研究[J]. 强度 与环境, 38(1): 52-59.

潘兵, 续伯钦, 张国峰. 2005. 低碳钢试件弹塑性边界的白光相关检测[J]. 实验力学, 20(3): 381-387.

潘一山, 杨小彬. 2001. 岩石变形破坏局部化的白光数字散斑相关方法研究[J]. 实验力学, 16(2): 220-225.

裴颖洁. 2007. 桩-承台-筏板-土在不同构造方式下的相互作用分析研究[D]. 天津: 天津大学.

齐昌广, 范高飞, 崔允亮, 等. 2015. 利用人工合成透明土的岩土物理模拟试验[J]. 岩土力学, 36(11): 3156-3162.

秦先林. 2013. 透明岩体相似材料研制及其物理力学特性初步研究[D]. 徐州: 中国矿业大学.

仇文革, 孔建, 杨其新. 1996. 近景摄影测量法在地下工程中的应用[J]. 西南交通大学学报, 36(6): 626-632.

任超. 2015. 深部复合地层 TBM 隧道支护结构作用试验研究[D]. 徐州: 中国矿业大学.

任伟中, 寇新建, 凌浩美. 2004. 数字化近景摄影测量在模型试验变形测量中的应用[J]. 岩石力学与工 程学报, 23(3): 436-440.

芮嘉白, 金观昌, 徐秉业. 1994. 一种新的数字散斑相关方法及其应用[J]. 力学学报, 26(5): 599-607.

桑中顺. 2008. 隧道变形监测中的近景摄影测量技术研究[D]. 上海: 同济大学.

邵玉娴. 2007. 桩-桶基础在上拔荷载作用下土体细观结构分析[D]. 上海: 上海海事大学.

佘诗刚, 林鹏. 2014. 中国岩石工程若干进展与挑战[J]. 岩石力学与工程学报, 33(3): 433-457.

盛业华, 闫志刚, 宋金玲. 2003. 矿山地表塌陷区的数字近景摄影测量监测技术[J]. 中国矿业大学学报, 32(4): 411-415.

史磊. 2013. 基于 CCD 图像分析的路基沉降测量系统的开发[J]. 山西电子技术, (3): 23-25.

宋常胜. 2012. 超远距离下保护层开采卸压裂隙演化及渗流特征研究[D]. 焦作: 河南理工大学.

宋诚. 2014. 数字摄影测量法在边坡监测中的应用研究[D]. 广州: 广州大学.

宋锦虎, 缪林昌, 胡斌, 等. 2014. 地下水对盾构开挖面上方土拱效应影响的试验研究[J]. 土木工程学 报, 47(2): 109-120.

宋义敏, 姜耀东, 马少鹏. 2012. 岩石变形破坏全过程的变形场和能量演化研究[J]. 岩土力学, 33(5): 1352-1356, 1365.

宋义敏, 杨小彬, 杨晟萱, 等. 2015. 冲击载荷下岩石裂纹动态断裂参数研究[J]. 采矿与安全工程学报, 32(5): 834-839.

苏海健, 靖洪文, 赵洪辉, 等. 2015. 平行裂隙群岩体强度与破裂特征的试验研究[J]. 工程力学, 32(5): 191-197.

孙吉主, 肖文辉. 2011. 基于透明土的盾构隧道模型试验设计研究[J]. 武汉理工大学学报, 33(5): 108-112.

孙艳玲, 赵东, 高继河. 2009. 数字散斑相关方法在木材断裂力学上的应用分析[J]. 北京林业大学学报, 31(S1): 206-209.

孙一翎, 李善祥, 李景镇. 2001. 数字散斑相关测量方法的研究与改进[J]. 光子学报, 30(1): 54-57.

台启民. 2016. 极不稳定隧道围岩超前破坏机制与安全性评价[D]. 北京: 北京交通大学.

谈杜勇. 2006. 连拱隧道开挖过程的模型试验研究及其三维数值模拟[D]. 上海: 同济大学.

田胜利, 葛修润, 涂志军. 2006. 隧道及地下空间结构变形的数字化近景摄影测量试验研究[J]. 岩石力 学与工程学报, 25(7): 1309-1315.

王冬梅, 方如华, 计宏伟, 等. 1999. 用数字图像相关法研究改性高分子材料的断裂行为[J]. 同济大学学报, 27(3): 278-281.

王戈, 陈复明, 程海涛, 等. 2010. 含孔天然纤维织物复合材料力学性能[J]. 复合材料学报, 27(4): 195-199.

王国辉, 马莉, 杨腾峰, 等. 2001. 监测深基坑支护结构位移的新技术[J]. 岩石力学与工程学报, 20(2): 252-255.

王昊, 马志峰. 2013. 预测搜索算法在图像相关中的应用[J]. 光学技术, 39(3): 251-255.

王怀文, 刘彩平, 鞠杨, 等. 2006. 扫描电镜下的数字散斑相关方法及其应用[J]. 实验力学, 21(2): 135-143.

王怀文, 周宏伟, 左建平, 等. 2006. 光测方法在岩层移动相似模拟实验中的应用[J]. 煤炭学报, 31(3): 278-281.

王家全, 周健, 邓益兵, 等. 2011. 砂土与土工合成材料拉拔试验分析[J]. 广西大学学报: 自然科学版, 36(4): 659-663.

王家全, 周健, 黄柳云, 等. 2013. 土工合成材料大型直剪界面作用宏细观研究[J]. 岩土工程学报, 35(5): 908-915.

王建军. 2004. 跨断层形变自动化观测技术的研究与应用[J]. 岩石力学与工程学报, 23(2): 261-266.

王静, 李鸿琦, 邢冬梅, 等. 2003. 数字图像相关方法在桥梁裂缝变形监测中的应用[J]. 力学季刊, 24(4): 512-516.

王强, 王彪, 马德才, 等. 2007. 超弹性 NiTi 合金裂纹尖端应变场的数字散斑相关方法[J]. 自然灾害学报, 16(2): 143-147.

王伟. 2014. 数字图像相关方法在热结构材料高温变形测试中的应用[D]. 哈尔滨: 哈尔滨工业大学.

王文国. 2016. 基于透明土的钻井过程土体位移变形实验研究[D]. 徐州: 中国矿业大学.

王秀美, 曾卓乔. 2001. 地下工程在施工和运营期间进行周边位移监测的新方法[J]. 中国锰业, 19(4): 20-23.

王学滨, 杜亚志, 潘一山, 等. 2013. 基于 DIC 粗-细搜索方法的单向压缩砂样的侧向变形观测研究[J]. 工程力学, 30(4): 184-190.

王学滨, 杜亚志, 潘一山. 2014. 单轴压缩湿砂样局部及整体体积应变的数字图像相关方法观测[J]. 岩土工程学报, 36(9): 1648-1656.

王言磊, 欧进萍. 2006. 散斑图像相关数字技术在海洋平台结构模型振动位移测量中的应用[J]. 世界地震工程, 22(1): 94-98.

韦会强. 2007. 挡土墙土体渐进破坏试验研究与数值模拟[D]. 上海: 同济大学.

魏永华, 赵全麟. 1997. 三峡高边坡变形监测摄影测量技术改进与实践[J]. 河海大学学报. 25(3): 61-66.

吴继敏. 1998. 应用图像分析法评价花岗岩结构特征[J]. 河海大学学报, 26(4): 1-7.

吴世棋, 孔健, 张德强. 1994. 近景摄影测量在隧道变形监测中的应用[J]. 铁路航测, (4): 6-8, 29.

武建军, 何丽红, 王廷栋, 等. 1997. 冻土位移的散斑照相测量[J]. 冰川冻土, 19(3): 258-262.

夏开文, 徐颖, 姚伟, 等. 2017. 静态预应力条件作用下岩板动态破坏行为试验研究[J]. 岩石力学与工程学报, 36(5): 1122-1132.

夏元友, 陈晨, Qing N I. 2017. 基于透明土的 4 种锚杆拔出对比模型试验[J]. 岩土工程学报, 39(3): 399-407.

徐芳, 于承新, 黄桂兰, 等. 2001. 利用数字摄影测量进行钢结构挠度的变形监测[J]. 武汉大学学报(信息科学版), 26(3): 256-260.

徐金明, 羌培, 张鹏飞. 2009. 粉质黏土图像的纹理特征分析[J]. 岩土力学, 30(10): 2903-2907.

徐科, 徐金梧, 陈雨来. 2002. 冷轧带钢表面缺陷在线监测系统[J]. 北京科技大学学报, 24(3): 329-332.

徐实. 2012. 基于激光准直特性的隧道整体道床沉降图像监测技术[J]. 中国铁路, (5): 84-86.

薛伟辰, 刘恩. 2004. 图形数字化技术在土木工程结构试验中的应用[J]. 实验技术与管理. 21(1): 41-44.

杨彪, 李浩. 2003. 基于普通数码影像的 DTM 数据采集系统研究与开发[J]. 工程勘察, (6): 50-53.

杨化超, 邓喀中. 2008. 数字近景摄影测量技术在矿山地表沉陷监测中的应用研究[J]. 中国图象图形学报, 13(6): 519-522.

姚国圣. 2009. 土体侧移作用下既有轴向受荷桩性状模型试验及数值分析研究[D]. 上海: 同济大学.

于承新, 张向东, 牟玉枝, 等. 2002. 直接线性变换法在变形测量中的应用研究[J]. 山东建筑工程学院学报, 17(3): 23-28.

于之靖, 陶洪伟. 2014. 数字散斑相关技术最优光照条件研究[J]. 激光与光电子学进展, 51(10): 83-89.

余进, 吕彬彬, 雷冬, 等. 2009. 应用数字散斑相关技术研究缺口根部高温疲劳变形[J]. 实验力学, 24(2): 157-162.

俞立平, 潘兵, 吴大方, 等. 2013. 高精度二维数字图像相关测量系统应变测量精度的实验研究[J]. 强度与环境, 40(1): 36-43.

詹乐, 李镜培, 饶平平. 2010. 坡顶邻近处群桩对边坡的挤土效应模型试验研究[J]. 岩土工程学报, 32(S2): 150-153.

查旭东, 王文强. 2007. 基于图像处理技术的连续配筋混凝土路面裂缝宽度检测方法[J]. 长沙理工大学学报(自然科学版), 4(1): 13-17.

张德海, 刘吉彬. 2012. 用于 VCM 钢板单向拉伸实验的数字散斑相关法应变检测[J]. 郑州轻工业学院学报: 自然科学版, 27(2): 50-54.

张德兴. 1989. 有限元素法新编教程[M]. 上海: 同济大学出版社.

张定邦. 2013. 高陡边坡与崩落法地下开采相互影响机理模型试验研究[D]. 武汉: 中国地质大学.

张刚. 2007. 管涌现象细观机理的模型试验与颗粒流数值模拟研究[D]. 上海: 同济大学.

张国建, 于承新. 2016. 数字近景摄影测量在桥梁变形观测中的应用[J]. 全球定位系统, 41(1): 91-95.

张怀清, 蒲琪, 代祥俊, 等. 2009. 基于数字散斑相关方法的微位移测量[J]. 山东理工大学学报(自然科学版), 23(1): 49-53.

张建霞, 蒋金豹, 张健雄. 2004. 数字近景摄影在建筑物变形观测中的应用[J]. 焦作工学院学报(自然科学版), 23(4): 356-358.

张乾兵, 朱维申, 孙林锋, 等. 2010. 数字照相量测在大型洞群模型试验中的应用研究[J]. 岩土工程学报, 32(3): 447-452.

张顺金. 2014. 透明岩体相似材料研制与实验应用研究[D]. 徐州: 中国矿业大学.

张晓川, 王勇, 徐夺花, 等. 2016. 基于数字图像相关的转速测量方法[J]. 实验力学, 31(1): 31-38.

张彦宾, 李德海, 许国胜, 等. 2013. 采动影响下大型煤仓硐室围岩稳定性研究[J]. 煤炭科学技术, 41(10): 1-4.

赵丽娜, 贺平照, 邢树根, 等. 2014. 基于数字散斑技术的炭/炭复合材料高温应变测量[J]. 固体火箭技术, 37(5): 729-733.

赵倩. 2010. 用投影散斑法测量三维微位移[J]. 装备制造技术, (10): 30-31.

赵卿, 尹晖. 2006. 2 维 DLT 变换用于建筑物变形监测的试验研究[J]. 测绘与空间地理信息, 29(6): 16-19.

赵文峰, 王斌, 关泽群. 2014. 多基线近景摄影测量在边坡位移监测中的应用研究[J]. 工程勘察, 42(5): 68-71.

赵新华, 王沛, 余华芬, 等. 2016. 基于航空摄影测量的新安江水库水域面积及库容变化分析[J], 大坝与安全, (5): 46-49.

赵燕茹, 邢永明, 黄建永, 等. 2010. 数字图像相关方法在纤维混凝土拉拔试验中的应用[J]. 工程力学,

27(6): 169-175.

赵永红, 梁海华, 熊春阳, 等. 2002. 用数字图像相关技术进行岩石损伤的变形分析[J]. 岩石力学与工程学报, 21(1): 73-75.

赵永红, 梁晓峰. 2004. 灰岩平板试件变形破坏过程的实验观测研究[J]. 岩石力学与工程学报, 23(10): 1608-1615.

周海平. 2010. 露天矿边坡近景摄影测量监测技术研究[J]. 露天采矿技术, (5): 45-48.

周健, 杜强, 李翠娜. 2016. 降雨强度对泥石流起动影响的模型试验研究[J]. 自然灾害学报, 25(3): 104-113.

周健, 高冰, 张姣, 等. 2012a. 初始含水量对砂土泥石流启动影响作用分析[J]. 岩石力学与工程学报, 31(5): 1042-1048.

周健, 孔祥利, 王孝存. 2008. 加筋地基承载力特性及破坏模式的试验研究[J]. 岩土工程学报, 30(9): 1266-1270.

周健, 李魁星, 郭建军, 等. 2012b. 分层介质中桩端刺入的室内模型试验及颗粒流数值模拟[J]. 岩石力学与工程学报, 31(2): 375-381.

周健, 李业勋, 张姣, 等. 2013. 坡面型泥石流治理过程中土体变形机制宏细观研究[J]. 岩石力学与工程学报, 32(5): 1001-1008.

周健, 杨浪, 王连欣, 等. 2015. 不同颗粒组分下泥石流离心机模型试验研究[J]. 岩土工程学报, 37(12): 2167-2174.

周健, 张刚, 曾庆有. 2007. 主动侧向受荷桩模型试验与颗粒流数值模拟研究[J]. 岩土工程学报, 29(5): 650-656.

周健, 周韵鸿, 李飞, 等. 2014. 包裹式加筋砂土边坡离心机试验研究与对比分析[J]. 岩土工程学报, 36(3): 555-561.

周奇才, 孙月腾, 陈海燕, 等. 2009. 地铁隧道变形监测的数字图像处理技术研究[J]. 中国工程机械学报, 7(4): 463-468.

朱小军, 赵学亮, 龚维明, 等. 2014. 刚性桩复合地基垫层破坏机理研究[J]. 中国公路学报, 27(5): 105-111.

朱珍德, 张勇, 陈卫忠. 2005. 应用数字图像分析法评价红砂岩渐进损伤破坏特性[J]. 岩土力学, 26(2): 203-208.

左自波. 2013. 降雨诱发堆积体滑坡室内模型试验研究[D]. 上海: 上海交通大学.

秋本圭一, 服部進, 大西有三. 2001. 画像計測のトンネル内形状計測への応用[A]. 土木学会論文集(No. 687 / Ш -56)[C], 9: 289-301.

上野勝利, 高島伸哉, 望月秋利, 等. 2000. 画像解析による簡便な砂の変位場計測方法[A]. 日本土木学会論文集(No. 666/Ш-533), 东京: 日本土木学会: 339-344.

上野勝利, 李元海, Sokkheang S, et al. 2002. Application of Cross-Correlation Method with Sub-pixel Accuracy in Two Dimensional Model Tests[C]. 日本实验力学协会 2002 年度会議論文集, 和歌山大学: 256-261.

望月秋利, 上野勝利, 李元海. 2001. 画像解析による地盤の変位場解析の模型実験への適用に関する研究. 平成 13 年度報告書, 徳島大学工学部建設工学科.

Allersma H G B. 1994. Using image processing in analyzing stresses in photoelastic granular material[C]//Proceedings of the 10th International Conference on Experimental Mechanics, Lisbon: 113-118.

Allersma H G B. 1997. Using imaging technologies in experimental geotechnics. Image Technologies:

Techniques and applications in civil engineering[C]//Proceedings of the Second International Conference. Rotterdam: Balkema: 1-9.

Alshibli K A, Sture S. 1998. Sand shear band thickness measurements by digital imaging techniques[J]. Journal of Computing in Civil Engineering, 13(2): 103-109.

Alshibli K A, Batiste S N, Sture S. 2003. Strain localization in sand: plane strain versus triaxial compression[J]. Journal of Geotechnical and Geoenvironmental Engineering, 129(6): 483-494.

Bardet J P, Proubet J. 1992. Shear-band analysis in idealized granular material[J]. Journal of Engineering Mechanics(ASCE), 18(2): 397-415.

Boonsiri I, Takemura J. 2015. A centrifuge model study on pile group response to adjacent tunneling in sand[J]. Journal of JSCE, 3(1): 1-18.

Charrier J, Moliard J M. 1997. Numerical image processing in centrifuge testing[C]//Image Technologies: Techniques and applications in civil engineering. Proceedings of the Second International Conference. Rotterdam: Balkema: 20-29.

Desrues J, Chambon R, Mokni M, et al. 1996. Void ratio evolution inside shear bands in triaxial sand specimens studied by computed tomography[J]. Géotechnique, 46(3): 529-546.

Drescher A, Vardoulakis I, Han C. 1990. A biaxial apparatus for testing soils[J]. Geotechnical Engineering Journal(ASTM), 13(3): 226-234.

Ezzein F M, Bathurst R J. 2011. A transparent sand for geotechnical laboratory modeling[J]. Geotechnical Testing Journal(ASTM), 34(6): 590-601.

Guler M, Edil T B, Bosscher P J. 1999. Measurement of particle movement in granular soils using image analysis[J]. Journal of Computing in Civil Engineering, 13(2): 116-122.

Gutberlet C, Katzenbach R, Hutter K. 2013. Experimental investigation into the influence of stratification on the passive earth pressure[J]. Acta Geotechnica, 8(5): 497-507.

Hai P U, Miao X X, Yao B H, et al. 2008. Structural motion of water-resisting key strata lying on overburden[J]. Journal of China University of Mining and Technology, 18(3): 353-357.

Han C, Vardoulakis I G. 1991. Plane-strain compression experiments on water-saturated fine-grained sand[J]. Geotechnique, 41(1): 49-78.

Houda M, Jenck O, Emeriault F. 2016. Physical evidence of the effect of vertical cyclic loading on soil improvement by rigid piles: a small-scale laboratory experiment using Digital Image Correlation[J]. Acta Geotechnica, 11(2): 325-346.

Iskander M G, Lai J, Oswald C J, et al. 1994. Development of a transparent material to model the geotechnical properties of soils[J]. Geotechnical Testing Journal, ASTM, 17(4): 425-433.

Iskander M G, Liu J, Sadek S. 2002. Transparent amorphous silica to model clay[J]. Journal of Geotechnical and Geoenvironmental Engineering, 128(3): 262-273.

Konagai K, Tamura C, Rangelow P, et al. 1992. Laser-aided tomography: a tool for visualization of changes in the fabric of granular assemblage[J]. Structural Engrg / Earthquake Engrg. , JSCE, 1992, 9(3): 193-201.

Kruse G A M, Bezuijen A. 1998. The use of CT scans to evaluate soil models[C]//Proceedings of Centrifuge'98, Rotterdam: Balkema: 79-84.

Li Y H, Zhang Q, Lin Z B, et al. 2016. Spatiotemporal evolution rule of rocks fracture surrounding gob-side roadway with model experiments[J]. International Journal of Mining Science and Technology, 26(5): 895-902.

Li Y H, Zhu H H, Jing H W. 2006. Experimental observation of shear deformation patterns in sands using digital photogrammetry[C]//Geotechnical Special Publication, Proceedings of the GeoShanghai Conference: 120-127.

Liu J, Iskander M G, Sadek S. 2003. Consolidation and permeability of transparent amorphous silica[J]. Geotechnical Testing Journal, 26(4): 390-401.

Mamand H, Chen J. 2017. Extended digital image correlation method for mapping multiscale damage in concrete[J]. Journal of Materials in Civil Engineering, 29(10): 04017179.

Matsushima T, Ishii T, Konagai K. 2002. Observation of grain motion in the interio of a PSC test specimen by laser-aided tomography[J]. Soils and Foundations, 42(5): 27-36.

Michalowski R L, Shi L. 2003. Deformation patterns of reinforced foundation sand at failure[J]. Journal of Geotechnical and Geoenvironmental Engineering, 129(5): 439-449.

Mochizuki A, Mikasa M. 1984. Deformation measurement of slope models in centrifuge[C]//Proeedings of the International Sympo. on Geotechnical Centrifuge Model Testing, Tokyo: 139-148.

Molenkamp F. 1985. Comparison of frictional material models with respect to shear band initiation[J]. Geotechnique, 35(2): 127-143.

Morgenstern N R, Tchalenko J S. 1967. Microscopic structures in kaolin subjected to direct shear[J]. Geotechnique, 17: 309-328.

Mühlhaus H B, Vardoulakis I. 1987. The thickness of shear bands in granular materials[J]. Geotechnique, 37(3): 271-283.

Nakamura T, Mitachi T, Ikeura I. 1999. Direct shear testing method as a means for estimating geogrid-sand interface shear-displacement behavior[J]. Soils and Foundations, 39(4): 1-8.

Ni Q, Hird C C, Guymer I. 2010. Physical modelling of pile penetration in clay using transparent soil and particle image velocimetry[J]. Géotechnique, 60(2): 121-132.

Oda M, Kazama H. 1998. Microstructure of shear bands and its relation to the mechanisms of dilatancy and failure of dense granular soils[J]. Geotechnique, 48(4): 465-481.

Otani J, Mukunoki T, Obara Y. 2000. Application of x-ray CT method for characterization of failure in soils[J]. Soils and Foundations, 40(2): 111-118.

Peters W H, Ranson W F. 1982. Digital imaging techniques in experimental stress analysis[J]. Optical Engineering, 21(2): 427-481.

Pierre Jacquot, Mauro Facchini. 1997. Interferometric imaging using holographic and speckle technique[C]. Image Technologies: The techniques and applications in civil engineering. Proceedings of the Second International Conference. Rotterdam: Balkerma: 235-254.

Réthoré J, Hild F, Roux S. 2008. Extended digital image correlation with crack shape optimization[J]. International Journal for Numerical Methods in Engineering, 73(2): 248-272.

Rice J R. 1976. The localization of plastic deformation[C]//Proceedings of the 14th IUTAM Congress: 207-220.

Roscoe K H, Arthur J R F, James R G. 1963. The determination of strains in soils by an X-ray method[J]. Civil Engineering and Public Works Review, 58: 873-876, 1009-1012.

Sadek S, Iskander M, Liu J. 2003. Accuracy of digital image correlation for measuring deformations in transparent media[J]. Journal of Computing in Civil Engineering, ASCE, 17(2): 88-96.

Shibuya S, Mitachi T, Tamate S. 1997. Interpretation of direct shear box testing of sands as quasi-simple shear[J]. Geotechnique, 47(4): 769-790.

Vardoulakis I. 1985. Stability and bifurcation of undrained, plane rectilinear deformations on water--saturated granular soils[J]. International Journal for Numerical and Analytical Methods in Geomechanics, 9(5): 399-414.

Vitone C, Viggiani G, Cotecchia F, et al. 2013. Localized deformation in intensely fissured clays studied by 2D digital image correlation[J]. Acta Geotechnica, 8(3): 247-263.

White D J, Take W A, Bolton M D. 2003. Soil deformation measurement using particle image velocimetry(PIV) and photogrammetry[J]. Géotechnique, 53(7): 619-631.

White D J, Take W A, Bolton M D, et al. 2001. A deformation measurement system for geotechnical testing based on digital imaging, close-range photogrammetry, and PIV image analysis[C]//Proceedings of the 15th International Conference on Soil Mechanics Engineering, Rotterdam: Balkema: 539-542.

Wiseman G, Birnbaum A, Goldwasser Y, et al. 1987. Large shear box tests on wadi gravel[C]// Proceedings of the eighth Asia regional conference on soil mechanics and foundation engineering. Kyoto, Japan, 1: 125-128.

Yamaguchi I. 1981. Speckle displacement and decorrelation in the diffraction and image fields for small object deformation[J]. Journal of Modern Optics, 28(10): 1359-1376.

Yamaguchi H, Kimura T, Fuji N. 1976. On the influence of progressive failure on the bearing capacity of shallow foundations in dense sand[J]. Soils and Foundations, 16(4): 11-22.

Yamamoto K, Otani J. 2001. Microscopic Observation on Progressive Failure of Reinforced Foundations. Soils and Foundations, 41(1): 25-37.

Yang X X, Jing H W, Tang C A, et al. 2017. Effect of parallel joint interaction on mechanical behavior of jointed rock mass models[J]. International Journal of Rock Mechanics and Mining Sciences, 92: 40-53.

Yoshida T, Tatsuoka E, Siddiquee M S A, et al. 1994. Shear banding in sands observed in plane strain compression[J]. Localisation and bifurcation theory for soils and rocks. Chambon, Desrues, Vardoulakis(eds), Rotterdam: Balkema: 165-179.

Zhang Q B, He L, Zhu W S. 2016. Displacement measurement techniques and numerical verification in 3D geomechanical model tests of an underground cavern group[J]. Tunnelling and Underground Space Technology, 56: 54.

Zhang Z X, Xu Y, Kulatilake P, et al. 2012. Physical model test and numerical analysis on the behavior of stratified rock masses during underground excavation[J]. International Journal of Rock Mechanics and Mining Sciences, 49: 134-147.

附录 A 实用软件

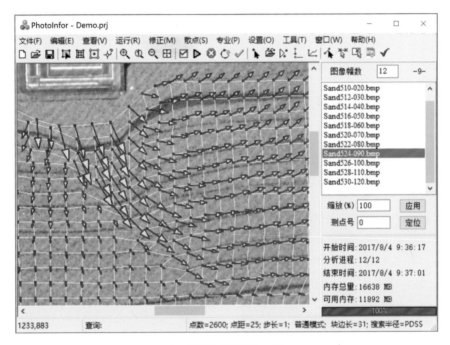

（a）图像分析程序 PhotoInfor

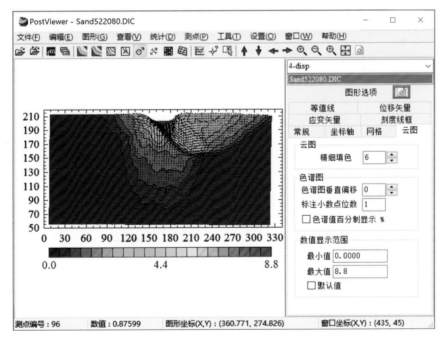

（b）结果后处理程序 PostViewer

附图 数字照相变形量测实用软件系统

附录 B　应用实例

【实例一】砂土地基离心机模型试验（砂土材料的变形观测案例）

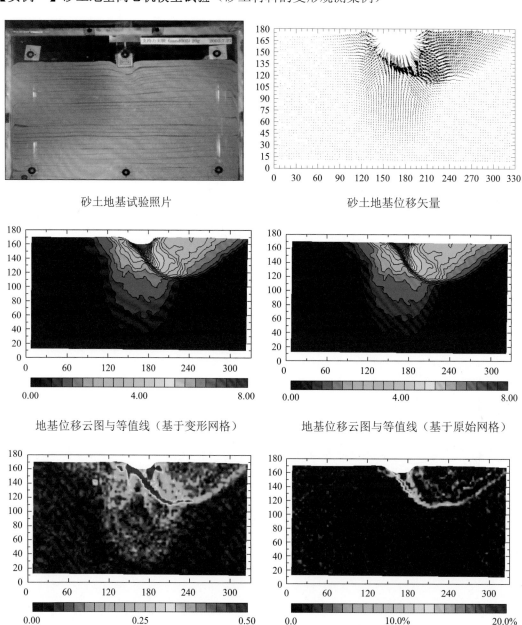

砂土地基试验照片

砂土地基位移矢量

地基位移云图与等值线（基于变形网格）

地基位移云图与等值线（基于原始网格）

地基最大剪应变场（滑移带）

地基最大剪应变增量场（滑移带）

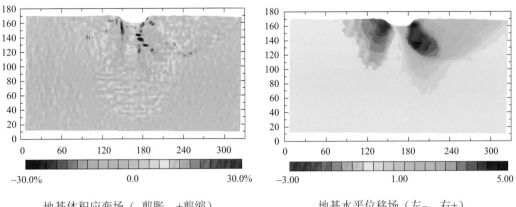

地基体积应变场（−剪胀，+剪缩）　　　　　地基水平位移场（左−，右+）

【实例二】大型砂土试样直接剪切试验（土体剪切带的识别案例）

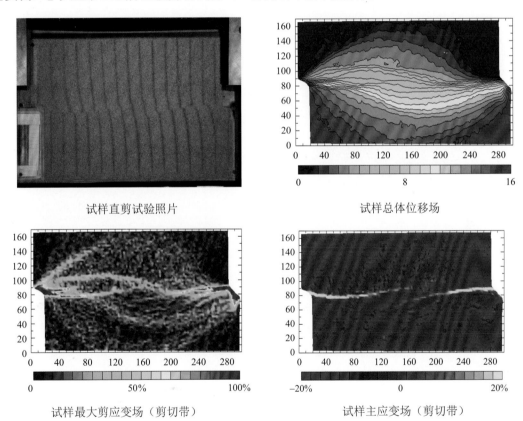

试样直剪试验照片　　　　　　　　　　　试样总体位移场

试样最大剪应变场（剪切带）　　　　　　试样主应变场（剪切带）

【实例三】岩石试件单轴压缩试验（岩石材料的变形观测案例）

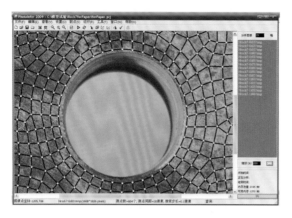

外部导入的有限元网格测点

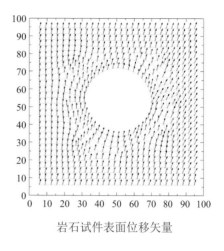

岩石试件表面位移矢量

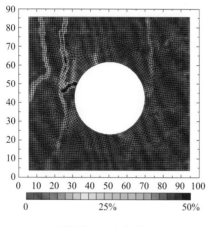

试件最大剪应变场

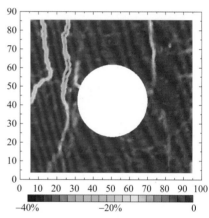

试件剪应变增量场

【实例四】混凝土试件劈裂试验（混凝土材料的变形观测案例）

混凝土试件劈裂照片

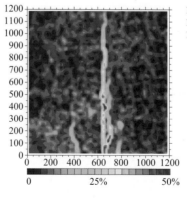

试件表面最大剪应变场

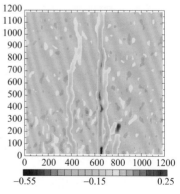

试件表面 x 方向应变场

【实例五】隧道相似物理模拟试验（围岩松动圈的测试方法案例）

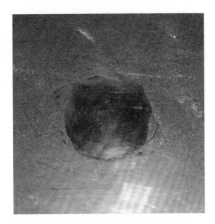

隧道模型试验照片

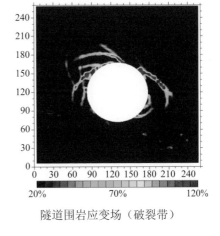

隧道围岩应变场（破裂带）

围岩松动圈"测线"设置

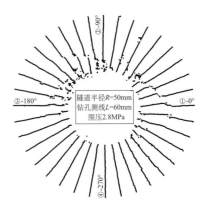

围岩松动圈素描图

【实例六】透明岩体模型试验方法探索（模型内部变形直接观测案例，内部采用人工制斑）

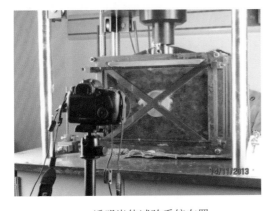

透明岩体试验系统布置

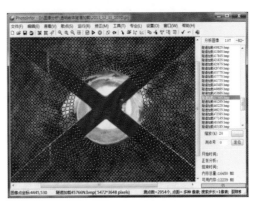

图像分析网格划分

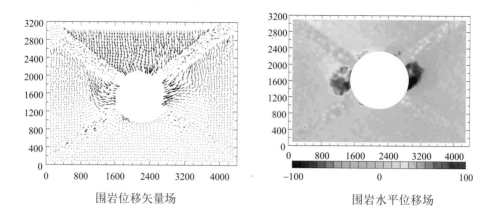

围岩位移矢量场　　　　　　　　　　　　围岩水平位移场

【实例七】 砂土边坡地基离心试验（土体滑动带及其演变的捕捉案例）

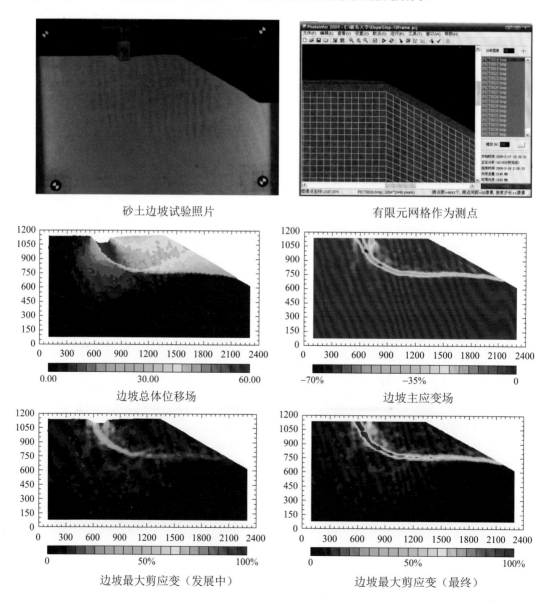

砂土边坡试验照片　　　　　　　　　　　　有限元网格作为测点

边坡总体位移场　　　　　　　　　　　　边坡主应变场

边坡最大剪应变（发展中）　　　　　　　　边坡最大剪应变（最终）

【实例八】误差测点的批量快速修正（误差点快速修正案例：一次批量选择误差测点，用户指定待修正的图像序列范围后，程序一次完成自动修正，当前修正可撤销）

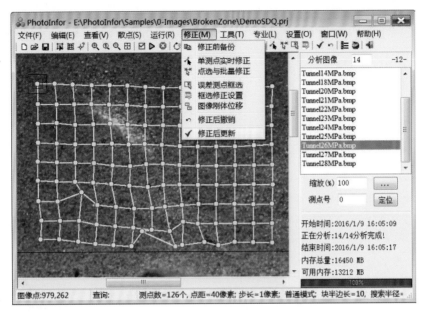

误差点修正前

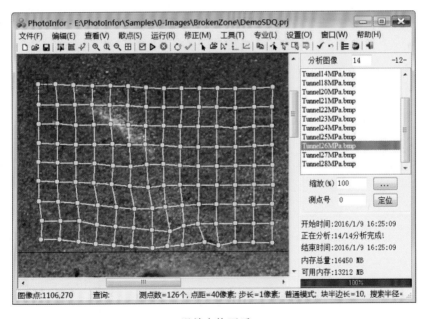

误差点修正后

【实例九】 脆性材料破裂模式分析（高精度变形量测方法案例：特别适用于岩石、混凝土等在荷载作用下易产生裂隙的材料，亦可作为一般精度提高分析的选项使用）

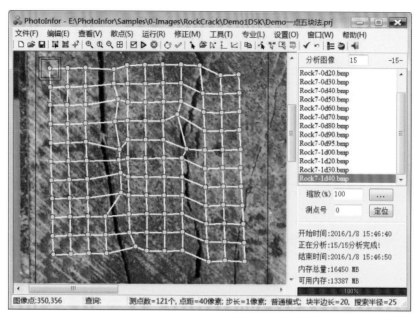

常规搜索算法结果（岩石材料）

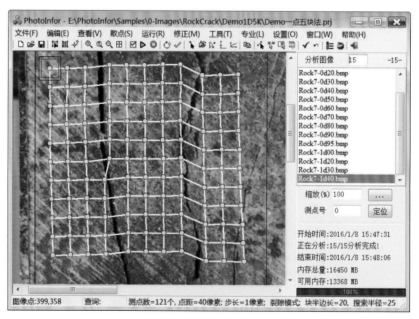

"一点五块法"（裂缝识别模式）结果